TRAITÉ

DE

GÉOMÉTRIE ÉLÉMENTAIRE

A L'USAGE

des élèves de l'enseignement secondaire

(PREMIER ET SECOND CYCLE)

SUIVI DE COMPLÉMENTS

A L'USAGE DES CANDIDATS AUX ÉCOLES DU GOUVERNEMENT

PAR

P. SIMON

ANCIEN ÉLÈVE DE L'ÉCOLE NORMALE SUPÉRIEURE
PROFESSEUR A L'ÉCOLE ALSACIENNE

Ouvrage conforme aux programmes officiels du 31 mai 1902

DEUXIÈME PARTIE

Livres III et IV

PARIS

LIBRAIRIE CLASSIQUE EUGÈNE BELIN

BELIN FRÈRES

RUE DE VAUGIRARD, 52

SAINT-CLOUD. — IMPRIMERIE BELIN FRÈRES.

PRÉFACE

Il existe un grand nombre d'excellents traités de géométrie élémentaire. Aussi, si nous en publions ici un nouveau, est-ce uniquement parce que nous désirons nous placer à un nouveau point de vue, et, selon nous, combler un vide.

Parmi les livres de géométrie, les uns, à grande allure, très savants, sont incontestablement très utiles aux élèves forts.

Les autres livres, plus modestes, moins rénovateurs, et tous, il est vrai, assez pareils, peuvent évidemment être consultés avec fruit par les élèves faibles ou moyens. Seulement, comme la méthode synthétique y est presque toujours employée, les élèves de cette deuxième catégorie ne peuvent faire et ne font guère qu'une chose : s'efforcer d'apprendre par cœur, machinalement, une à une, les démonstrations, telles qu'elles figurent dans le livre. Travail dangereux, pénible, et (l'expérience le prouve) longtemps infructueux.

C'est pour essayer de remédier à cet état de choses fâcheux que nous publions ici cet ouvrage, estimant qu'un livre de géométrie ne doit pas être seulement un bon dictionnaire complet, mais que les idées et les méthodes générales doivent toujours largement y circuler, afin que l'élève sache, quand il mène une ligne ou considère un triangle, pourquoi il faut le faire. En un mot, dans ce nouveau traité, désireux d'amener les élèves à travailler d'une autre façon, nous emploierons presque toujours franchement la méthode analytique, et non pas, comme le font les traités usuels, la méthode synthétique.

La mémoire inintelligente étant de la sorte supprimée, il nous semble clair que, les jours d'examens, l'élève bien entraîné, s'il est sensible à cet appel naturel des idées que nous préconisons, sera en état de retrouver à peu près seul, de lui-même, naturellement, toutes les démonstrations qui ne reposent pas sur des artifices.

Le but poursuivi dans notre livre est donc nettement défini.

Ce livre, bien entendu, n'empêchera pas les élèves de pouvoir consulter avec fruit les livres de géométrie traités au point de vue synthétique. Il n'empêchera pas non plus le cours du maître d'être absolument nécessaire, car un enseignement parlé ne pourra jamais être remplacé par aucun livre, quel qu'il soit.

Ajoutons, pour terminer, que la bienveillance avec laquelle maîtres et élèves ont bien voulu accueillir le *Guide méthodique de résolution des problèmes de géométrie élémentaire* que nous avons publié il y a quelque temps nous fait espérer que, ici encore, on voudra se montrer indulgent et nous tenir compte du désir que nous avons eu d'agir constamment dans l'intérêt des élèves (forts ou faibles), à quelque cycle et à quelque division qu'ils appartiennent.

TRAITÉ DE GÉOMÉTRIE ÉLÉMENTAIRE

GÉOMÉTRIE PLANE

LIVRE III

Des figures semblables.

Sommaire :

§ 1er. — **Des longueurs proportionnelles.**
§ 2. — **Théorème de Thalès, et applications.**
§ 3. — **Triangles semblables et propriétés.**
§ 4. — **Polygones semblables et propriétés.**
§ 5. — **Figures homothétiques.**
§ 6. — **Application de la méthode des triangles semblables à 5 genres de questions.**
§ 7. — **Relations entre les sécantes et les tangentes dans le cercle; — antiparallèles.**
§ 8. — **Relations métriques entre les éléments d'un Δ rectangle ou quelconque, et exposé des méthodes à suivre pour calculer une longueur.**
§ 9. — **Application de ces méthodes au calcul des médianes, bissectrices et hauteurs d'un Δ.**
§ 10. — **Relation de Stewart et théorèmes de Ptolémée, de Ménélaüs et de Céva.**
§ 11. — **Etude de quelques lieux géométriques. — Axes radicaux; — cercles orthogonaux.**
§ 12. — **Constructions relatives au IIIe livre.**
§ 13. — **Polygones réguliers.**
§ 14. — **Notions sur les limites.**

§ 1er. — Des longueurs proportionnelles

On sait ce que signifie ce mot « *rapport de deux grandeurs* ». Nous en avons donné plus haut trois définitions (voir deuxième livre, page 122) et nous en avons dégagé cette impression que le rapport de deux grandeurs est le nombre qui définit nettement ce qu'est la première grandeur relativement à la seconde (d'où son nom).

On a vu aussi que *deux grandeurs* de même espèce A et B sont dites *proportionnelles à deux autres grandeurs* C et D également de même espèce, quand le rapport $\frac{A}{B}$ des deux premières est égal au rapport $\frac{C}{D}$ des deux autres, quelle que soit du reste la valeur numérique de ce rapport, valeur numérique qu'il est inutile de connaître. Ces quatre grandeurs forment alors une proportion que l'on écrit conventionnellement :

$$\frac{\text{grandeur A}}{\text{grandeur B}} = \frac{\text{grandeur C}}{\text{grandeur D}},$$

ou simplement :

$$\frac{A}{B} = \frac{C}{D}.$$[1]

A et D sont appelés les termes extrêmes, B et C les termes moyens de cette proportion — et D s'appellera la quatrième proportionnelle entre les trois grandeurs A, B et C.

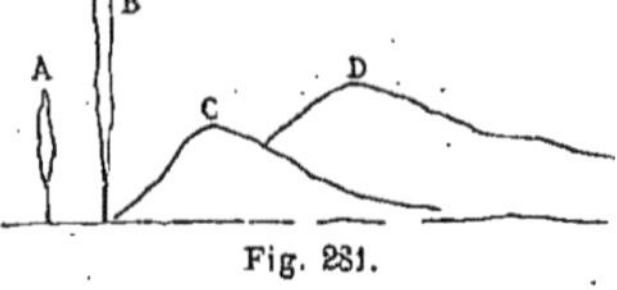

Fig. 281.

1. C'est dans cet ordre d'idées que l'on pourrait écrire : $\frac{\text{arbre A}}{\text{arbre B}} = \frac{\text{colline C}}{\text{colline D}}$, le rapport des hauteurs des deux arbres pouvant être 1/2, de même que celui des collines.

Au lieu de dire que A et B sont proportionnels à C et à D, on dit souvent tout simplement, pour abréger, que ces quatre grandeurs A, B, C, D sont proportionnelles.

Ainsi étant données quatre lignes droites limitées (autrement dit quatre longueurs),

si $\frac{A}{B} = \frac{2}{3}$ et si $\frac{C}{D} = \frac{2}{3}$, on dira que ces quatre lignes *sont proportionnelles*.

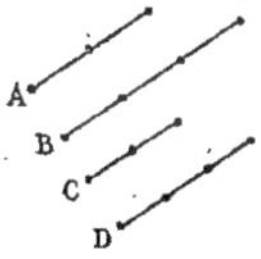

Fig. 282.

Dans ce troisième livre, les grandeurs proportionnelles dont nous parlerons seront toujours des lignes limitées (lignes droites ou périmètres de polygones ou arcs de cercle).

On dit qu'un groupe de n lignes limitées A, B, C est proportionnel à un autre groupe de n lignes M, N, P, quand le rapport de A à M est égal au rapport de B à N et à celui de C à P, etc., c'est-à-dire quand on a les rapports égaux :

$$\frac{A}{M} = \frac{B}{N} = \frac{C}{P} = \ldots.$$

Donc les grandeurs sont proportionnelles entre elles quand elles sont toutes, deux à deux, dans le même rapport.

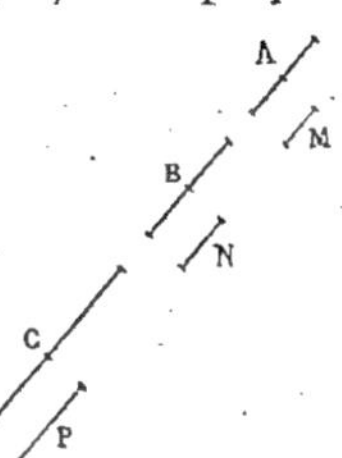

Fig. 283.

Nous verrons plus loin (page 198) qu'il y a un moyen très simple de constituer en géométrie une figure renfermant toute une série de longueurs proportionnelles[1].

On dit qu'une longueur B est *moyenne proportionnelle* (ou encore moyenne géométrique) entre deux longueurs A et C, quand le rapport entre A et B est le même que le rapport entre B et C, c'est-à-dire quand on a la proportion :

$$\frac{A}{B} = \frac{B}{C},$$

la ligne B occupant de la sorte à elle toute seule les deux termes moyens (d'où son nom).

Ainsi, si, comme le montre la figure, A est la moitié de B, B étant lui-même la moitié de C, on dira que B est moyen proportionnel entre A et C.

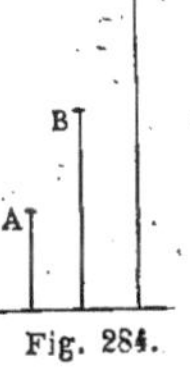

Fig. 284.

1. On fera bien, quand on prononcera ce mot « longueurs proportionnelles », de se figurer tout de suite la figure ci-dessus. Car en géométrie l'imagination figurative joue un grand rôle, et l'élève est d'autant plus fort qu'il voit, vite et bien, les figures qui correspondent aux mots employés.

Remarque. — Il y a lieu de faire une distinction très importante entre les proportions en géométrie et les proportions en arithmétique. En arithmétique, les éléments de ces proportions sont des nombres et on y parle toujours de *rapports de nombres*. En géométrie, au contraire, les éléments d'une proportion sont des lignes et on y parle toujours de *rapports de lignes*.

Il se pose maintenant ici une question :

A-t-on le droit de modifier une proportion géométrique comme une proportion arithmétique, c'est-à-dire, a-t-on le droit de la lire horizontalement aussi bien que verticalement, ou d'ajouter les numérateurs et les dénominateurs, sans cesser d'obtenir des rapports égaux? A-t-on le droit aussi d'égaler le produit des extrêmes au produit des moyens?

Sur les deux premiers points, nous répondrons : oui; sur le troisième point, nous dirons franchement : non.

Pour établir les deux premières proportions nous nous appuierons sur le théorème établi dans le deuxième livre, théorème important qui dit que le rapport de deux grandeurs est égal au rapport des nombres qui les mesurent.

Considérons la proportion entre lignes $\frac{A}{B}=\frac{C}{D}$, on a aussi : $\frac{A}{C}=\frac{B}{D}$ (ce qui est loin d'être évident *a priori*).

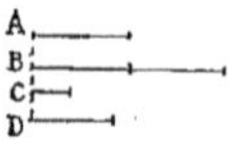

A B C D

Fig. 285.

Supposons en effet A, B, C, D, mesurés respectivement en fonction de la même unité par les nombres 22, 7, 242, 77, nombres donnant naissance à la proportion arithmétique : $\frac{22}{7}=\frac{242}{77}$.

22 et 242 étant les nombres qui mesurent A et C, cela montre que le rapport de A à C vaut $\frac{22}{242}$.

Idem pour le nombre $\frac{7}{77}$ qui mesure le rapport de B à D.

Mais on a : $\frac{22}{242}=\frac{7}{77}$; donc aussi on a bien : $\frac{A}{C}=\frac{B}{D}$. C. Q. F. D.

On verrait de même que la proportion entre lignes $\frac{A}{B}=\frac{C}{D}$ entraîne $\frac{A}{B}=\frac{A+C}{B+D}$. Supposons en effet A, B, C, D, mesurés par les nombres 22, 7, 462 et 147, l'unité étant la même pour toutes.

Que vaut en nombres le rapport $\frac{A+C}{B+D}$? (A + C) étant mesuré par le nombre $(22+462)$ et $(B+D)$ par le nombre $(7+147)$, on a $\frac{A+C}{B+D}=\frac{22+462}{7+147}$. Mais la proportion arithmétique $\frac{22}{7}=\frac{462}{147}$ entraîne $\frac{22}{7}=\frac{22+462}{7+147}$. Donc, on a bien aussi comme conséquence de $\frac{A}{B}=\frac{C}{D}$: $\frac{A}{B}=\frac{A+C}{B+D}$. C. Q. F. D.

Maintenant, si de la proportion entre lignes : $\frac{A}{B}=\frac{C}{D}$, on voulait déduire l'égalité suivante :

$$A\times D=B\times C,$$

où A, B, C, D sont des lignes ou, comme on dit, des longueurs, cela ne se pourrait pas, cette égalité n'ayant pas de sens. Que signifie, en effet, ce mot « ligne multipliée par ligne ou longueur multipliée par longueur »? Cela n'a pas plus de sens que n'en aurait ce mot « une table multipliée par une équerre ». — D'ailleurs, dans toute multiplication, le multiplicateur doit *toujours être un nombre abstrait.*

Donc, si on veut de la rigueur, de la proportion géométrique entre lignes $\frac{A}{B}=\frac{C}{D}$, on ne peut absolument pas déduire l'égalité :

$$A\times D=B\times C$$

et on ne peut pas dire que le produit des deux lignes A et D est égal au produit des deux lignes B et C, le mot *produit de deux lignes* n'ayant en lui-même pas de sens.

Toutefois, souvent on parle quand même du *produit de deux lignes droites*, et même on le fait constamment. Nous allons expliquer ce qu'il faut entendre par là.

Supposons qu'ayant à s'occuper de quatre droites limitées A, B, C, D, on ait trouvé la proportion géométrique (entre lignes) $\frac{A}{B}=\frac{C}{D}$.

Si ces droites mesurées avec la même unité donnent comme mesures les nombres α, β, γ, δ, on aura évidemment les deux rapports de nombres égaux qui suivent : $\frac{\alpha}{\beta}=\frac{\gamma}{\delta}$

et on en tirera alors : $\alpha\times\delta=\beta\times\gamma$.

Donc le produit des nombres qui mesurent A et D sera égal au produit des nombres qui mesurent B et C.

C'est ce résultat qui s'exprime en abrégé d'une façon *absolu-*

ment incorrecte, mais rapide, et par suite commode, comme il suit :

Le produit des deux lignes A *et* D *est égal au produit des deux lignes* B *et* C.

Par conséquent, par définition, ce mot « produit de deux lignes » signifiera toujours produit des nombres qui mesurent ces deux lignes, ou encore : produit des valeurs de ces deux lignes[1].

D'après cela, le *carré d'une ligne* ou *d'une longueur* signifiera le carré du nombre qui mesure la ligne ou la longueur. Et la *racine carrée du produit de deux lignes* ou *de deux longueurs* signifiera aussi, par définition, la racine carrée du produit de leurs valeurs, c'est-à-dire, la racine carrée du produit des nombres qui les mesurent.

On pourra encore, dans le même ordre d'idées, parler de la racine quatrième de la somme des quatrièmes puissances de deux lignes ou longueurs, parler aussi du produit de trois longueurs, etc., etc. On saura toujours ce que veut dire cette façon bizarre de parler.

---

§ 2. — Théorème de Thalès et applications

Théorème fondamental de Thalès. — *Quand des parallèles coupent deux droites concourantes, les segments formés sur la première droite sont proportionnels aux segments correspondants*[2] *formés sur la seconde.*

---

1. Remarque. — Ligne et longueur sont en principe deux choses bien différentes, car on dit longueur d'une ligne. Si on n'avait pas pris l'habitude de confondre ces deux mots, ligne droite et longueur, et si on avait réservé au mot *longueur* son sens naturel, à savoir le nombre qui mesure la ligne, la phrase *produit de deux longueurs* aurait un sens très net. Ce serait le produit des valeurs numériques des deux lignes droites.

Mais, comme il n'en est pas ainsi et que le mot *longueur* est à chaque instant synonyme du mot *ligne*, nous sommes bien forcés d'expliquer que les mots « produit de deux lignes, ou produit de deux longueurs » signifient toujours : « produits des valeurs numériques de ces deux lignes ou de ces deux longueurs ».

2. On dit que deux segments sont *correspondants* quand ils sont compris entre les mêmes plles.

Soient trois plles AM, BN, CP coupant les deux droites X et Y. Je dis que l'on a :

$$\frac{AB}{BC}=\frac{MN}{NP} \quad (1).$$

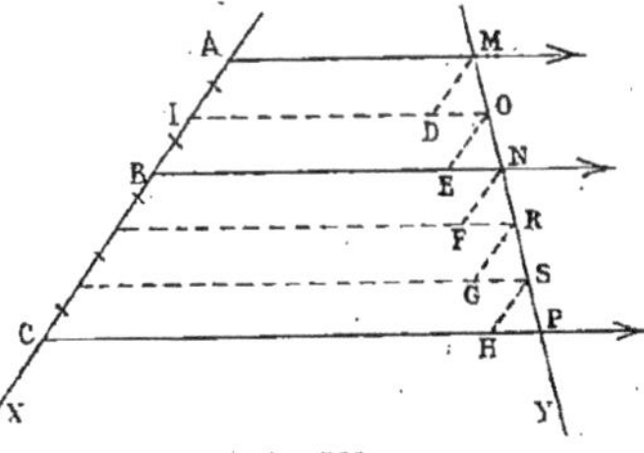

Fig. 286.

En effet, que vaut le rapport $\frac{AB}{BC}$?

Il y a deux cas à distinguer, selon que AB et BC sont commensurables ou non.

1° S'ils sont commensurables, soit AI leur commune mesure contenue deux fois dans AB et trois fois dans BC. AB valant deux fois une quantité qui est le tiers de BC, AB sera égal aux deux tiers de BC et par conséquent, d'après la définition n° 1 ou n° 2 du mot *rapport* (voir le premier livre), il en résultera :

$$\frac{AB}{BC}=\frac{2}{3}.$$

Menons maintenant les plles par les points de division. Les longueurs interceptées sur Y seront encore égales. Car si nous employons la méthode bien connue des deux Δ égaux, et si à cet effet nous menons les plles MD, OE, NF, RG, SH, deux quelconques de ces Δ, MDO et RGS par exemple, sont égaux. Car les angles sont deux à deux égaux soit comme correspondants soit comme angles à côtés plles, puis MD = RG (ces longueurs étant égales respectivement à deux longueurs égales).

Donc la droite MO est contenue deux fois dans MN et trois fois dans NP.

Le rapport de MN à NP est donc bien aussi égal à 2/3. On a donc bien l'égalité (1) du début.

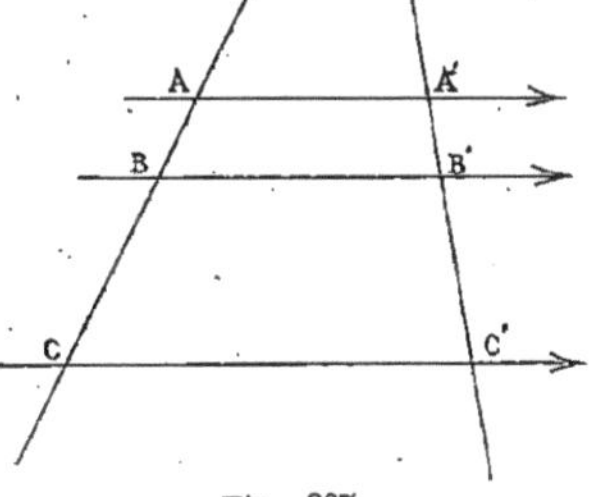

Fig. 287.

2° Supposons maintenant que AB et BC n'aient pas de commune mesure. Nous pouvons toujours partager BC en n parties égales, AB contenant cette partie aliquote p fois avec un reste. Alors le rapport $\frac{AB}{BC}$ sera évidemment compris entre les deux fractions $\frac{p}{n}$ et $\frac{p+1}{n}$. Mais, si on mène des plles par les points de division, il est clair que B'C' sera lui aussi partagé en n parties égales, A'B' contenant cette partie aliquote encore p fois avec un reste. Ce qui prouvera que le rapport $\frac{A'B'}{B'C'}$ est lui aussi compris entre $\frac{p}{n}$ et $\frac{p+1}{n}$.

Ce résultat ayant lieu, quelque grand que soit le nombre n, on en doit conclure (voir le premier livre, page 133) que l'on a forcément l'égalité : $\frac{AB}{BC}=\frac{MN}{NP}$.

Donc, que les segments formés soient commensurables entre eux ou non, peu importe ; les segments déterminés sur la première droite forment toujours des rapports égaux avec les segments correspondants déterminés sur la seconde droite, c'est-à-dire sont, ce qu'on appelle d'un mot, proportionnels.

C. Q. F. D.

Ce théorème de Thalès nous prouve évidemment qu'il existe en géométrie des figures renfermant des groupes de longueurs proportionnelles entre elles.

On peut donner du théorème de Thalès un second énoncé plus commode, et dire que, *si on divise*[1] *un segment pris sur la droite* X *par le segment correspondant pris sur la droite* Y, *le rapport ainsi obtenu a toujours même valeur, c'est-à-dire est ce qu'on appelle constant.*

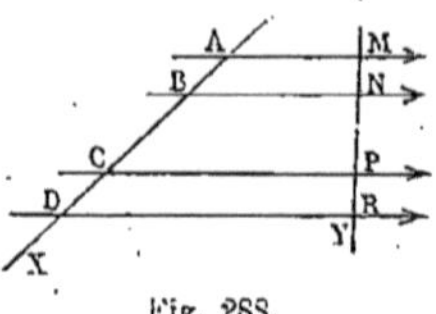

Fig. 288.

En effet, si l'on considère les proportions : $\frac{AB}{BC}=\frac{MN}{NP}$, $\frac{AC}{BD}=\frac{MP}{NR}$, etc., on a le droit de les écrire (voir page 194).

$$\frac{AB}{MN}=\frac{BC}{NP},\quad \frac{AC}{MP}=\frac{BD}{NR},\ \text{etc.}$$

---

1. Rappelons que *diviser* une longueur par une longueur peut signifier prendre le rapport de ces deux longueurs, puisque le rapport de deux grandeurs peut se définir le quotient de la première par la seconde (voir premier livre, page 124).

Et ce second énoncé va alors nous permettre d'obtenir une suite ininterrompue analogue à celle-ci :

$$\frac{AB}{A'B'} = \frac{BC}{B'C'} = \frac{AC}{A'C'} = \frac{BD}{B'D'} = \frac{DA}{D'A'} = \dots$$

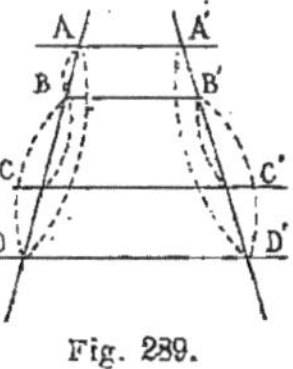

Fig. 289.

les segments numérateurs pouvant être pris n'importe comment.

Quand on coupe les côtés d'un angle O par des parallèles, le théorème de Thalès est encore vrai, que les segments soient comptés ou non à partir du sommet de l'angle.

Je dis, par exemple, que $\frac{OA}{OM} = \frac{AC}{MP}$.

En effet, si nous menons par O la plle $O\omega$, puis $\omega\alpha$ plle à OA, on a en appliquant le théorème de Thalès aux droites concourantes OP et $\omega\alpha$: $\frac{\omega\alpha}{OM} = \frac{\alpha\gamma}{MP}$. Mais $\omega\alpha = OA$ et $\alpha\gamma = AC$.

Donc on a aussi évidemment :

$$\frac{OA}{OM} = \frac{AC}{MP}.$$

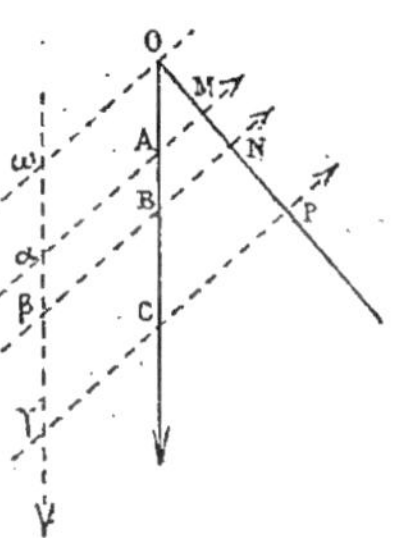

Fig. 290.

Remarque. — Quand on applique le théorème de Thalès à un angle O, on peut évidemment considérer encore les segments situés sur les côtés prolongés; et cela nous permettra, par conséquent, d'écrire toute la série ininterrompue suivante :

$$\frac{OA}{OA'} = \frac{OC}{OC'} = \frac{OB}{OB'} = \frac{BC}{B'C'} = \dots$$

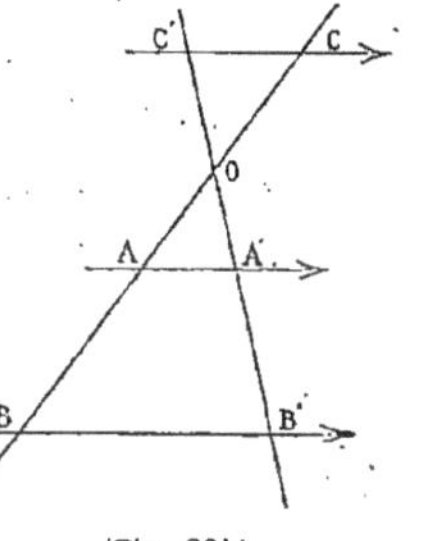

Fig. 291.

Théorème. — *Quand on coupe un triangle par une parallèle à la base, elle détermine sur les deux autres côtés des segments proportionnels.*

En effet, si MN est plle à BC, on a d'après le théorème de Thalès :

$$\frac{AM}{AB} = \frac{AN}{AC}$$

ou encore : $$\frac{AM}{AN} = \frac{AB}{AC} = \frac{MB}{NC}.$$

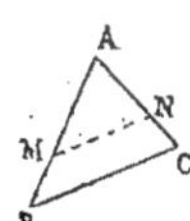

Fig. 292.

Théorème réciproque I. — *Dans un triangle, si une droite divise deux côtés en parties proportionnelles, elle est parallèle au troisième côté.*

Supposons que l'on ait dans le Δ ABC :

$$\frac{AM}{MB}=\frac{AN}{NC}.$$

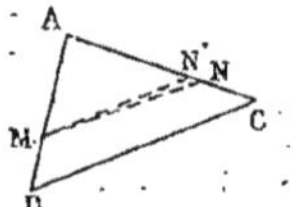

Fig. 293.

Si la droite MN n'était pas plle à BC, la plle menée par M à BC couperait AC en un point N' différent de N et on aurait alors $\frac{AM}{MB}=\frac{AN'}{N'C}$ (à cause du th. de Thalès).

Donc, à cause de l'hypothèse, on aurait aussi :

$$\frac{AN}{NC}=\frac{AN'}{N'C}.$$

Mais cette égalité est impossible (car on en déduirait : $\frac{AN}{AN+NC}=\frac{AN'}{AN'+N'C}$, c'est-à-dire : $\frac{AN}{AC}=\frac{AN'}{AC}$, c'est-à-dire, $AN=AN'$ et la partie serait égale au tout).

Donc notre supposition MN non plle à BC, nous conduisant à une absurdité, nous devons la rejeter, et dire que MN est forcément plle à BC quand on a : $\frac{AM}{MB}=\frac{AN}{NC}$. C. Q. F. D.

Théorème réciproque II. — *Etant données deux droites concourantes* X *et* Y, *deux droites parallèles* AA' *et* BB', *si on a :*

$$\frac{AB}{A'B'}=\frac{BC}{B'C'},$$

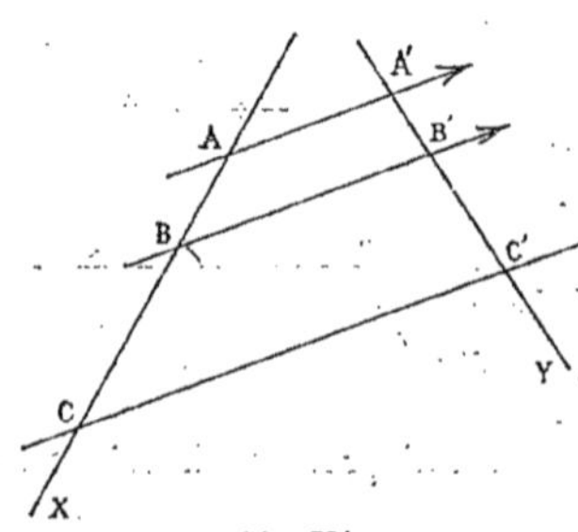

Fig. 294.

C et C' étant deux points pris respectivement sur les droites X et Y tous deux d'un même côté de chaque parallèle, la droite CC' est aussi parallèle aux droites AA' et BB'.

Soit un point C pris sur X au-dessous de BB', et C' un point de Y pris aussi au-dessous de BB'. On démontrerait comme tout à l'heure par l'absurde que CC' doit être plle à BB'.

Remarque. — L'énoncé précédent est pénible. Mais toutes les

restrictions que nous avons faites sont nécessaires, sous peine de donner un énoncé incorrect.

Car dans la figure ci-contre, où le segment $B'C'_1$ est égal à $B'C'$, mais est porté à partir de B' au-dessus de BB', on aurait encore : $\frac{AB}{A'B'} = \frac{BC}{B'C'_1}$

et pourtant la droite CC'_1 ne serait plus plle à BB'.

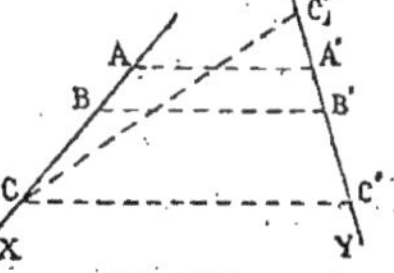

Fig. 295.

(Nous indiquerons, plus loin, dans les compléments une façon commode et rapide d'éviter toutes ces longueurs de phrases par la considération des *segments dirigés* (autrement dit des *vecteurs*). Nous aurons, en effet, soin de montrer combien cette théorie des vecteurs et simplifie les énoncés et généralise les théorèmes.)

Applications du théorème de Thalès.

Le théorème de Thalès est d'un usage fréquent dans les problèmes de géométrie.

D'abord, il nous donne une *nouvelle sixième méthode* utilisable dans certains problèmes pour *prouver que deux droites d'une figure sont plles*. Exemple :

Dans un trapèze ABCD, la droite qui joint les milieux des côtés non plles est plle aux deux bases.

En effet, on a : $\frac{AM}{MC} = 1,$

$\frac{BN}{ND} = 1.$

Donc : $\frac{AM}{MC} = \frac{BN}{ND}.$

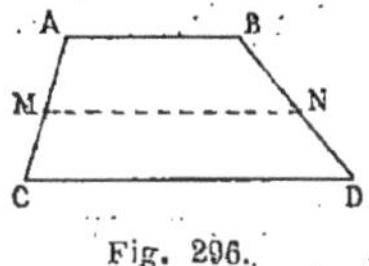

Fig. 296.

Donc, d'après la réciproque II, MN est plle à AB.

Il nous permet ensuite de traiter les questions suivantes :

1° Partager une droite en n parties égales.

2° Construire une quatrième proportionnelle à trois longueurs.

3° Construire une troisième proportionnelle à deux longueurs.

4° Étudier les variations du rapport des distances d'un point, mobile sur une droite, à deux points fixes pris sur cette droite.

5° Partager une droite en deux segments proportionnels à deux longueurs données m et n.

6° Sur le prolongement d'une droite prendre un point tel que le rapport de ses distances aux deux extrémités soit égal à $\frac{m}{n}$.

7° Propriété de la bissectrice de l'angle d'un Δ.

8° Lieu géométrique des points tels que le rapport de leurs distances à deux points fixes est égal à un nombre donné.

I. — Problème. *Partager une droite limitée en* n *parties égales.*

La règle à suivre est celle-ci :

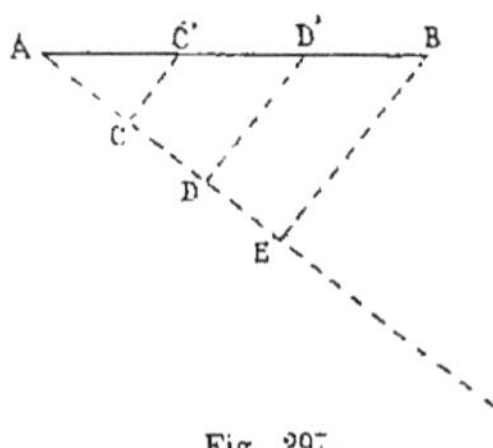

Fig. 297.

Par l'une des extrémités du segment on mène une droite indéfinie sur laquelle on prend au hasard une longueur, longueur que l'on porte à la suite n fois. On joint le point final à la deuxième extrémité du segment, et par les points de division on mène des plles à la droite ainsi obtenue.

Les points où ces plles coupent la droite primitive sont les points demandés.

En effet, on a d'après Thalès :

$$\frac{AC'}{AC}=\frac{C'D'}{CD}=\frac{D'B'}{DE}.$$

Donc, comme les dénominateurs sont égaux, les numérateurs le sont, donc $AC'=C'D'=D'B$. C. Q. F. D.

Remarque. — La démonstration suivante serait peut-être plus claire.

Le rapport de deux segments quelconques AC et DE est égal à 1. Mais $\frac{AC}{DE}=\frac{AC'}{D'B}$. Donc $\frac{AC'}{D'B}=1$.

Mais dire que le rapport de deux longueurs est égal à 1, c'est une façon scientifique de parler et de dire que les deux longueurs sont égales. Donc on a bien $AC' = D'B$.

Donc toutes les parties sont égales. C. Q. F. D.

II. — Problème. *Construire une quatrième proportionnelle à trois longueurs données* A, B, C.

On sait que la droite cherchée X doit être telle que le rapport de A à B soit égal au rapport de C à cette longueur inconnue. — Les quatre longueurs A, B, C et X doivent donc former la proportion :

$$\frac{A}{B} = \frac{C}{X}.$$

Mais quand on prononce ces mots : A sur B égale C sur?... Par une association de mots, cela fait immédiatement songer au théorème de Thalès.

Dessinons donc la figure qui correspond à ce théorème de Thalès. Nous voyons que, si les trois premiers segments valaient justement A, B et C, le quatrième D serait la longueur cherchée.

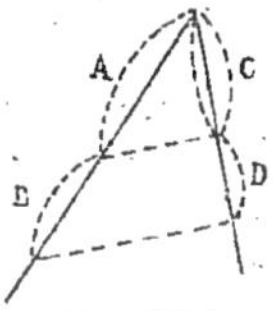

Fig. 298.

Nous sommes alors conduits à la règle suivante :

Pour construire une quatrième proportionnelle, on porte bout à bout sur le premier côté d'un angle à partir du sommet les longueurs A *et* B, *puis sur le second côté, encore à partir du sommet, on porte la troisième longueur. On joint l'extrémité de la première à l'extrémité de la troisième et par l'extrémité de la deuxième on mène une plle.*

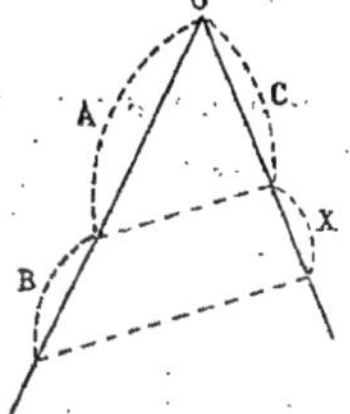

Fig. 299.

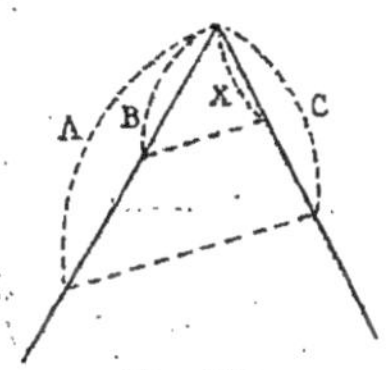

Fig. 300.

Remarque. — Au lieu de porter les deux premières longueurs bout à bout, on pourrait les porter toutes deux à partir du sommet de l'angle, ce qui donnerait lieu à la figure ci-contre, à gauche.

III. — Problème. *Construire une troisième proportionnelle à deux longueurs données.*

Ce problème n'est qu'une variante du précédent. Car, par définition, une troisième proportionnelle est une quatrième proportionnelle, les deux termes moyens dans la proportion étant figurés par la même grandeur ainsi qu'il suit :

$$\frac{A}{B} = \frac{B}{X};$$

d'où la construction indiquée dans la figure ci-contre.

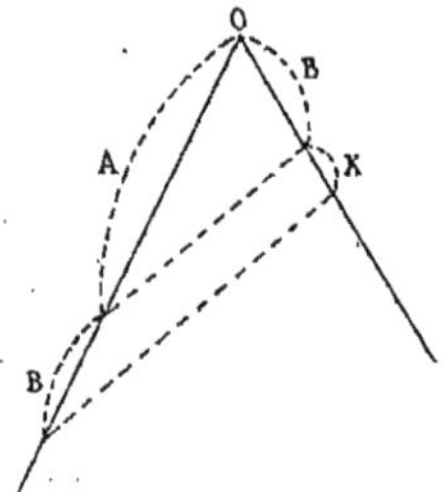

Fig. 301.

IV. — **Théorème fondamental.** *Etant donnés deux points* A *et* B *pris sur une droite indéfinie* XY, *il y a toujours sur cette droite deux points, et deux seulement, tels que le rapport des distances de chacun d'eux aux deux points* A *et* B *soit égal à un rapport donné, quel que soit ce rapport. — L'un de ces points est situé entre* A *et* B, *et l'autre est extérieur à l'intervalle* AB.

Imaginons, en effet, un point mobile M qui se meut d'abord de A vers B.

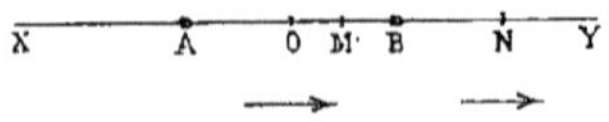

X A O M B N Y

Fig. 302.

Si le rapport donné K des distances $\frac{MA}{MB}$ est plus grand que 1, MA doit évidemment être plus grand que MB. Donc M doit être situé entre le milieu O de AB et le point B.

Or, quand le mobile va de O vers B, dans le rapport $\frac{MA}{MB}$, MA croît constamment, MB décroît constamment de OB à O. Donc le rapport $\frac{MA}{MB}$ croît constamment depuis 1 jusqu'à l'infini[1].

Donc il passe une fois forcément, mais une fois seulement, par la valeur donnée K plus grande que 1.

Supposons maintenant que le point mobile N parcoure extérieurement la demi-droite BY. Le rapport $\frac{NA}{NB}$ pouvant s'écrire $\frac{NB + BA}{NB}$, c'est-à-dire $1 + \frac{AB}{NB}$, on voit que plus N s'avance vers la droite, plus la fraction $\frac{AB}{NB}$ diminue. Le rapport $\frac{NB}{NA}$

1. On dit qu'un nombre tend vers l'infini quand il peut devenir plus grand que tout nombre donné, aussi immense qu'on veut.

tend donc vers 1. Mais, comme le rapport part de l'infini, et qu'il décroît *constamment* depuis l'infini jusqu'à 1, il passe donc forcément une fois, mais une fois seulement, par la valeur donnée K plus grande que 1.

Donc, en résumé (comme dans ce cas de $K > 1$, il n'y a pas lieu de considérer les points situés à gauche du milieu O), il existe sur XY deux points (et deux points seulement), l'un situé entre O et B, l'autre situé à droite de B, pour lesquels le rapport $\frac{MA}{MB}$ est égal à ce nombre K.

On verrait de même que, si K était inférieur à 1, il y aurait deux points, l'un entre O et A, l'autre à gauche de A, pour lesquels le rapport $\frac{MA}{MB}$ est égal à ce nombre K (inférieur à 1). C. Q. F. D.

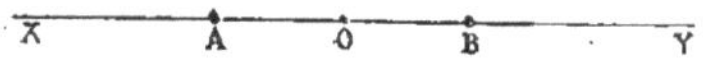

Fig. 303.

Remarque. — Il serait facile, si on voulait, de prouver directement par l'absurde sans étudier les variations du rapport $\frac{MA}{MB}$ qu'il ne saurait y avoir, entre A et B, qu'un point, et extérieurement aussi qu'un point pour lequel on ait : $\frac{MA}{MB} = K$.

En effet, soit C un point situé entre A et B pour lequel on a : $\frac{CA}{CB} = K$, K étant > 1.

Pour un second point intérieur C', on ne saurait avoir $\frac{C'A}{C'B} = \frac{CA}{CB}$. Car, si le numérateur C'A est plus grand que CA, le dénominateur C'B est forcément plus petit que CB. Donc, pour cette double raison, la fraction $\frac{C'A}{C'B}$ est plus grande que $\frac{CA}{CB}$.

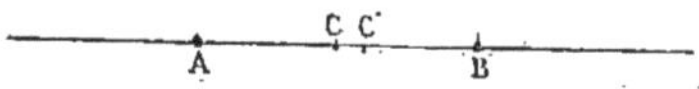

Fig. 304.

Donc il n'y a qu'un point entre A et B.

Supposons de même qu'il y ait à droite de AB deux points D et D' pour lesquels on ait :

Fig. 305.

$$\frac{DA}{DB} = \frac{D'A}{D'B} \quad (1).$$

Cela est impossible, car ces deux rapports peuvent s'écrire :

$$\frac{AB + DB}{DB} \quad \text{et} \quad \frac{AB + D'B}{D'B},$$

c'est-à-dire : $\left(\frac{AB}{DB} + 1\right)$ et $\left(\frac{AB}{D'B} + 1\right)$,

égalité impossible, si DB est différent de D'B.

C. Q. F. D.

Les deux points C et D, pour lesquels les rapports $\frac{CA}{CB}$ et $\frac{DA}{DB}$ sont égaux à K, *s'appellent les deux points conjugués harmoniques des deux points* A *et* B, K *étant le rapport d'harmonie* (on dit même souvent tout simplement que C et D sont les deux points conjugués des points A et B par rapport au nombre K), et ces quatre points forment ce qu'on appelle une *division harmonique* [1].

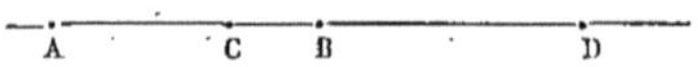

Fig. 306.

N. B. — Il est à noter que, si C et D sont les conjugués de A et B (parce que $\frac{CA}{CB} = \frac{DA}{DB}$), inversement A et B sont aussi les conjugués de C et D. En effet, la relation précédente peut s'écrire :

$$\frac{CA}{DA} = \frac{CB}{DB} \text{ ou } \frac{AC}{AD} = \frac{BC}{BD}.$$

Par conséquent, dans une division harmonique, on peut choisir comme points de départ ou le premier et le troisième ou le deuxième et le quatrième.

V. — Problème. *Partager une droite donnée en deux segments proportionnels à deux longueurs données appelées* m *et* n.

La règle synthétique à suivre est celle-ci :

1. Dans les compléments du troisième livre on donnera toute une théorie des *divisions harmoniques*.

Règle. — *Par l'extrémité A de la droite AB on mène une droite quelconque AX sur laquelle on porte bout à bout les deux longueurs AE et EF égales l'une à m, l'autre à n. Le point final F ainsi obtenu, on le joint à l'autre extrémité B, et par E on mène une plle EC. Le point C est le point cherché.*

Fig. 307.

En effet, le théorème de Thalès nous apprend que :
$$\frac{AC}{CB} = \frac{AE}{EF},$$
donc :
$$\frac{AC}{CB} = \frac{m}{n}.$$

Donc C est le point demandé.

VI. — Problème. *Sur le prolongement d'une droite donnée AB, prendre un point tel que le rapport de ses distances aux deux extrémités de la droite soit égal à un nombre donné* $\frac{m}{n}$.

Supposons le problème résolu avec $m > n$. Le point cherché devant être tel que $\frac{DA}{DB} = \frac{m}{n}$ devra être plus loin de A que de B, donc devra être à droite de B.

Or, si par A nous menons une droite quelconque AX et si par les points B et D nous menons deux plles quelconques, on aura :
$$\frac{DA}{DB} = \frac{EA}{EF};$$
par conséquent, si on prend avec une unité quelconque $EA = m$ et $EF = n$, on aura :
$$\frac{EA}{EF} = \frac{m}{n}.$$

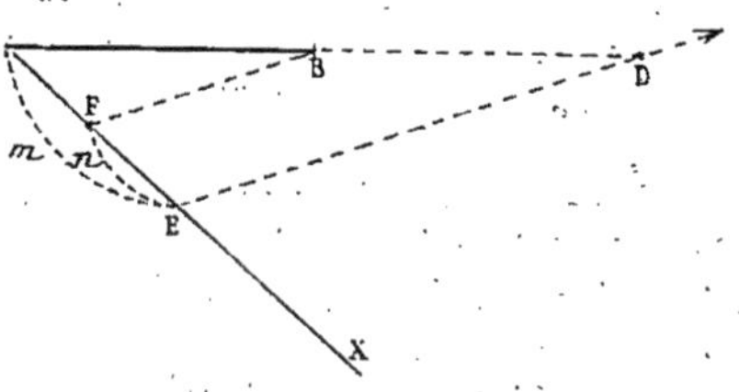
Fig. 308.

Nous aurons donc la règle suivante :

Règle. — *Par l'extrémité A on mène une droite quelconque AX sur laquelle on prend une longueur AE égale à la longueur m ; puis, à partir de E (mais en revenant sur ses pas) on prend une longueur EF égale à n. Ce point final F, on le joint à la seconde extrémité B et par E on mène la plle à FB qui coupera le prolongement de AB au point cherché.*

Remarque. — Si on convient d'appeler *segments additifs* les deux longueurs CA et CB formées par le point intérieur C, et *segments soustractifs* les deux longueurs DA et DB formées par le point extérieur D, il est clair que les deux problèmes précédents pourront s'énoncer ensemble comme il suit :

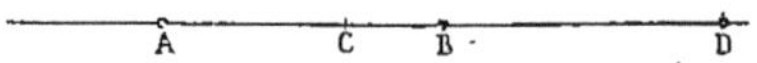

A C B D
Fig. 309.

Partager une droite donnée en deux segments additifs et soustractifs correspondant à un nombre donné.

Il est clair maintenant que pour avoir les deux points C et D conjugués de deux points A et B pris sur une droite indéfinie XY, quand le rapport d'harmonie est K, il n'y a qu'à appliquer les règles des deux problèmes précédents V et VI.

Dans le cas particulier où le rapport est égal à 2, il suffira de prendre le tiers de AB, d'où le point C, puis de prendre BD = AB, d'où le point D.

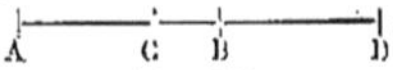

A C B D
Fig. 310.

(Remarque utile pour pouvoir, à peu de frais, tout de suite, obtenir deux points conjugués.)

Remarque. — Il est clair également que, *connaissant trois points*, A, C, B *par exemple, d'une division harmonique, pour avoir le quatrième* (point qui est unique en vertu du théorème fondamental précédent), il suffira de partager AB en segments soustractifs dans le rapport connu $\frac{CA}{CB}$.

VII. — Propriété de la bissectrice de l'angle d'un triangle. *Dans tout Δ la bissectrice d'un angle (intérieur, ou extérieur) détermine sur le côté opposé deux segments (additifs dans le premier cas, soustractifs dans le second cas) proportionnels aux côtés adjacents à ces segments.*

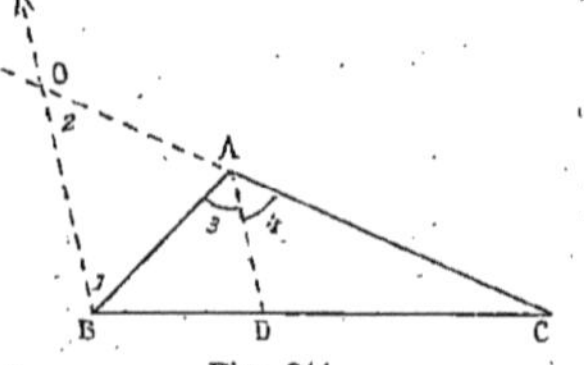

Fig. 311.

1° Soit AD, la bissectrice de l'angle intérieur A.

Je dis que l'on a :

$$\frac{CD}{DB} = \frac{CA}{BA} \quad (1).$$

Pour y arriver, remarquons que jusqu'à présent il n'y a que le théorème de Thalès qui nous ait fourni des rapports égaux.

D'ailleurs quand, en regardant la figure, nous prononçons ces mots : CD est à DB comme CA est à......, par une association d'idées, cela nous fait naturellement penser au théorème de Thalès appliqué à l'angle C, et il est alors naturel de mener par le point B la droite BO plle à DA, ce qui donnera :

$$\frac{CD}{DB}=\frac{CA}{AO}.$$

Si donc l'égalité (1) est vraie, comme celle-ci l'est certainement aussi, il faudra que AO soit égal à BA.

Nous sommes donc maintenant conduits à prouver tout simplement que AO = AB. Et, si nous employons la méthode connue du Δ isocèle (voir Ier livre, page 42), il n'y aura plus qu'à prouver que les angles 1 et 2 sont égaux. Or, ils le sont :

Car $\hat{1}=\hat{3}$ (alternes-internes formés par les plles);
$\hat{2}=\hat{4}$ (correspondants);
Mais $\hat{3}=\hat{4}$ (par hypothèse);
Donc $\hat{1}=\hat{2}$.

Donc le théorème est démontré.

2° Soit maintenant AD', la bissectrice de l'angle extérieur.

Je dis que l'on a :

$$\frac{D'C}{D'B}=\frac{CA}{BA} \quad (1).$$

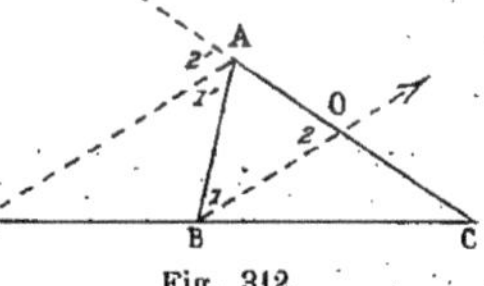

Fig. 312.

Par association d'idées, les trois premiers termes de la proportion $\frac{D'C}{D'B}=\frac{CA}{—}$ nous faisant songer au théorème de Thalès, il est naturel de songer au théorème de Thalès et pour cela de mener la plle BO à la bissectrice. On a alors : $\frac{D'C}{D'B}=\frac{AC}{AO}$ (2).

Donc, puisque ces deux égalités (1) et (2) doivent coexister (si le théorème énoncé est exact), nous sommes conduits à prouver que BA = AO, ce qui se fera (par la méthode du Δ isocèle) en prouvant que les angles 1 et 2 sont égaux.

Ils le sont. Car $\hat{1}=\hat{1}'$ (alternes-internes);
$\hat{2}=\hat{2}'$ (correspondants);
Mais $\hat{1}'=\hat{2}'$. Donc $\hat{1}=\hat{2}$.

Donc nous avons le droit de remplacer dans la proportion (2) (qui existe) AO par son égal BA, ce qui nous donnera :

$$\frac{D'C}{D'B}=\frac{AC}{BA}. \qquad \text{C. Q. F. D.}$$

Théorèmes réciproques. — *Si une droite partant du sommet d'un triangle détermine sur le côté opposé deux segments (ou additifs ou soustractifs) proportionnels aux côtés adjacents à ces segments, la droite est bissectrice (ou intérieure ou extérieure) de l'angle du triangle.*

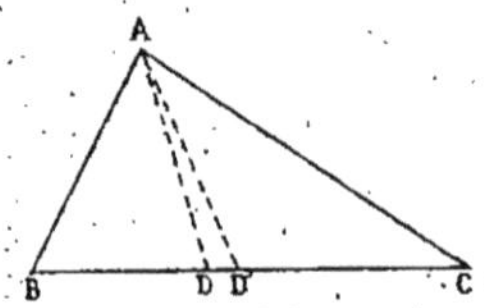

Fig. 313.

Supposons que l'on ait :

$$\frac{BD}{DC}=\frac{BA}{CA}.$$

Je dis que AD est bissectrice intérieure de l'angle A.

En effet, si cette bissectrice était une autre droite AD', on aurait avec cette bissectrice la relation

$$\frac{BD'}{D'C}=\frac{AB}{AC}.$$

Donc, il y aurait deux points intérieurs, D et D' partageant la droite BC dans le même rapport $\frac{AB}{AC}$, ce qui est impossible.

Donc, nous devons rejeter cette supposition que la bissectrice de l'angle A est une droite autre que AD. Donc AD est bissectrice.

(Même démonstration pour le cas où les segments seraient soustractifs.)

Remarque. — On pourrait démontrer ces théorèmes réciproques directement et autrement que par l'absurde.

Supposons, en effet, que l'on ait $\frac{BD}{DC}=\frac{AB}{AC}$. Pour prouver que AD est bissectrice, c'est-à-dire que les angles 3 et 4 sont égaux (voir *fig.* 311), menons la plle BO à AD. On a :

$\hat{4}=\hat{2}$ comme correspondants ;
$\hat{3}=\hat{1}$ comme alternes-internes.

Mais le Δ ABO est isocèle (car $\frac{BD}{DC}=\frac{OA}{AC}$ (Thalès) ; mais $\frac{BD}{DC}=\frac{AB}{AC}$ par hypothèse. Donc OA = AB).

Par conséquent $\hat{1}=\hat{2}$.

Donc aussi $\hat{3}=\hat{4}$. Donc AD est bissectrice.

C. Q. F. D.

Nota. — Il résulte de ce qui précède que dans tout Δ les deux bissectrices (intérieure et extérieure) déterminent sur le côté opposé une division harmonique.

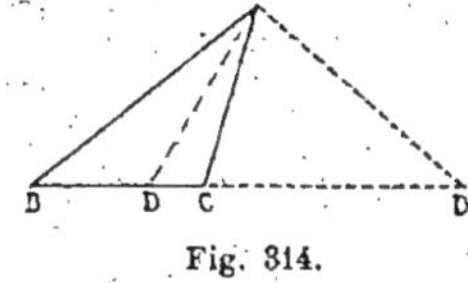

Fig. 314.

On a en effet :

$$\frac{BD}{DC}=\frac{BD'}{D'C},$$

puisque ces rapports sont tous deux égaux à $\frac{AB}{AC}$.

Problème. — Calculer à l'aide des nombres a, b, c, qui mesurent les trois côtés d'un Δ, les segments que les bissectrices déterminent sur le côté opposé.

Désignons par x et y les nombres qui mesurent BD et DC. Il suffira de résoudre le système :

$$\frac{x}{y}=\frac{c}{b}$$
$$x+y=a.$$

Ce qui se fera très vite, en écrivant :

$$\frac{x}{c}=\frac{y}{b}=\frac{x+y}{c+b}=\frac{a}{c+b}$$

d'où :
$$x=\frac{ac}{c+b} \quad y=\frac{ab}{c+b}.$$

On trouverait de la même façon :

$$D'B=\frac{ac}{c-b} \text{ et } D'C=\frac{ab}{c-b}.$$

VIII. — *Lieu géométrique des points, tels que le rapport de leurs distances à deux points fixes soit égal à un nombre donné.*

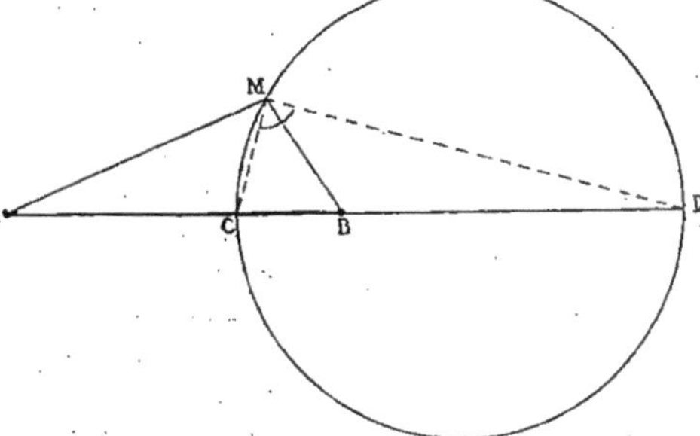

Fig. 315.

Soient A et B deux points fixes. Pour trouver le lieu des points M, tels que le rapport $\frac{MA}{MB}$ soit égal à K, remarquons que l'on a déjà sur la droite AB deux points C et D, partageant AB dans le rapport donné K, points qui sont par conséquent deux points du lieu.

Cherchons maintenant comme toujours (voir dans le IIe livre, page 149) à transformer la propriété d'un point M du lieu en une autre telle que le lieu ou devienne évident, ou se ramène à un lieu connu.

On a : $\frac{MA}{MB} = K$. Mais déjà $\frac{CA}{CB} = K$. Donc on doit avoir : $\frac{MA}{MB} = \frac{CA}{CB}$. Mais alors la droite MC est bissectrice de l'angle AMB. Il en est de même de la droite MD.

Mais maintenant la propriété nouvelle cherchée du point M apparaît. Car, les deux bissectrices de l'angle A d'un Δ étant rectangulaires, de tout point M du lieu on doit voir la droite connue CD sous un angle droit. Donc, tous ces points M doivent être sur la circonférence placée sur CD comme diamètre (voir dans le IIe livre, page 150) et nulle part ailleurs.

Pour achever, il ne nous reste plus qu'à voir si tout point N de cette circonférence est un point du lieu, c'est-à-dire si le rapport $\frac{NA}{NB}$ est égal à K, c'est-à-dire si $\frac{NA}{NB}$ est égal à $\frac{CA}{CB}$, c'est-à-dire, enfin, voir si NC est bissectrice de l'angle BNA.

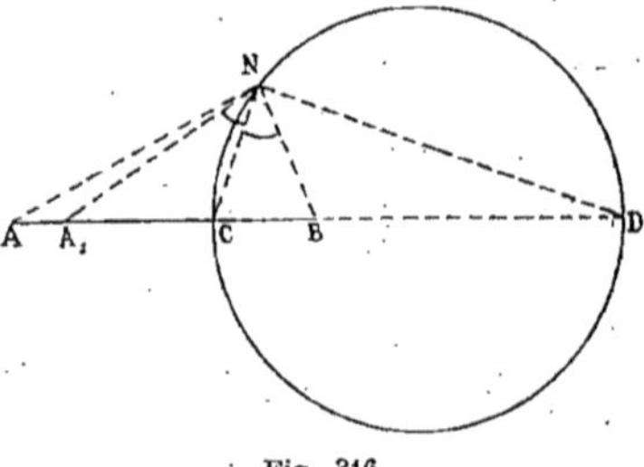

Fig. 316.

Supposons un instant que cela ne soit pas. Alors si NC n'est pas bissectrice de BNA, il sera possible de mener par A une droite NA_1, telle que l'angle A_1NC soit égal à BNC. Mais cela va nous mener à une absurdité. Car, dans le Δ A_1NB, la pp. ND à la bissectrice NC étant la bissectrice extérieure à ce Δ A_1NB, les points A_1, C, B, D formeraient une division harmonique. Mais déjà, par hypothèse, A, C, B, D en forment une.

Donc, les deux points A et A_1 seraient tous deux des points conjugués du point B par rapport à C et D, ce qui est impossible (puisqu'un pareil point est unique).

Donc notre supposition (NC non bissectrice de BNA) doit être rejetée. Donc NC est bissectrice de ANB et l'on a par conséquent :

$$\frac{NA}{NB} = \frac{CA}{CB}, \text{ c'est-à-dire } \frac{NA}{NB} = K.$$

Donc, la circonférence décrite sur CD fait tout entière partie du lieu. Donc :

Le lieu cherché des points, tels que le rapport de leurs distances à deux points fixes est constant, est la circonférence décrite sur la droite qui joint les deux points conjugués des deux points fixes, répondant au rapport donné.

§ 3. — Triangles semblables

Définition. — On dit que deux Δ sont semblables quand ils ont : 1° *leurs trois angles deux à deux égaux ;*
2° *les trois côtés adjacents aux angles égaux proportionnels.*

Nous allons démontrer, comme d'habitude, qu'il existe de pareils Δ.

Il existe des Δ semblables. En effet :

Théorème : *Quand on coupe un Δ par une droite parallèle à la base, le Δ formé a ses angles égaux à ceux du Δ primitif, et les côtés sont tous les trois proportionnels à ceux du Δ primitif; en un mot, le Δ formé est semblable au Δ primitif.*

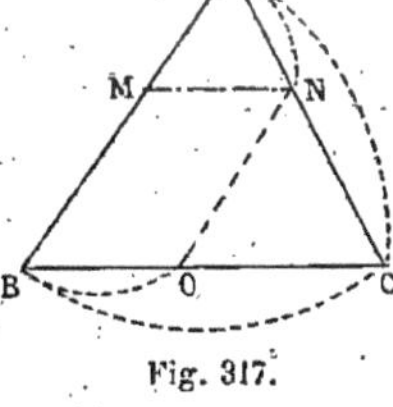

Fig. 317.

Soit MN plle à BC.

Les angles M et N étant égaux aux angles B et C comme correspondants, on voit déjà que les angles des deux Δ sont deux à deux égaux.

On voit ensuite que, si on applique le théorème de Thalès aux deux côtés de l'angle A, on a :

$$\frac{AM}{AB} = \frac{AN}{AC}.$$

Pour démontrer que $\frac{AN}{AC} = \frac{MN}{BC}$ (cette proportion nous faisant naturellement songer au théorème de Thalès), il est logique de mener par N la plle NO à AC et d'appliquer une seconde fois le théorème de Thalès à l'angle C. On aura de la sorte, en faisant attention à ce que les segments se correspondent :

$$\frac{AN}{AC} = \frac{BO}{BC}.$$

Mais BO est égal à MN (à cause du pllgr BOMN).
Donc on a aussi :

$$\frac{AN}{AC}=\frac{MN}{CB}.$$

Par conséquent on a bien :

$$\frac{AM}{AB}=\frac{AN}{AC}=\frac{MN}{CB}.$$

Donc, les trois côtés du petit triangle sont proportionnels à ceux du grand (car ils forment avec eux des rapports tous égaux).

Donc, les deux Δ ABC et AMN, ayant à la fois leurs angles égaux et les côtés adjacents aux angles égaux proportionnels, sont semblables. C. Q. F. D.

Remarque. — Dans deux triangles semblables, les côtés adjacents aux mêmes angles s'appelant des côtés *homologues*, on voit que les côtés homologues sont en même temps les côtés opposés aux angles égaux.

On peut donc dire que dans deux triangles semblables les côtés opposés aux angles égaux sont proportionnels, — ou encore, plus simplement, que les côtés homologues sont proportionnels.

Remarque I. — Si, laissant le Δ ABC fixe, on déplaçait le Δ AMN n'importe comment dans son plan sans le retourner, et si même on le retournait sur lui-même, ce déplacement ou ce retournement n'altérant ni les angles ni la grandeur des côtés, il est clair que dans sa nouvelle position le Δ AMN serait encore semblable au Δ ABC.

Remarque II. — En faisant la figure on verrait facilement que, *quand le* Δ AMN *n'a pas été retourné sur lui-même, les angles égaux se suivent dans le même ordre sur les deux* Δ. Cela veut dire que, si marchant dans le sens des aiguilles d'une montre sur les deux triangles, on rencontre les angles du Δ ABC dans l'ordre A, C, B, les angles rencontrés dans le deuxième Δ AMN étant A, N, M, les deux premiers A et A sont égaux, les seconds C et N aussi, les troisièmes B et M également.

Au contraire, *si on retourne sur lui-même le* Δ AMN, *les angles égaux dans ce* Δ *retourné ne se suivront pas dans le même ordre*, en ce sens qu'il faudra pour cela marcher sur le premier triangle dans le sens des aiguilles d'une montre, et sur le second dans le sens inverse.

Nous pouvons évidemment, pour simplifier le langage, dire que dans les deux Δ semblables les angles égaux *sont orientés de la même façon*, quand il faudra marcher sur les deux figures dans le même sens.

Cas de similitude des Δ.

Pour pouvoir affirmer que deux Δ ABC, A'B'C' sont semblables, il faut que les cinq égalités précédentes soient vérifiées :

$$\hat{A} = \hat{A}'$$
$$\hat{B} = \hat{B}'$$
$$\hat{C} = \hat{C}'$$
$$\frac{AB}{A'B'} = \frac{BC'}{BC'} = \frac{CA}{C'A'}.$$

Total : 5 conditions (une condition étant ainsi une égalité).

On appelle *cas de similitude des* Δ des théorèmes qui permettent d'affirmer que les cinq conditions (ou égalités) précédentes sont toutes remplies, dès que deux d'entre elles le sont.

Ces cas de similitude (ou théorèmes) sont au nombre de trois, ainsi que nous allons l'établir.

Premier cas de similitude des Δ.

Deux triangles sont semblables quand ils ont deux angles deux à deux égaux (que leur orientation soit la même ou non).

Soient deux Δ ABC et A'B'C' dans lesquels on a par hypothèse : $\hat{A} = \hat{A}'$ et $\hat{B} = \hat{B}'$, ces angles égaux étant orientés de la même façon. Prenons sur AB une longueur AM égale à sa correspondante A'B', et par M menons la plle MN à BC. Le Δ AMN étant semblable à ABC (voir page 213), si nous parvenons à prouver que A'B'C' est identique au Δ AMN, il est manifeste que A'B'C' sera lui aussi semblable à ABC.

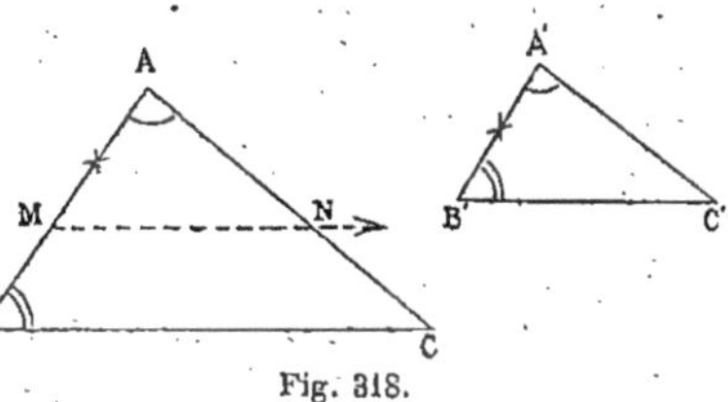

Fig. 318.

Or, cette égalité des deux Δ AMN et A'B'C' est facile à établir.

Car $AM' = A'B'$ (par construction);
$\hat{A} = \hat{A}'$ (par hypothèse);
et $\hat{B}' = \hat{M}$ (puisque $\hat{B}' = \hat{B}$, par hypothèse, et que $\hat{B}$ est égal à l'angle M comme correspondant).

Donc, ces deux petits Δ sont égaux comme ayant un côté égal adjacent à deux angles égaux.

Et, dès lors, A'B'C' est semblable au Δ ABC.

C. Q. F. D.

Corollaire. — Quand deux triangles isocèles ont un angle égal, ils sont semblables (démonstration facile).

Remarque. — Si les angles égaux des deux Δ donnés ABC et A'B'C' étaient différemment orientés, le théorème serait encore vrai.

Car il suffirait de retourner sur lui-même ce Δ A'B'C', d'où un nouveau Δ auquel s'appliquerait la démonstration précédente et qui serait par conséquent semblable à ABC.

Dès lors, le Δ A'B'C' sera aussi semblable à ABC (puisque le retournement ne modifie en rien la similitude). C. Q. F. D.

Nous pouvons caractériser ces deux sortes de similitude des Δ en disant que les Δ sont **directement semblables** quand les angles proposés sont, sur les deux triangles, orientés de la même façon, et **inversement semblables** quand ils sont orientés d'une façon différente.

Il y a donc **deux sortes de similitudes** comme il y a deux sortes d'égalités. (Voir, dans le Ier livre, les cas d'égalité des Δ[1].)

Deuxième cas de similitude des Δ.

Deux triangles sont semblables quand ils ont un angle égal compris entre deux côtés proportionnels (que l'orientation des éléments dont on parle soit la même ou non).

Soient les deux Δ ABC et A'B'C', dans lesquels on a,

par hypothèse : $\begin{cases} \hat{A} = \hat{A}' \\ \dfrac{AB}{A'B'} = \dfrac{AC}{A'C'}, \end{cases}$ les côtés AB et A'B' étant tous les deux sur la gauche des angles égaux A et A'.

Je dis qu'ils sont semblables entre eux.

---

1. Les élèves forts pourront étudier la théorie des figures semblables dans la géométrie de MM. Niewenglowski et Gérard.

En effet, si nous prenons, sur AB, AM égal à A'B' et que par M nous menions la plle MN à BC, les deux petits Δ sont égaux.

Car, on a par construction :

$$\frac{AB}{AM}=\frac{AC}{AN}.$$

Mais comme on a, par hypothèse,

$$\frac{AB}{A'B'}=\frac{AC}{A'C'},$$

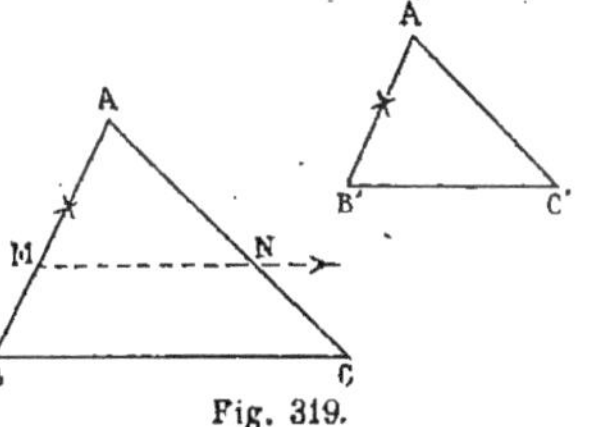

Fig. 319.

et que A'B' = AM, on en déduit, les premiers rapports étant égaux, que les seconds le sont, que l'on a, par conséquent :

$$\frac{AC}{AN}=\frac{AC}{A'C'},$$

ce qui exige évidemment que l'on ait AN = A'C'.

Mais alors les deux petits Δ ayant un angle égal compris entre deux côtés égaux, chacun à chacun, sont égaux ; donc, comme le Δ AMN est semblable au Δ ABC, le Δ A'B'C' lui est aussi semblable. C. Q. F. D.

Remarque. — Si AB était à la droite de l'angle A et A'B' à la gauche de l'angle A', il suffirait de retourner le second Δ. Le théorème est donc général.

Troisième cas de similitude des Δ.

Deux triangles sont semblables quand ils ont leurs trois côtés proportionnels (quelle que soit l'orientation de ces côtés)

Supposons que l'on ait :

$$\frac{AB}{A'B'}=\frac{AC}{A'C'}=\frac{BC}{B'C'} \quad (1),$$

les côtés proportionnels étant orientés de même façon.

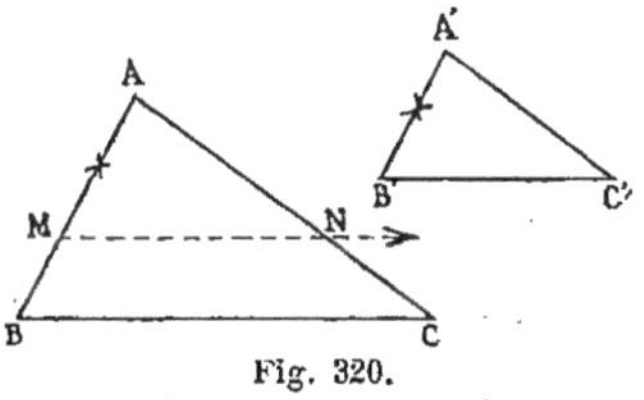

Fig. 320.

Je dis que le Δ A'B'C' est identique au Δ AMN, obtenu en prenant sur AB une longueur AM égale à A'B', et menant la plle MN au côté BC.

En effet, on a par construction :

$$\frac{AB}{AM}=\frac{AC}{AN}=\frac{BC}{MN} \quad (2).$$

Or, si nous comparons les proportions (1) et (2), on voit, AM étant égal à A'B', que les rapports en tête sont égaux, donc les autres le sont aussi, et par conséquent on a :

$$\frac{AC}{AN} = \frac{AC}{A'C'} \text{ et } \frac{BC}{MN} = \frac{BC}{B'C'},$$

ce qui entraîne évidemment et $AN = A'C'$
et $MN = B'C'$.

Donc, les deux petits Δ sont égaux (comme ayant leurs trois côtés deux à deux égaux). Donc, comme AMN est semblable à ABC, A'B'C' l'est aussi. C. Q. F. D.

Remarque. — Dans les figures précédentes, nous avons chaque fois, comme on le fait d'habitude, disposé les côtés homologues parallèlement, afin que la figure soit plus commode à dessiner. Mais il est clair que, si nous plaçons le Δ A'B'C' de façon à ce que les côtés ne soient plus plles à ceux du Δ ABC (*fig.* 321), les trois théorèmes précédents sont encore vrais (car le parallélisme des côtés homologues n'est intervenu en rien dans la démonstration). Le deuxième Δ peut donc être placé n'importe comment par rapport au Δ ABC.

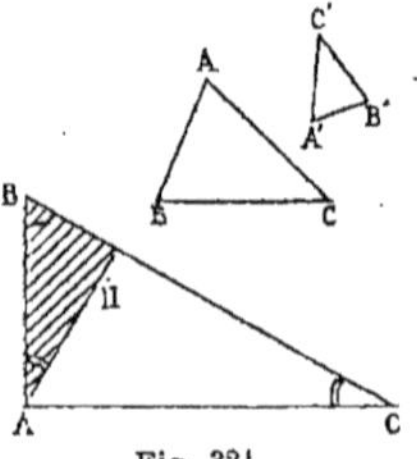

Fig. 321.

Il peut même lui être superposé partiellement; par exemple, dans un Δ rectangle ABC, si on mène la pp. AH du sommet de l'angle droit, le Δ formé ABH sera semblable au grand Δ ABC, car ils ont tous deux un angle droit, et un angle commun B. — De même les Δ rectangles adjacents ABH et ACH seront semblables, l'angle BAH étant égal à l'angle C comme ayant ses côtés pp.

Nota. — On pourra, pour aider la mémoire, marquer par les mêmes numéros (l'un d'eux étant au besoin accentué) les angles égaux.

On pourra ensuite, pour ne pas se tromper dans l'évaluation des proportions, donner le conseil suivant :

Écrire sur une même ligne horizontale les côtés de l'un des Δ, puis sur une deuxième ligne horizontale, en dessous, écrire les côtés homologues du deuxième Δ (c'est-à-dire les côtés opposés aux angles égaux).

Ainsi dans le Δ rectangle précédent, on écrira d'abord les trois côtés du petit Δ :

AB AH BH,

puis au-dessous les côtés homologues dans l'ordre suivant :

BC AC AB

ce qui donnera : $\frac{AB}{BC} = \frac{AH}{AC} = \frac{BH}{AB}$.

On peut affirmer tout de suite que deux Δ sont semblables lorsque leurs côtés sont pp. ou plles et cela résulte du théorème suivant :

Théorème. — *Deux triangles sont semblables quand ils ont leurs côtés deux à deux perpendiculaires (ou parallèles).*

Soit ABC un Δ.

(A'B') étant une droite pp. à AB ;
(B'C') — — BC ;
(A'C') — — AC.

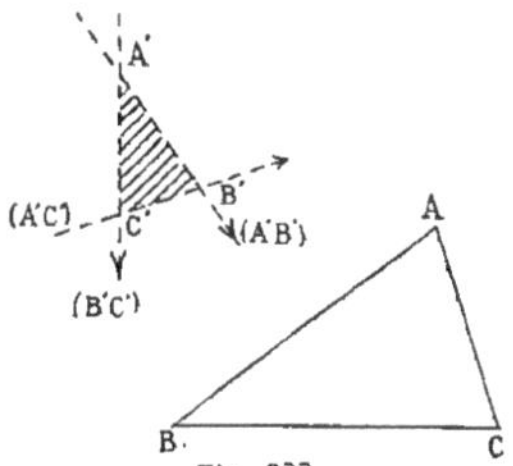

Appelons A' le point de rencontre de A'B' et de A'C' ;

Appelons B' le point de rencontre de B'C' et de B'A' ;

Appelons C' le point de rencontre de C'A' et de C'B'.

Fig. 322.

Je dis que le Δ A'B'C' est semblable au Δ ABC.

Pour cela occupons-nous des angles et voyons s'ils sont deux à deux égaux.

Deux angles à côtés pp. étant ou égaux ou supplémentaires, il résulte de l'hypothèse que les différents cas suivants peuvent seuls se produire :

$$\left.\begin{array}{l} A' = 180^\circ - A \\ B' = 180^\circ - B \\ C' = 180^\circ - C \end{array}\right\} \text{ ou } \left.\begin{array}{l} A' = 180^\circ - A \\ B' = 180^\circ - B \\ C' = C \end{array}\right\} \text{ ou } \left.\begin{array}{l} A' = 180^\circ - A \\ B' = B \\ C' = C \end{array}\right\} \text{ ou } \left.\begin{array}{l} A' = A \\ B' = B \\ C' = C \end{array}\right.$$

Mais la première hypothèse entraînerait $A' + B' + C' = 3$ f. $180^\circ - (A + B + C)$, c'est-à-dire $180^\circ = 3$ f. $180 - 180^\circ$,

c'est-à-dire $180^\circ = 2$ f. 180°,

résultat absurde.

Donc la première hypothèse est à rejeter. La deuxième aussi, car elle entraînerait $A' + B' = 2$ fois $180^\circ - (A + B) = 2$ f. 180°

$-(180 - C) = 180 + C$. La troisième également ; car, quand deux angles dans deux Δ sont égaux, les troisièmes le sont forcément. Donc, la seule hypothèse acceptable est la dernière. Donc, les deux Δ ayant leurs angles deux à deux égaux sont semblables (démonstration analogue si les côtés étaient plles).

Définition. — On dit qu'une *grandeur* A *est moyenne proportionnelle entre deux autres grandeurs de même espèce* B *et* C, quand le rapport entre B et A est le même qu'entre A et C, c'est-à-dire *quand on a entre les grandeurs la proportion* $\frac{B}{A} = \frac{A}{C}$. Il est aisé de voir qu'on a fréquemment de pareilles grandeurs. En effet, si on considère trois grandeurs A, B, C, que A soit la moitié de B, que B soit la moitié de C, $\frac{A}{B}$ valant $\frac{1}{2}$ et $\frac{B}{C}$ valant $\frac{1}{2}$, on aura bien $\frac{A}{B} = \frac{B}{C}$, donc la grandeur B sera moyen proportionnel entre les deux autres. (On appelle A une *moyenne proportionnelle* entre B et C, parce que A occupe à lui seul les deux termes moyens dans la proportion.)

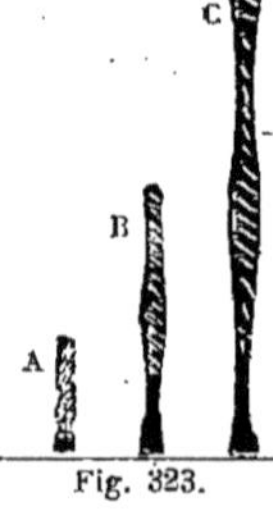

Fig. 323.

La définition des Δ semblables exige que cinq égalités soient remplies : les trois angles du premier Δ doivent être égaux aux trois angles du second, et de plus les trois côtés du premier devant être proportionnels aux trois côtés du second.

Mais si $\hat{A} = \hat{A}'$ et si $\hat{B} = \text{D}'$, forcément $\hat{C} = \hat{C}'$.

Donc, les cinq égalités (ou conditions) précédentes se réduisent à quatre, à savoir :

$$A = A'$$
$$B = B'$$
$$\frac{BA}{A'B'} = \frac{BC}{B'C'} = \frac{CA}{C'A'}.$$

Les trois cas de similitude de Δ que nous venons de démontrer nous prouvent que ces quatre conditions de similitude de Δ se réduisent en définitive à deux seulement.

La considération des Δ semblables va nous permettre encore, comme le théorème de Thalès, d'obtenir facilement deux groupes de longueurs proportionnelles. En effet :

Théorème. — *Un faisceau de droites concourantes détermine sur deux droites parallèles des segments proportionnels.*

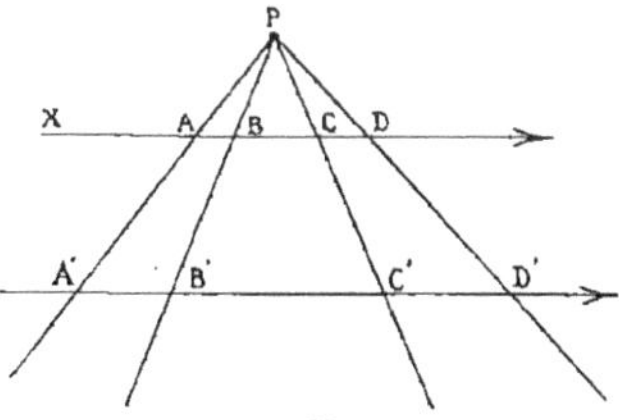

Fig. 324.

Soient, en effet, quatre sécantes issues du point P et coupant les deux droites plles X et Y.

La figure nous donne immédiatement, que le point P soit intérieur ou extérieur aux deux droites X et Y :

$$\frac{AB}{A'B'}=\frac{PB}{PB'}=\frac{BC}{B'C'}=\frac{PC}{PC'}=\frac{CD}{C'D'},$$

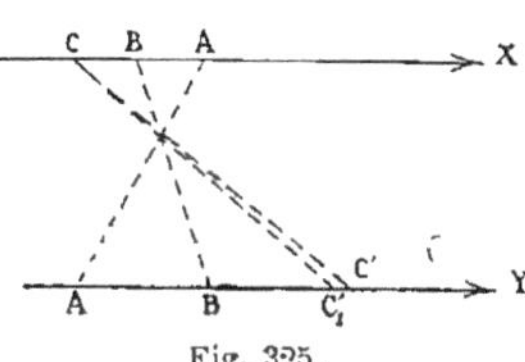

Fig. 325.

c'est-à-dire, en supprimant les rapports intermédiaires :

$$\frac{AB}{A'B'}=\frac{BC}{B'C'}=\frac{CD}{C'D'}.$$

C. Q. F. D.

Réciproque. — *Si quatre droites interceptent sur deux droites parallèles des segments proportionnels (tous allant dans le même sens ou les premiers allant dans un sens et les autres en sens contraire), ces quatre droites sont concourantes.*

Supposons en effet que l'on ait :

$$\frac{AB}{A'B'}=\frac{BC}{B'C'}=\frac{CD}{C'D'} \quad (1).$$

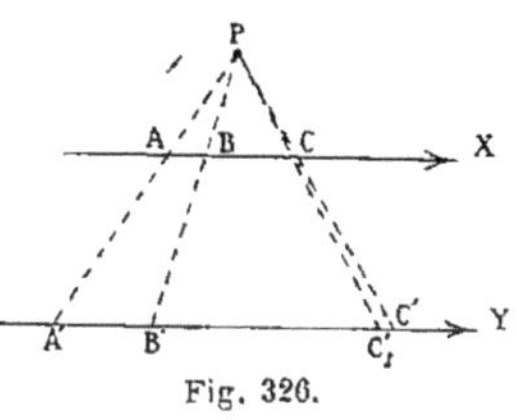

Fig. 326.

Soit P, le point de rencontre de AA' et de BB'. Nous pouvons toujours joindre PC et prolonger si ce prolongement coupe Y en un point C'_1, autre que C', on aurait :

$$\frac{AB}{A'B'}=\frac{BC}{B'C'_1}.$$

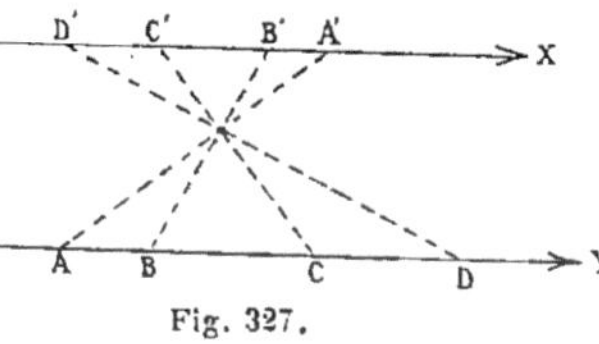

Fig. 327.

Donc, à cause de l'hypothèse (1), on aurait :

$$\frac{BC}{B'C'_1}=\frac{BC}{B'C'},$$

ce qui est impossible si C' et C'_1 sont des points différents.

Donc notre supposition (PC ne passant par C') nous conduisant à une absurdité, nous devons admettre que P, C, C′ son trois points en ligne droite.

Idem pour P, D, D′.

Donc les quatre droites sont concourantes.

C. Q. F. D.

N. B. — Cette réciproque nous donne évidemment une *méthode commode pour prouver que trois droites d'une figure où il y a déjà deux parallèles sont concourantes.*

On a deux routes A et B, tracées sur une carte. On les coupe par deux plles MN et PQ. On partage ces deux droites en O et R dans le même rapport. Prouver que la droite OR passe par le point de rencontre des deux routes.

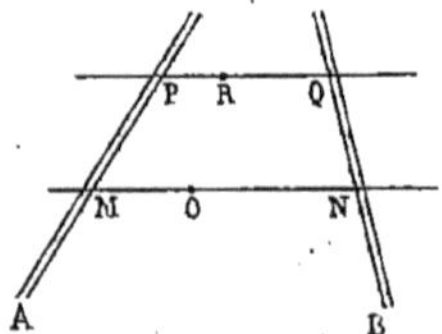

Fig. 328.

Ce théorème permettrait évidemment de pointer un canon placé en O, de façon à ce que le projectile tombe au point de jonction supposé invisible des deux routes.

Propriétés des triangles semblables.

Propriété 1. — *Dans deux Δ semblables, le rapport des périmètres est le même que le rapport des côtés.*

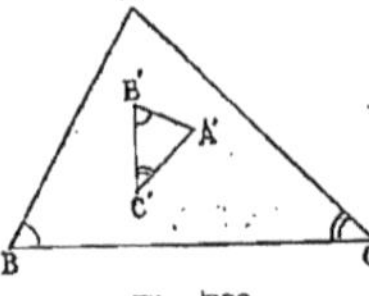

Fig. 329.

En effet, de la relation :

$$\frac{AB}{A'B'}=\frac{BC}{B'C'}=\frac{CA}{C'A'}, \text{ on déduit :}$$

$$\frac{AB}{A'B'}=\frac{AB+BC+CA}{A'B'+B'C'+C'A'},$$

ou en désignant par P et P′ les périmètres :

$$\frac{P}{P'}=\frac{AB}{A'B'}.$$

C. Q. F. D.

Propriété 2. — *Dans deux Δ semblables le rapport des deux hauteurs homologues est le même que le rapport des bases correspondantes.*

Soient dans les deux Δ ABC, A'B'C', les deux hauteurs AH et A'H' menées des sommets de deux angles égaux (hauteurs qu'on appelle homologues).

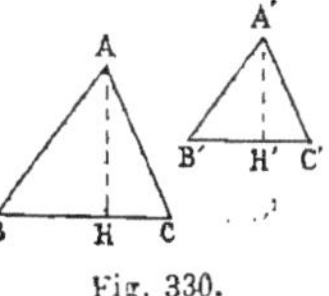

Fig. 330.

En utilisant les données, on voit que les deux Δ ABH et A'B'H' sont semblables (comme étant rectangles et ayant les angles B et B' égaux).

On a donc :

$$\frac{AH}{A'H'} = \frac{AB}{A'B'}.$$

Mais on a : $\dfrac{AB}{A'B'} = \dfrac{BC}{B'C'}.$

Donc : $\dfrac{AH}{A'H'} = \dfrac{BC}{B'C'}.$ C. Q. F. D.

Remarque. — Dans deux Δ semblables le rapport des deux côtés homologues est égal au rapport de deux lignes homologues quelconques (médianes, bissectrices, hauteurs, rayons...). Mais cela a chaque fois besoin d'être démontré, à moins qu'on ne veuille s'appuyer sur la quatrième propriété des polygones semblables (voir page 229).

§ 4. — Des Polygones semblables

Définition. — On dit que deux polygones sont semblables quand leurs angles consécutifs sont tous deux à deux égaux, les côtés adjacents aux angles égaux étant tous dans le même rapport (c'est-à-dire étant comme on dit proportionnels).

On appelle encore *côtés homologues* les côtés adjacents aux angles égaux.

Donc, on pourra dire que deux polygones sont semblables quand ils ont leurs angles consécutifs deux à deux égaux et leurs côtés homologues proportionnels[1].

1. Le mot *consécutifs* est important en ce sens que les angles égaux doivent sur les deux polygones se suivre dans le même ordre. — Cela veut dire que si, marchant par exemple dans le sens des aiguilles d'une montre sur les côtés du premier polygone, on rencontre les angles A, B, C, D..., les angles rencontrés sur le deuxième polygone, en partant d'un angle égal et marchant *dans un sens d'ailleurs quelconque*, doivent être respectivement égaux aux angles A, B, C, D...

Il y a deux sortes de polygones semblables.

Quand, pour rencontrer les angles consécutifs deux à deux égaux, il faut tourner dans le même sens sur les deux polygones précédents, on dit que les deux polygones sont *directement semblables*.

Quand, au contraire, il faut, pour y arriver, marcher sur l'un des polygones dans le sens des aiguilles d'une montre et sur l'autre dans le sens inverse, les deux polygones sont dits *inversement semblables*.

Il existe de pareils polygones.

Nous allons, pour le prouver, donner plusieurs façons d'en obtenir.

Premier procédé. — Prenons un polygone quelconque ABCDE, menons les diagonales issues du sommet A, et menons ensuite les plles MN, NP, PQ. Les angles en M et B sont égaux comme correspondants, les angles MNP et BCD le sont comme angles à côtés plles, idem pour les angles NPQ et CDE, etc...

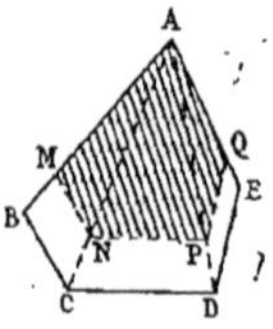

Fig. 331.

De plus on a, à cause du théorème précédent :

$$\frac{AM}{AB}=\frac{MN}{BC}=\frac{AN}{AC}$$

$$\frac{AN}{AC}=\frac{NP}{CD}=\frac{AP}{AD}$$

$$\frac{AP}{AD}=\frac{PQ}{DE}=\frac{AQ}{AE}.$$

Donc, en négligeant les rapports des diagonales qui servent de traits d'union, on aura :

$$\frac{AM}{AB}=\frac{MN}{BC}=\frac{NP}{CD}=\frac{PQ}{DE}=\frac{AQ}{AE}.$$

Par conséquent, les deux polygones ayant tous leurs angles consécutifs deux à deux égaux et les côtés homologues proportionnels, on voit que le polygone formé est bien semblable au premier. De plus, sur la figure les angles égaux étant rencontrés par une rotation faite dans le même sens, les deux polygones sont directement semblables. C. Q. F. D.

Deuxième procédé. — Joignons un point O extérieur au polygone ABCDE aux différents sommets, menons les plles A'B', B'C', C'D', enfin joignons C' à D'.

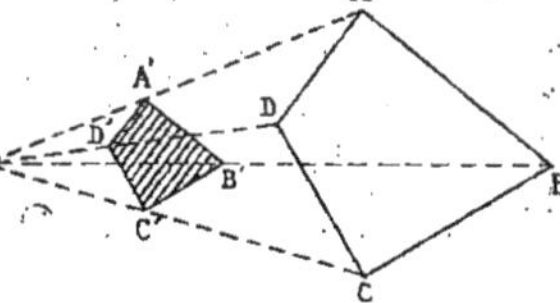

Fig. 332.

En effet, d'abord C'D' est plle à CD. Car :

$$\frac{OA'}{OA}=\frac{OB'}{OB},\frac{OB'}{OB}=\frac{OC'}{OC},\frac{OC'}{OC}=\frac{OD'}{OD}.$$

Donc $$\frac{OA'}{OA}=\frac{OD'}{OD},$$

ce qui prouvera (à cause du deuxième cas de similitude des Δ) que A'D' est plle à AD.

Et maintenant les angles des deux polygones seront tous deux à deux égaux comme ayant leurs côtés plles. De plus, les Δ étant semblables deux à deux, on a :

$$\frac{AB}{A'B'}=\frac{OB}{OB'}=\frac{BC}{B'C'}=\frac{OC}{OC'}=\frac{CD}{C'D'}=\frac{OD}{OD'}=\frac{DA}{D'A'},$$

ou en supprimant les rapports intermédiaires des rayons issus de O : $$\frac{AB}{A'B'}=\frac{BC}{B'C'}=\frac{CD}{C'D'}=\frac{DA}{D'A'}.$$

Donc les deux polygones, ayant les angles égaux deux à deux et leurs côtés homologues proportionnels, sont semblables.

Et ils seront directement semblables, parce que les angles égaux, non seulement sont rencontrés dans le même ordre, mais encore sont obtenus en marchant dans le même sens.

Remarque. — On obtiendrait encore un polygone semblable en prolongeant les rayons OA, OB, OC, OD... au delà du sommet O, et menant les plles A'B', B'C', C'D'.

En faisant la figure, on verrait que la démonstration serait analogue à la précédente.

Seulement on aurait un polygone inversement semblable.

Troisième procédé. — On prend dans le premier polygone un point intérieur O, on mène les rayons OA, OB, OE et on partage chacun d'eux, aux points A', B'..., E', en segments additifs dans le même rapport.

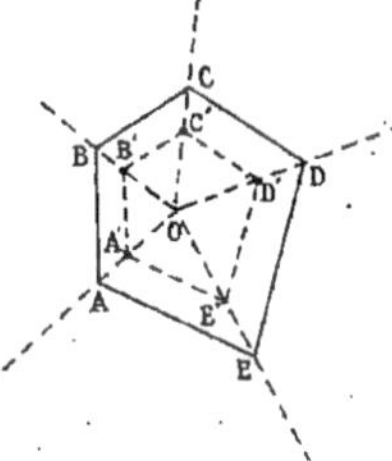

Fig. 333.

En effet, les droites A'B', B'C'..., ainsi obtenues, sont plles aux côtés AB, BC... (d'après le deuxième cas de similitude des Δ). Donc on est ramené au premier procédé et les deux polygones sont semblables directement.

Quatrième procédé. — Prenons un polygone ABCDE et décomposons-le en Δ 1, 2, 3 à l'aide des diagonales issues d'un même sommet A. Puis construisons des Δ 1′, 2′, 3′ directement semblables respectivement aux Δ 1, 2, 3 (les Δ 1′ et 2′ ayant en commun le côté A′C′ homologue de AC, les Δ 2′ et 3′ ayant également pour côté commun le côté homologue de AD).

Cela fait, *sans retourner aucun de ces* Δ *nouveaux* 1′, 2′, 3′, plaçons-les à la suite les uns des autres, le long de leurs côtés communs et de façon que, en allant de la gauche vers la droite, on rencontre successivement les Δ 1′, 2′, 3′, de même qu'on a rencontré les Δ 1, 2, 3, en marchant de gauche à droite.

Je dis que le polygone A′B′C′D′E′ ainsi formé est directement semblable au polygone ABCDE.

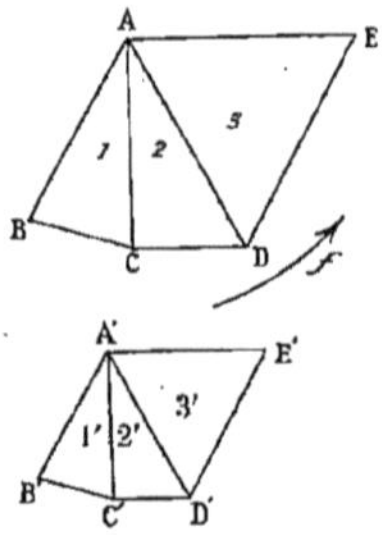

Fig. 331.

Supposons, en effet, pour fixer les idées, que le premier triangle 1, à gauche, soit isocèle, le second 2 étant rectangle en C, le troisième 3 étant équilatéral.

Le Δ rectangle 2′ devant être juxtaposé au Δ 1′ le long de A′C′, mais sans retournement, il faut de toute nécessité que l'angle droit de ce Δ 2′ soit placé en C′ et non en A′ (puisque, les Δ 2 et 2′ étant directement semblables, les angles égaux A et A′, C et C′, D et D′ doivent y être rencontrés quand on marche dans le même sens sur les deux Δ 2 et 2′).

Dès lors, l'angle droit faisant suite nécessairement à l'angle C′ du petit Δ isocèle 1′, l'angle B′C′D′ sera forcément égal à l'angle BCD, comme constitué par des angles identiques.

Et il en sera de même pour les angles CDE et C′D′E′.

Donc, les deux polygones ont leurs angles égaux.

De plus, on voit facilement que les côtés homologues sont proportionnels.

D'ailleurs, les angles égaux sont rencontrés quand on tourne dans le même sens sur les deux polygones.

Donc, le second polygone est directement semblable au premier.

Remarque. — Supposons qu'après avoir construit, comme nous venons de le dire, le petit polygone directement semblable A′B′C′D′E′, on le retourne sur lui-même. En faisant la figure, on verrait tout de suite que, pour rencontrer les Δ 1′, 2′, 3′, il faut marcher de droite à gauche, tandis que sur le polygone ABCDE pour rencontrer leurs semblables il faut marcher de gauche à droite; mais le sens de la rotation n'ayant aucune importance, pourvu que les Δ soient rencontrés dans le même ordre de succession, on voit donc bien que les Δ semblables seront ici encore semblablement placés.

Seulement on verrait que les Δ 1', 2', 3' ne sont plus directement semblables aux Δ 1, 2, 3 et leur sont inversement semblables. De telle sorte que dans le polygone retourné les angles égaux consécutifs sont situés en ordre inverse.

Donc, le polygone retourné sera alors non plus directement, mais inversement semblable au polygone ABCDE.

N. B. — De tout ce qui précède résulte que nous pouvons énoncer le théorème suivant :

Théorème. — *Deux polygones composés d'un même nombre de triangles adjacents directement semblables et semblablement placés sont directement semblables. Et la similitude des deux polygones est inverse quand ces polygones sont composés de triangles inversement semblables, mais encore semblablement placés.*

Remarque. — Les trois premiers procédés précédents nous ont donné deux polygones semblables à côtés homologues plles. Nous verrons un peu plus loin que de pareils polygones semblables à *côtés plles* s'appellent des *polygones homothétiques*. Or, quand laissant l'un des polygones immobile, on déplace l'autre n'importe comment dans son plan, il est clair que cela ne peut modifier en rien la similitude. On peut donc dire que deux polygones sont semblables entre eux quand l'un d'eux est égal à un polygone homothétique de l'autre.

Nota. — On a appelé les Δ ou polygones précédents *semblables* parce qu'ils se ressemblent, la ressemblance parfaite de deux figures dans le dessin ordinaire n'ayant en effet lieu que quand les angles des éléments rectilignes de ces figures sont deux à deux égaux, et quand les côtés adjacents aux angles égaux sont tous dans le même rapport.

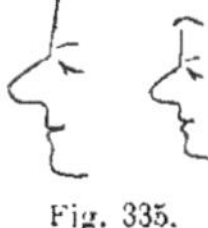

Fig. 335.

Propriétés des polygones semblables.

Première propriété. — *Deux polygones convexes ou concaves directement semblables sont toujours décomposables en un même nombre de Δ directement semblables et semblablement placés.*

Soient deux polygones directement semblables obtenus par n'importe quel moyen. Si nous menons les diagonales issues du sommet A et que par le point A' on mène les diagonales, d'abord il y en aura autant dans le deuxième polygone que dans le premier[1].

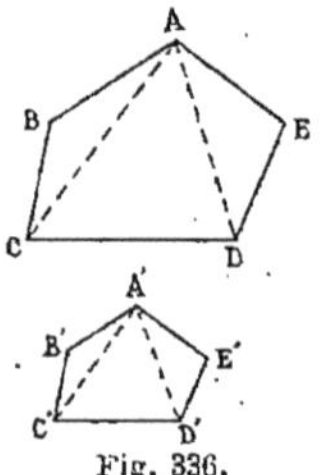

Fig. 336.

Ensuite les $(n-2)$ Δ formés sont deux à deux semblables.

Supposons en effet, pour plus de clarté, le premier polygone composé d'un Δ isocèle 1, d'un Δ rectangle 2, et d'un Δ équilatéral 3. Puisque le deuxième polygone lui est semblable, le long de A'B' (moitié par exemple de AB) existe en B' un angle B' égal à B, et comme B'C' doit être la moitié de BC, le Δ extrême A'B'C' sera semblable au Δ extrême ABC (A'B'C' sera de plus isocèle). Comme les angles complexes C et C' sont égaux, les angles ACD et A'C'D' le seront aussi (comme différence de deux angles respectivement égaux l'un à l'autre). Mais le côté C'D' doit lui aussi, par hypothèse, être avec CD dans le même rapport $\frac{1}{2}$. Dès lors, les deux seconds Δ ACD et A'C'D' doivent être forcément semblables (puisque $\frac{A'C'}{AC}=\frac{1}{2}$ et que $\frac{C'D'}{CD}=\frac{1}{2}$). (De plus ce deuxième Δ A'C'D' devra être rectangle.) Et ainsi de suite.

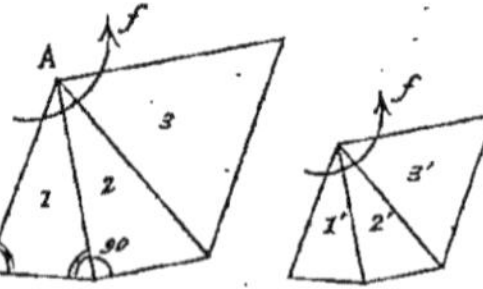

Fig. 337.

On voit donc bien que aux Δ qui constituent le premier polygone non seulement correspondent des Δ respectivement semblables et directement semblables, mais encore ces Δ se suivent dans le même ordre, par exemple, en allant de la gauche vers la droite, c'est-à-dire en marchant dans le sens *f* inverse des aiguilles d'une montre, sur les deux polygones. (On rencontre en effet dans les deux polygones, d'abord les deux Δ isocèles semblables, puis les deux Δ rectangles semblables, enfin les deux Δ équilatéraux semblables.)

C'est cette position relativement la même qu'occupent sur les deux polygones les Δ semblables, que l'on a caractérisée plus

---

1. Car le nombre des diagonales d'un polygone de n côtés est égal à $n-3$.

haut en disant que les Δ semblables sont semblablement placés sur les deux polygones.

D'où le théorème proposé.

Deuxième propriété. — *Deux polygones convexes ou concaves inversement semblables sont décomposables en un même nombre de triangles inversement semblables mais encore semblablement placés.*

(Il suffit pour le voir de faire la figure.)

Troisième propriété. — *Dans deux polygones semblables le rapport des périmètres est égal au rapport de deux côtés homologues.*

En effet, si on appelle ABCDE et A'B'C'D'E' les deux polygones semblables, on a :

$$\frac{AB}{A'B'}=\frac{BC}{B'C'}=\frac{CD}{C'D'}=\frac{DE}{D'E'}=\frac{EA}{E'A'}=$$
$$\frac{AB+BC+CD+DE+EA}{A'B'+B'C'+\ldots\quad\ldots\quad\ldots}.$$

Quatrième propriété. — *Le rapport de deux côtés homologues est égal au rapport de deux éléments homologues quelconques.*

On dit que *deux points O et O' sont homologues dans deux polygones semblables* quand, joints à deux sommets homologues quelconques, ils forment deux Δ semblables. Ainsi O' est homologue de O, si les deux Δ A'B'O' et ABO sont semblables.

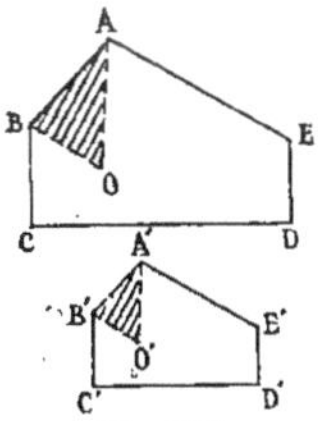

Fig. 338.

On dit que *deux droites sont homologues dans deux polygones semblables* quand elles joignent deux points homologues.

Pour démontrer que, MN et M'N' étant deux droites homologues, on a : $\frac{MN}{M'N'}=\frac{AB}{A'B'}$ [1], il suffit de remarquer que les deux Δ MCN et M'C'N' sont semblables. En effet, M et M' étant homologues, on a par hypothèse : $\widehat{MCD}=\widehat{M'C'D'}$. On a pour la même raison : $\widehat{NCD}=\widehat{N'C'D'}$.

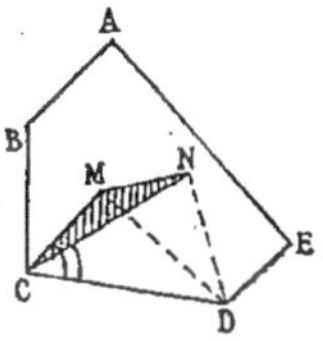

Fig. 339.

1. On n'a pas dessiné le deuxième polygone, car il est bien facile de se le figurer par la pensée.

Dès lors $\widehat{MCN} = \widehat{M'C'N'}$ comme différence de deux angles égaux.

Mais on a : $\frac{MC}{M'C'} = \frac{CD}{C'D'}$ et $\frac{NC}{N'C'} = \frac{CD}{C'D'}$.

Donc $\frac{MC}{M'C'} = \frac{NC}{N'C'}$. Donc les Δ MNC et M'N'C' sont semblables et par suite on a :

$$\frac{MN}{M'N'} = \frac{MC}{M'C'} = \frac{CD}{C'D'} = \frac{A'B'}{AB}. \quad \text{C. Q. F. D.}$$

Remarque. — Ce théorème *général* une fois démontré, il en résulte non seulement que dans deux polygones semblables le rapport des diagonales homologues est égal au rapport de deux côtés homologues, mais encore que dans deux Δ semblables le rapport de deux côtés homologues est égal au rapport de deux médianes, de deux hauteurs, de deux bissectrices, des deux rayons inscrit, ex-inscrit ou circonscrit, etc., pourvu que ces lignes soient homologues (on peut du reste le démontrer directement, sans s'appuyer sur le théorème précédent).

Il résulte de la décomposition de deux polygones semblables en Δ semblables, que le nombre de conditions nécessaire et suffisant pour que deux polygones soient semblables est de $(2n-4)$.

En effet, un polygone de n côtés est décomposable en $(n-2)$ triangles. Or, pour que deux Δ soient semblables, il faut deux conditions. Donc, il en faudra $(2n-4)$ pour que deux polygones soient semblables.

---

§ 5. — Des figures homothétiques.

Toute figure, qu'elle soit constituée par des lignes, droites ou courbes, peut être supposée formée de points.

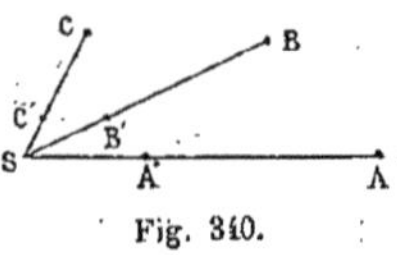

Fig. 340.

On dira d'après cela que la figure F' *homothétique d'une figure donnée* F sera la figure obtenue en joignant tous les points A, B, C... de F à un point donné S, et partageant les rayons SA, SB, SC... ainsi obtenus dans le même rapport K.

S s'appelle le centre d'homothétie et K le rapport d'homothétie. Le point correspondant à A s'appelle son *homologue*.

l y a deux sortes d'homothétie :

L'*homothétie* sera dite *directe* quand les rayons SA, SB, SC... sont partagés en segments additifs de rapport K.

L'*homothétie* sera dite *inverse* quand les rayons SA, SB, SC... sont partagés par les points A'_1, B'_1, C'_1..., en segments soustractifs dans le rapport K. (Voir figure 342.)

Propriétés des figures directement ou inversement homothétiques.

PREMIÈRE PROPRIÉTÉ. — *La droite qui joint les points homologues de deux points de la première figure est parallèle à la droite qui joint ces points et le rapport des deux droites est égal au rapport K d'homothétie.*

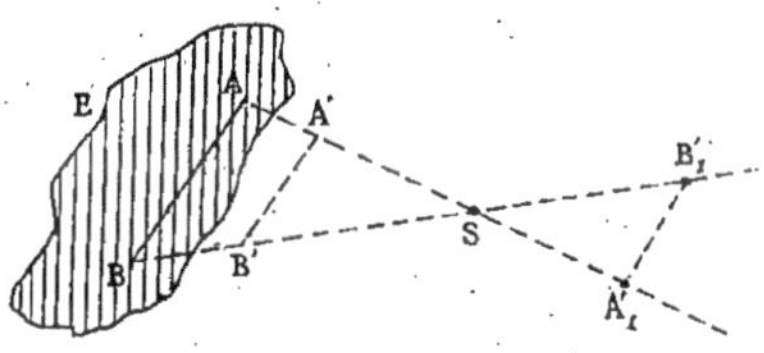

En effet, si l'homothétie est directe, les deux Δ formés SAB et SA'B' sont semblables.

Fig. 341.

Donc : $\widehat{SA'B'} = \widehat{SAB}$.

Donc, les angles correspondants étant égaux, les droites sont plles, d'où:

$$\frac{A'B'}{AB} = \frac{SA'}{SA} = K. \qquad \text{C. Q. F. D.}$$

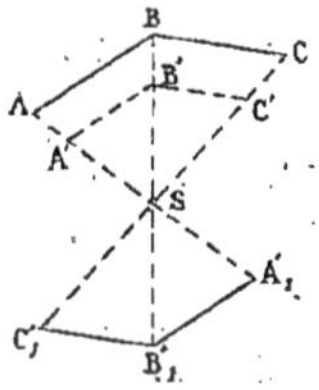

(Même raisonnement pour les points A'_1 et B'_1 où l'homothétie est inverse.)

Fig. 342.

REMARQUE. — Tous les points de la droite AB ont leurs homologues sur la droite A'B', et réciproquement.

DEUXIÈME PROPRIÉTÉ. — *La figure homothétique d'un angle 1° est un angle, 2° est un angle égal à côtés parallèles, dirigés dans le même sens* (si l'homothétie est directe) *ou en sens contraire* (si l'homothétie est inverse).

En effet, les angles formés par deux droites plles sont égaux, que les côtés plles soient dirigés tous deux dans le même sens, ou tous deux en sens contraire.

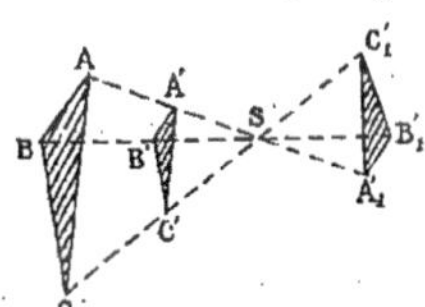

Fig. 343.

TROISIÈME PROPRIÉTÉ. — *La figure homothétique d'un Δ 1° est un Δ, 2° est un Δ toujours directement semblable au Δ proposé, que l'homothétie soit directe ou inverse.*

En effet, les deux Δ, ayant leurs côtés plles, sont semblables.

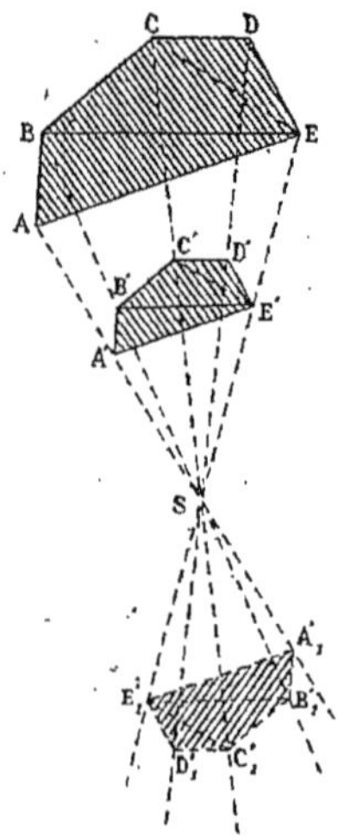

Ces triangles sont donc toujours, dans tous les cas, directement semblables.

De plus, la figure nous montre que les angles égaux à A, B et C sont rencontrés en marchant dans le même sens sur les deux Δ.

Fig. 344.

Quatrième propriété. — *La figure homothétique d'un polygone est un polygone directement semblable.*

En effet, si on mène les diagonales issues de A, la figure homothétique du polygone P se compose de Δ deux à deux semblables, tous directement, ces Δ étant en outre semblablement placés[1].

Cinquième propriété. — *La figure homothétique directe d'une circonférence est une circonférence.*

En effet, soit S le centre d'homothétie et K le rapport d'homothétie.

Si nous considérons l'homothétique A′ d'un point A quelconque du cercle O, on aura :

$$\frac{SA'}{SA} = K.$$

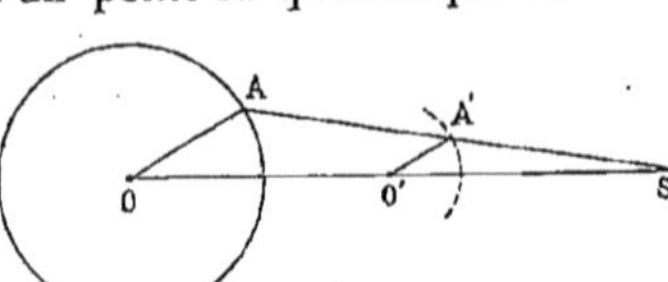

Fig. 345.

Mais, si nous menons A′O′ plle au rayon OA et de même sens, on aura :

$$\frac{SO'}{SO} = K \text{ et } \frac{O'A'}{OA} = K.$$

ce qui montre d'abord que le point O′ est un point fixe pris sur la droite SO ; ensuite que la distance O′A′ est constante.

Donc tous les points homothétiques de la circonférence O sont sur une circonférence de centre O′ et de rayon (R×K) et nulle part ailleurs.

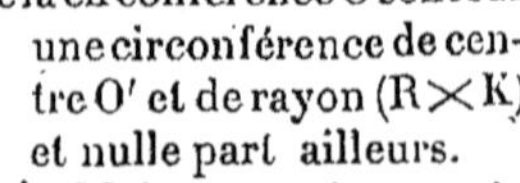

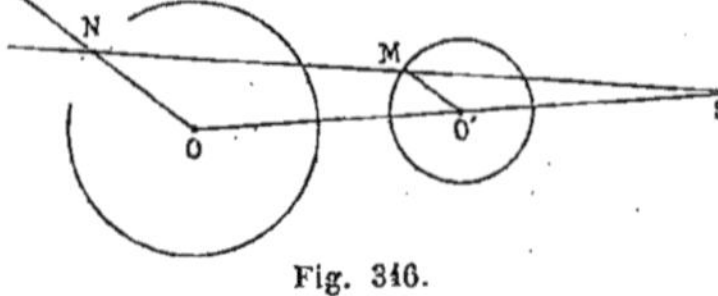

Fig. 346.

Mais un point quelconque M de cette circonférence O′ est l'homothétique d'un point de la circonférence O. Car, si nous joignons O′M et que nous

1. Cette quatrième propriété nous montre combien il eût été plus aisé de démontrer le théorème de la page 226 si on avait étudié l'homothétie d'abord, la similitude ensuite (voir la remarque de la page 227).

menions par O la plle de même sens OX, plle qui coupe SM en N, N est sur la circonférence O (puisque $\frac{OM}{ON} = \frac{SO'}{SO}$, ce qui exige $\frac{K \times R}{ON} = K$; donc $\frac{R}{ON} = 1$ ou $ON = R$).

Donc, la figure homothétique d'une ligne étant en définitive un lieu géométrique, à savoir le lieu des points homologues de tous les points de cette ligne, on voit bien que la figure homothétique de la circonférence O est la circonférence O′ tout entière. C. Q. F. D.

Si on avait voulu avoir la figure homothétique inverse de la circonférence O, il aurait suffi de mener le rayon vecteur SA, de le prolonger au delà de S, en A″, de façon que l'on ait :

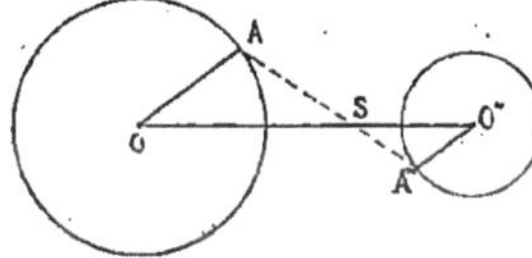

Fig. 347.

$$\frac{SA''}{SA} = K$$

et de mener ensuite par A″ la plle A″O″.

On aurait trouvé pour le lieu des points A″ le cercle du centre O″ et d'un rayon égal à $R \times K$ (même démonstration).

Remarque I. — Au lieu de chercher la figure homothétique directe d'une circonférence par rapport à un point S pris extérieurement, on aurait pu la chercher par rapport à un point S *pris intérieurement*.

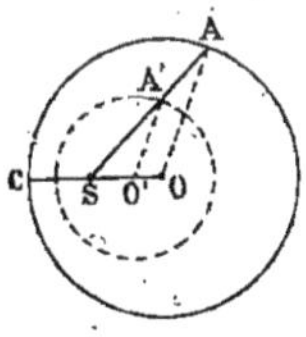

Le raisonnement eût été le même. La figure seule diffère.

Fig. 348.

D'abord, le cercle O′ trouvé est intérieur au cercle O. Pour le voir, comparons O′A′ à O′C, et à cet effet cherchons le signe de la différence $O'C - O'A'$.

On a :

$$O'C - O'A' = R - OO' - O'A' = R - OO' - KR = R(1 - K) - OO'.$$

Mais $OO' = OS - O'S = d - Kd$.

Donc $O'C - O'A' = R(1 - K) - d(1 - K) = (R - d)(1 - K)$, quantité positive.

Donc $O'C$ est plus grand que $O'A'$.

En second lieu on a : $O'A' > O'S$.

Car on a : $\frac{O'A'}{O'S} = \frac{OA}{OS} > 1$.

Donc le cercle O′ *est bien intérieur au cercle* O *et* S *est à la fois à l'intérieur des deux circonférences* O *et* O′.

REMARQUE II. — Quand on cherche la figure homothétique inverse d'une circonférence O, par rapport à un centre d'homothétie intérieur S^1, le raisonnement est encore le même. La figure seule diffère. Le centre O_1 du cercle homothétique inverse peut être intérieur ou extérieur au centre, mais le *cercle homothétique* O_1 *doit toujours couper le cercle* O.

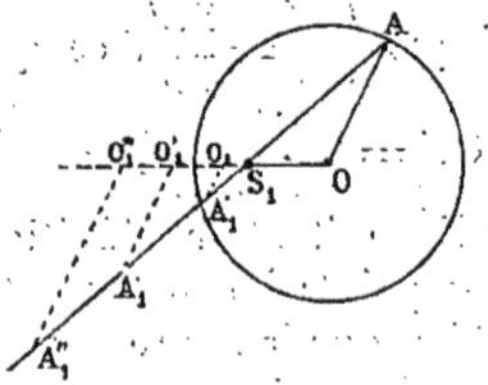

Fig. 349.

Il suffit pour cela de prouver que l'on a $O''_1A'' > O''_1C$, ce qui se fait facilement en cherchant comme tout à l'heure le signe de la différence $O''_1A'' - O''_1C$.

N. B. — Cela devait être, car si les deux cercles avaient pu être extérieurs, le centre de similitude interne qui est sur la *tg* commune intérieure eût été extérieur au cercle O, ce qui est contraire à l'hypothèse.

Théorème fondamental. — *On peut reconnaître que deux figures données* F *et* F' *sont homothétiques entre elles, quand il existe dans l'une un point* O *et dans l'autre un second point* O', *ces points étant tels que, joignant* O *à tous les points* M *de l'une des figures* F *et menant par* O' *des rayons vecteurs plles (dans le même sens ou non), ces derniers rencontrent toujours la deuxième figure* F *en des points* M' *tels que l'on ait constamment la relation :* $\frac{OM}{O'M'} = K$.

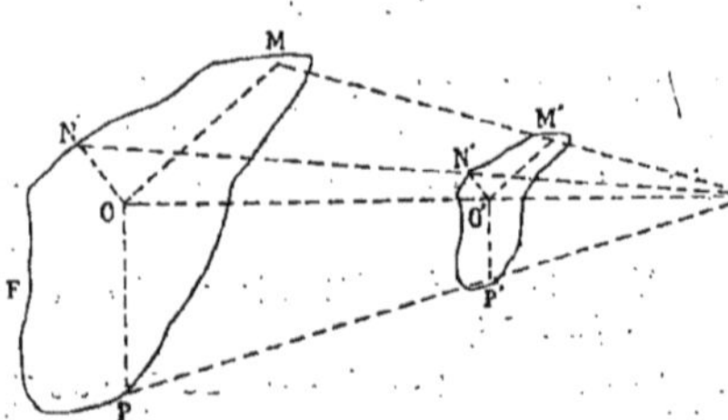

Fig. 350.

Soient en effet deux figures F et F', telles que dans la première existe un point O et dans la deuxième un point O', les rayons vecteurs OM, ON, OP... donnent naissance à des rayons vecteurs limités plles et de même sens O'M', O'N', O'P'... satisfaisant à la relation :

$$\frac{OM}{OM'} = \frac{ON}{ON'} = \frac{OP}{OP'} = \ldots = K.$$

Si nous joignons MM′, cette droite rencontre OO′ en un point extérieur I, tel que $\frac{IO}{IO'} = K$. NN′ et PP′ également doivent couper OO′ en un point extérieur partageant OO′ dans le rapport K. Donc, comme il n'y a qu'un point ayant cette propriété, toutes ces droites MM′, MN′, PP′... sont concourantes. — Mais alors les deux figures sont homothétiques, puisque l'on a comme conséquence : $\frac{IM}{IM'} = K.\ \frac{IN}{IN'} = K...$ C. Q. F. D.

Corollaires. — I. *Deux polygones semblables donnés dont les côtés homologues sont parallèles, sont homothétiques.*

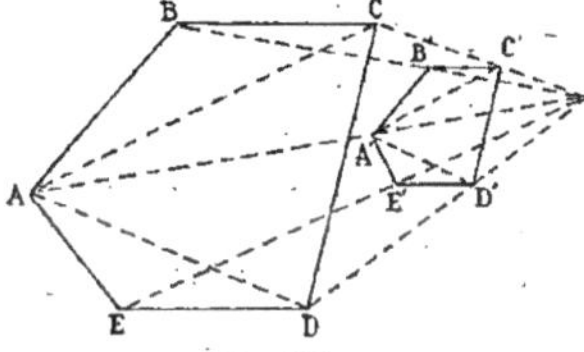

Fig. 351.

Supposons que l'on ait :

AB plle à A′B′,
BC — B′C′,
CD — C′D′, etc.

Si nous supposons de plus que les deux polygones soient semblables, on aura non seulement :

$$\frac{AB}{A'B'} = \frac{BC}{B'C'} = \frac{CD}{C'D'} = ... = K,$$

mais encore : $$\frac{AC}{A'C'} = \frac{AD}{A'D'} = K.$$

Par conséquent, nous voyons que dans le premier polygone il y a un point A et dans le deuxième un point A′ tel que les rayons vecteurs AB, AC, AD, AE d'une part, A′B′, A′C′, A′D′, A′E′ d'autre part sont à la fois parallèles et dans le même rapport K.

Donc, ces deux polygones sont homothétiques directs.

C. Q. F. D.

II. — *Deux circonférences données sont toujours à la fois homothétiques directes et homothétiques inverses.*

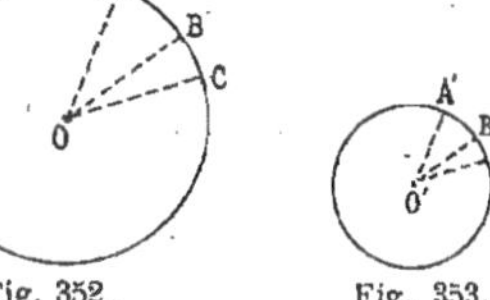

Fig. 352. Fig. 353.

En effet, à tous les rayons OA, OB, OC... du premier cercle peuvent correspondre sur le deuxième cercle des rayons O′A′, O′B′, O′C′..., rayons plles et de même sens et dans le même rapport $\frac{R'}{R}$; donc, d'après le théorème fondamental précédent, les deux figures sont homothétiques directes.

Elles seront aussi homothétiques inverses. Car on peut toujours, à tous les rayons du cercle O, mener dans le cercle O′ des rayons plles et de sens contraires, séries de rayons homologues qui seront encore tous dans le rapport $\frac{R'}{R}$. C. Q. F. D.

Remarque. — On aurait pu se passer du théorème fondamental pour démontrer le théorème précédent. Il aurait suffi de faire sur les deux cercles la démonstration que l'on a faite dans le théorème fondamental (c'est-à-dire prouver, par exemple, que AA′ coupe OO′ en un point fixe S indépendant de la direction des rayons choisis, et en déduire que l'on a :

$$\frac{SA'}{SA} = \frac{SB'}{SB} = \frac{SC'}{SC} = \dots,$$

ce qui caractérise bien deux figures homothétiques directes par rapport à ce point S).

Théorème final. — *Deux figures homothétiques directes d'une troisième sont homothétiques entre elles, et les trois centres de similitude externes sont en ligne droite.*

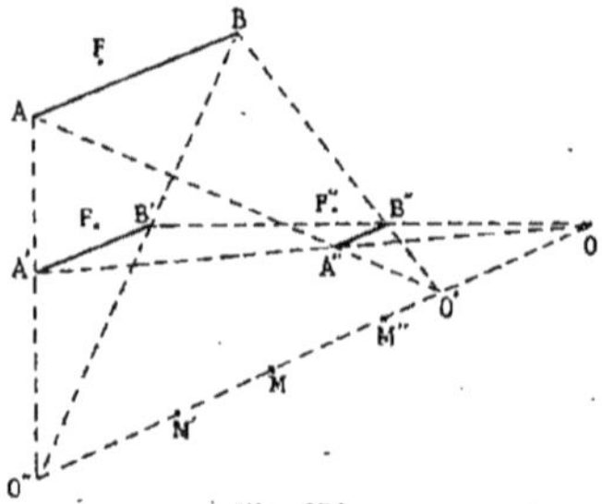

Fig. 351.

Soit AB une droite de la figure F. Soit A′B′ son homologue direct, par rapport à O″, avec $\frac{A'B'}{AB} = K'$. Soit de même A″B″ son homologue, par rapport à O, avec $\frac{A''B''}{AB} = K''$.

A′B′ et A″B″ seront plles entre eux et leur rapport sera $\frac{K'}{K}$. — Et cela aura lieu pour toutes les autres droites (A′C′, A″C″), (A′D′, A″D″)... dérivées des droites AC, AD...

Donc, d'après le théorème fondamental, le groupe des points A′, B′, C′, D′, formera une figure F′ homothétique directe de la figure F″ formée par le groupe des points A″, B″, C″, D″,... le centre d'homothétie étant O.

Pour prouver maintenant que les trois centres O, O′, O″ sont en ligne droite, considérons un point M quelconque de la droite

$O''O'$. Rien ne nous empêche évidemment de supposer que ce point M est un point de la figure F. Et alors son homologue dans la figure F'' sera le point M'' situé sur $O'M$ et tel que $\frac{OM''}{OM} = K''$, et l'homologue de M dans la figure F' sera pareillement le point M' situé sur $O''M$, tel que $\frac{O''M'}{O''M} = K'$.

Mais, d'après ce que nous venons de dire dans la première partie du théorème, M' et M'' sont deux points homothétiques, par rapport au point O. Donc ces points sont, comme tous les points homologues, en ligne droite avec le centre de similitude O. Par conséquent M', M'' et O étant en ligne droite et M' M'' étant deux points de la droite $O'O''$, la droite $O'O''$ passe par le point O, et les trois centres de similitude externes sont en ligne droite. C. Q. F. D.

Remarque. — On verrait d'une façon identique que deux figures homothétiques inverses d'une troisième sont homothétiques entre elles, et de plus que deux centres de similitude inverses et un centre de similitude direct sont en ligne droite.

---

§ 6. — Application de la méthode des triangles semblables à cinq genres de question.

Un emploi judicieux de Δ semblables nous permet de résoudre fréquemment l'un quelconque des quatre problèmes suivants :

1. Prouver que dans une figure deux angles sont égaux.
2. Prouver que deux rapports de longueurs sont égaux ou (ce qui revient au même) prouver que deux produits de longueurs sont égaux[1].

---

1. Nous disons que, pour démontrer que deux produits de longueurs sont égaux, il suffit de prouver qu'ils forment des rapports égaux.

En effet si on a : $A \times B = C \times D$,

cela veut dire, par convention, qu'entre les nombres α, β, γ, δ qui mesurent ces longueurs, on a la relation arithmétique :

$$\alpha \times \beta = \gamma \times \delta;$$

mais on en déduit : $\frac{\alpha}{\gamma} = \frac{\delta}{\beta}$,

ce qui prouve que l'on a : $\frac{A}{B} = \frac{C}{D}$.

Et réciproquement la relation $\frac{A}{B} = \frac{C}{D}$ entraînant $\frac{\alpha}{\gamma} = \frac{\beta}{\delta}$, c'est-à-dire $\alpha\delta = \gamma\beta$, entraîne aussi : $A \times B = C \times D$. C. Q. F. D.

3. Évaluer numériquement le rapport de deux longueurs d'une figure.

4. Construire deux longueurs d'un rapport connu, connaissant en outre leur somme ou leur différence.

5. Calculer une longueur, en fonction d'autres longueurs de la figure.

C'est ce que nous allons établir.

I. — Pour démontrer que deux angles d'une figure sont égaux, on les fait entrer dans deux Δ qui aient l'air d'être semblables et qui satisfont aux deux derniers cas de similitude — ou qui ont leurs côtés deux à deux pp. ou plles.

(Nous avons déjà indiqué précédemment trois méthodes destinées à prouver que deux angles sont égaux. Cela nous en fait donc une quatrième.)

Il est clair que la méthode des Δ semblables conviendra par suite aux problèmes où on a à démontrer ou que deux droites sont plles ou que trois points sont en ligne droite, puisque ces problèmes ne ramènent très souvent qu'à démontrer que deux angles sont égaux.

Exemple 1. — *La droite qui, dans un* Δ, *joint les milieux de deux côtés est parallèle au troisième côté.*

Soient M et M′ les milieux de AB et de AC. Nous voyons que, pour prouver que MM′ est plle à BC, il suffit de prouver cette autre chose que les angles AMM′ et B sont égaux.

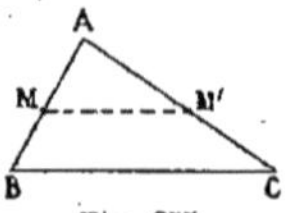

Fig. 355.

D'autre part, nous devons utiliser les données, à savoir que :

$$\frac{AM}{AB} = \frac{1}{2} \text{ et que } \frac{AM'}{AC} = \frac{1}{2}.$$

Dès lors, pour prouver l'égalité des angles M et B, il suffit de remarquer que les deux Δ AMM′ et ABC sont semblables (angle égal A compris entre deux côtés proportionnels).

Donc MM′ est bien plle à BC. C. Q. F. D.

Exemple 2. — *Étant donné un cercle* O *tangent à une droite* xy *et tangent en* A *à un second cercle* O′, *si des centres on mène des pp.* OH, O′H′ *à* xy, *prouver que les deux angles* OAH *et* O′A′H′ *sont égaux.*

Les angles en-question entrent dans deux Δ. Or, l'examen attentif de la figure nous montre que les Δ sont isocèles, et de plus, OH étant plle à O'H', que les angles obtus en O et O' sont égaux. Mais alors nous avons deux Δ ayant un angle égal compris entre côtés proportionnels. Donc, ils sont semblables. Donc, les angles demandés sont égaux. C. Q. F. D.

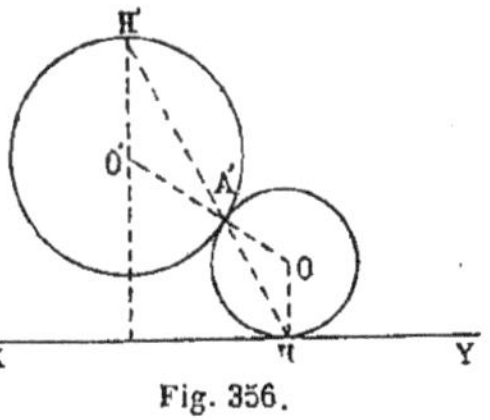

Fig. 356.

N. B. — Il résulte de là que les trois points H, A, H' sont en ligne droite.

Exemple 3. — *Étant donnée une droite* OX, *le lieu géométrique des points* B, *tels que le rapport de la pp.* BH *à la distance* OH *soit constant, est une droite passant par le point* O.

II. — Les Δ semblables nous fournissent une méthode pour *prouver que dans une figure deux rapports de longueurs ou deux produits de longueurs sont égaux*. Cette méthode consistera à *considérer un Δ renfermant deux de ces longueurs, puis à chercher un deuxième Δ renfermant les deux autres longueurs, Δ qui lui soit semblable. En écrivant que les côtés homologues sont proportionnels, on aura établi la proportionnalité de ces quatre côtés, d'où, si on veut, les produits égaux.*

Nous avions déjà, pour prouver que les longueurs sont proportionnelles, la méthode de Thalès; nous avons actuellement une seconde méthode : celle des Δ semblables.

Exemple 1. — *Prouver que si on coupe les deux côtés d'un angle* O *par deux droites* AB *et* CD, *telles que* $\hat{A} = \hat{C}$, *on a la relation :*

$$OA \times OD = OB \times OC.$$

En effet, les deux Δ OAB et OCD étant semblables (deux angles égaux), on en déduit :

$$\frac{OA}{OC} = \frac{OB}{OD},$$

d'où en faisant le produit des extrêmes et des moyens :

$$OA \times OD = OC \times OB. \qquad \text{C. Q. F. D.}$$

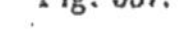
Fig. 357.

N. B. — Les deux droites AB et CD qui font avec les côtés des angles deux à deux égaux, à la façon des plles, mais en ordre inverse, s'appellent des droites *anti parallèles entre elles.*

Exemple 2. — *Dans tout Δ le produit de deux côtés est égal au produit de la hauteur correspondant au troisième côté par le diamètre du cercle circonscrit.*

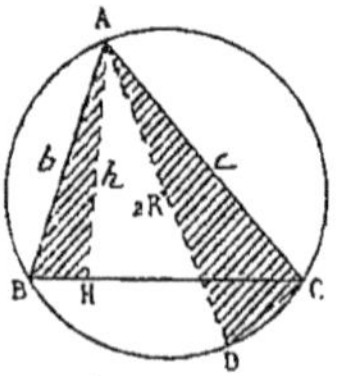

Fig. 358.

Je dis que l'on a :

$$AB \times AC = AH \times AD.$$

Nous avons ici à démontrer une proportion, à savoir :

$$\frac{AB}{AH} = \frac{AD}{AC}.$$

Il est donc naturel d'essayer la méthode des Δ semblables, et, à cet effet, de considérer les Δ ABH et ACD qui renferment nos quatre longueurs.

Ils sont semblables (car ils sont rectangles et de plus $\hat{B} = \hat{D}$ comme ayant même mesure). Si donc nous écrivons que les côtés homologues sont proportionnels, on aura :

$$\frac{AB}{AD} = \frac{AH}{AC},$$

d'où, si nous substituons par la pensée aux longueurs les nombres qui les mesurent : $AB \times AC = AD \times AH$. C. Q. F. D.

Si on appelle c le nombre qui mesure AB,
b — — BC,
h — — AH,
R — — le rayon AO,

on aura la relation : $bc = 2Rh$ (relation à retenir par cœur).

Exemple 3. — *Dans deux Δ semblables le rapport de deux côtés quelconques est égal au rapport des rayons des cercles inscrits.*

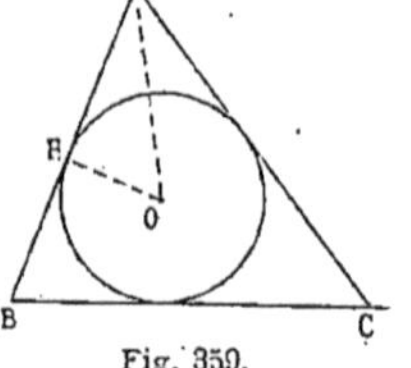

Fig. 359.

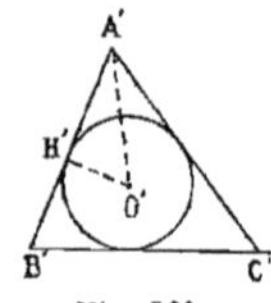

Fig. 360.

Pour prouver que l'on a :

$$\frac{OH}{O'H'} = \frac{BC}{B'C'},$$

considérons les deux Δ semblables comme ayant deux angles égaux.

On en tire : $$\frac{OH}{O'H'} = \frac{AH}{A'H'},$$
c'est-à-dire en appelant r, r' les deux rayons (c'est-à-dire les nombres qui les mesurent), a, a' les côtés BC et B'C' (c'est-à-dire les nombres qui les mesurent), p et p' étant les périmètres,
$$\frac{r}{r'} = \frac{p-a}{p'-a'},$$
Mais on a : $$\frac{a}{a'} = \frac{p}{p'} = \frac{p-a}{p'-a'} \left(\text{propriété des proportions arithmétiques.}\right)$$
Donc on a bien : $\frac{r}{r'} = \frac{a}{a'}$, ou en passant des nombres aux longueurs : $$\frac{OH}{O'H'} = \frac{BC}{B'C'}.$$

III. — La méthode des Δ semblables nous permettra souvent d'*évaluer numériquement le rapport de deux longueurs* A et B, il suffira pour cela de montrer à l'aide de Δ semblables que le rapport des longueurs en question est égal au rapport de deux autres longueurs, ce dernier rapport étant connu numériquement.

Exemple 1. — *Dans un Δ la droite joignant les milieux de deux côtés est égale à la moitié du troisième côté.*

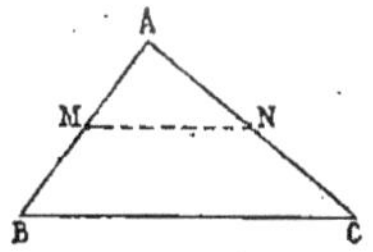

Fig. 361.

Pour évaluer $\frac{MN}{BC}$, il suffira de considérer les deux Δ AMN et ABC, Δ semblables comme ayant un angle égal compris entre deux côtés proportionnels. Dès lors on a $\frac{MN}{BC} = \frac{AM}{AB}$, mais $\frac{AM}{AB} = \frac{1}{2}$; donc $\frac{MN}{BC} = \frac{1}{2}$, ce qui nous apprend que MN est la moitié de BC.

Exemple 2. — *Dans un Δ deux médianes se coupent en un point situé au tiers de chacune d'elles à partir de la base.*

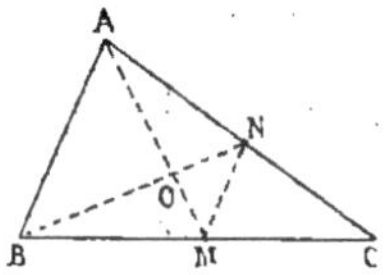

Fig. 362.

Souvent les deux médianes AM et BN se coupent en O. Je dis que l'on a :
$$\frac{OM}{AM} = \frac{1}{3}, \text{ c'est-à-dire } \frac{OM}{OA} = \frac{1}{2}.$$

Nous avons ici à évaluer un rapport. Tâchons pour cela de

considérer deux Δ semblables renfermant l'un OM, l'autre AO, à savoir les Δ OMN et OAB.

On aura donc :

$$\frac{OM}{OA}=\frac{MN}{AB}, \text{ c'est-à-dire } \frac{OM}{OA}=\frac{1}{2}.$$

Donc O est au tiers de AM. C. Q. F. D.

Remarque I. — O est aussi au tiers de BN. Car on a aussi : $\frac{ON}{OB}=\frac{MN}{AB}=\frac{1}{2}$. (Cela devait avoir lieu du reste, car, le Δ étant quelconque, l'une des médianes ne peut pas avoir une propriété que n'ait l'autre.)

Remarque II. — Il résulte de là que les *trois médianes d'un Δ sont concourantes.*

En effet, AM étant coupée par la médiane de gauche BN en son tiers, la médiane de droite CN′ devra la couper de même façon, c'est-à-dire au tiers. Donc, au même point O.

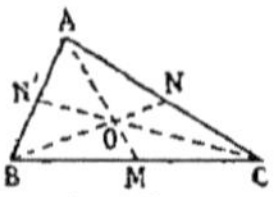

Fig. 363.

Dès lors AM, BN et CN′, passant tous par le point O, sont trois droites concourantes. Ce point de rencontre O s'appelle le *centre de gravité du Δ.*

IV. — Comme exemple de la méthode du Δ semblable, servant à construire deux longueurs dans un rapport donné, leur somme ou leur différence étant connue, citons l'exemple suivant :

Exemple 1. — *Partager une droite AB en deux segments additifs ou soustractifs qui soient dans le rapport donné* $\frac{m}{n}$.

La règle sera celle-ci :

Par l'extrémité A on mène une droite égale à m. Par l'autre extrémité B on mène une plle, et de part et d'autre on porte la longueur n, enfin on joint — d'où les deux points cherchés C et D.

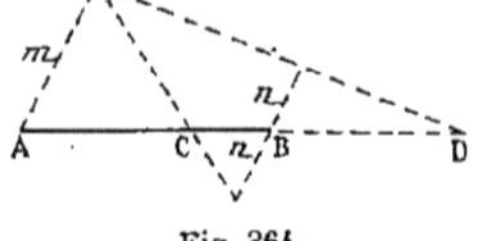

Fig. 364.

En effet on a :

$$\frac{CA}{CB}=\frac{m}{n} \text{ et } \frac{DA}{DB}=\frac{m}{n}.$$

Exemple 2. — *Construire une quatrième proportionnelle à trois longueurs données.*

V. — Les cas de similitude des Δ nous fournissent aussi une méthode précieuse pour traiter ce problème qui se présente souvent : **Calculer une longueur d'une figure.**

Mais d'abord, disons bien ce que veut dire ce mot :

Définition. — *Calculer une longueur d'une figure, c'est indiquer la série des opérations d'arithmétique à faire sur les nombres qui mesurent les éléments connus de la figure pour trouver le nombre qui mesure la longueur inconnue.*

On dit alors que la longueur est calculée *en fonction des autres longueurs* (c'est-à-dire par rapport à ces longueurs).

La méthode à suivre *pour calculer une longueur* (méthode dite des Δ semblables) *consiste à considérer un Δ ayant pour côté la longueur en question, à chercher dans la figure un Δ qui lui ressemble, et qui satisfasse en effet à l'un des deux premiers cas de similitude, puis, enfin, écrire la proportionnalité des côtés* (*ce qui permettra de passer de la proportion géométrique trouvée à la proportion arithmétique correspondante*).

Nous allons éclaircir cette méthode par quelques exemples.

Exemple 1. — *Dans un* Δ ABC *on divise le côté* AB *dans le rapport* $\frac{m}{n}$ *et par le point de division* D *on mène une plle* DE *au deuxième côté* BC. *Calculer la longueur de cette plle en fonction de ce deuxième côté et des nombres* m *et* n.

On dira :

La longueur que je veux calculer DE entre dans un Δ ADE semblable au Δ ABC. On aura donc :

$$\frac{DE}{BC}=\frac{AD}{AB}=\frac{m}{m+n}.$$

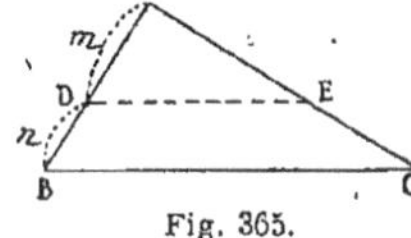

Fig. 365.

Si donc on désigne par x le nombre qui mesure DE et par a le nombre qui mesure BC, on aura en remplaçant le rapport $\frac{DE}{BC}$ par sa valeur numérique $\frac{x}{a}$:

$$\frac{x}{a}=\frac{m}{m+n}.$$

Or, dans une proportion arithmétique, un terme quelconque est égal au produit des deux termes voisins divisé par le terme opposé. On aura donc :

$$x=\frac{a\times m}{m+n},$$

et le problème est résolu, puisque nous connaissons les opéra-

tions à faire sur les nombres a, m et n pour avoir le nombre qui mesure DE, c'est-à-dire la valeur de DE. Il est bien évident qu'il n'est pas nécessaire de représenter toujours par x et par a les nombres qui mesurent DE et BC, et qu'on peut fort bien se contenter d'écrire : $DE = BC \times \frac{m}{m+n}$;
cette égalité prouvant d'elle-même que la valeur DE est égale à la valeur de BC multipliée par la fraction $\frac{m}{m+n}$. Du reste, pourquoi ne conviendrait-on pas de représenter les nombres qui mesurent DE ou BC précisément par les notations (DE) ou (BC)?

Exemple 2. — *Dans un carré* ABCD *de côté connu, on en joint le milieu* M *du côté* AB *au point* T *situé au tiers de l'autre côté* BC *et on prolonge* MT *jusqu'au point* I *où elle rencontre* CD. *Calculer* CI.

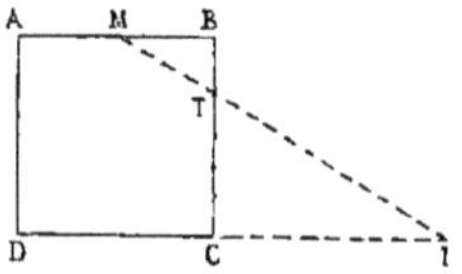

Fig. 366.

On dira : CI entre dans le Δ CIT semblable au Δ MBT, ce qui donne :

$$\frac{CI}{MB} = \frac{CT}{BT} = 2.$$

Donc $CI = 2MB = AB$.

Donc $(CI) = a$. Et par conséquent le nombre CI est égal au nombre a.

Exemple 3. — *A un cercle de rayon mesuré par le nombre* R *on mène deux tangentes plles* AC *et* BD *et une troisième tangente* CD *de longueur connue* A. *Du point de contact* E *on mène la pp.* EG *au diamètre* AB. *Calculer la longueur de cette pp.* EG.

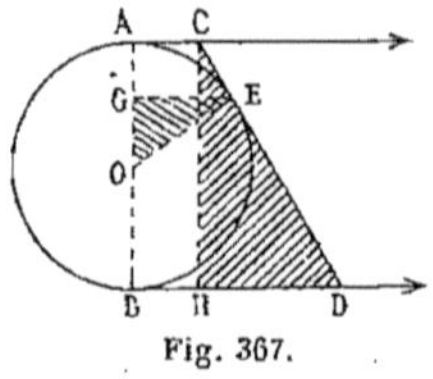

Fig. 367.

Il faut utiliser le fait que CD est une tg, ce qui se fait en remarquant que le rayon OE est pp. à CD. Mais alors, ayant mené OE, on voit que EG entre dans un Δ OGE qui est semblable au Δ CDH, obtenu en menant CH plle à AB (car, dans ces deux Δ rectangles les angles OEG et DCH ont leurs côtés pp.). Par conséquent, on aura la proportion : $\frac{GE}{CH} = \frac{OE}{CD}$,

c'est-à-dire : $\frac{GE}{2R} = \frac{R}{a}$,

d'où $GE = \frac{2R^2}{a}$.

Exemple 4. — *Étant donnés deux centres O et O′ non intérieurs et de rayons R et R′, on mène par les centres deux rayons plles OA et O′A′ dans une direction quelconque et on joint AA′ qui coupe la ligne des centres en un point S. Calculer la distance SO.*

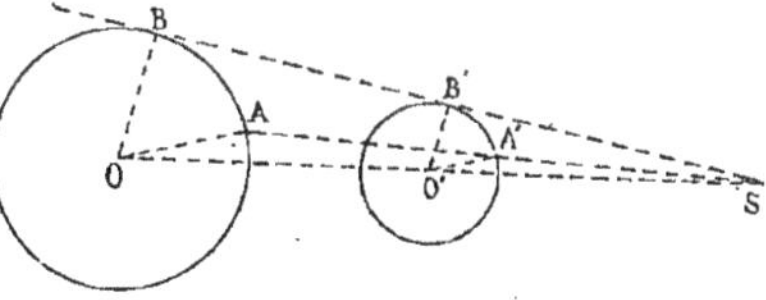

Fig. 368.

La méthode des Δ semblables nous donne immédiatement :

$$\frac{SO}{SO'} = \frac{OA}{O'A'}.$$

Si donc nous appelons d la distance OO′ (d étant un nombre), on aura :

$$\frac{SO}{SO - d} = \frac{R}{R'}.$$

On en tire : $$SO \times R' = SO \times R - R \times d,$$

d'où : $$SO = \frac{Rd}{R - R'}.$$

Nota. — Ce résultat étant indépendant de la direction des rayons OA et OA′, on voit que, quels que soient ces rayons, on aura toujours le même point S.

On l'aura donc aussi quand les points seront ceux B et B′ qui correspondent à la tangente commune extérieure BB′. De telle sorte que, les trois points B, B′, S étant en ligne droite, la tangente commune aux deux cercles passe toujours par le point S précédemment obtenu.

Nous avons vu un peu plus haut que ce point S a été appelé un *centre de similitude externe.*

---

§ 7. — Relations métriques entre les sécantes et les tangentes dans le cercle. — Antiparallèles.

Propriété I. — *Si d'un point quelconque, intérieur ou extérieur à un cercle, on mène des cordes, le produit des seg-*

ments additifs ou soustractifs que ce point détermine sur l'une quelconque des cordes est le même pour toutes [1].

1° Soit P un point intérieur. Menons au hasard par P deux cordes et proposons-nous de prouver que l'on a :

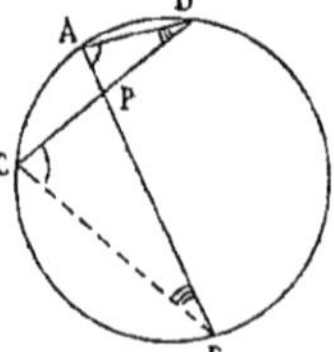

Fig. 369.

$$PA \times PB = PC \times PD.$$

Nous voyons ici nettement le genre de question à démontrer : nous avons à prouver que deux produits de longueurs sont égaux. Il est donc naturel d'essayer la méthode indiquée (page 237) des Δ semblables.

Joignons donc BC et AD. Les Δ formés, ayant leurs angles deux à deux égaux, sont semblables. On a donc :

$$\frac{\text{PB (opposé à l'angle C dans le grand } \Delta)}{\text{PD (opposé à son égal } \hat{C} \text{ dans le petit } \Delta)} = \frac{\text{PC (du grand } \Delta),}{\text{PA (du petit } \Delta),}$$

et on en tire bien

$$PA \times AB = PC \times PD.$$

Donc le produit des nombres qui mesurent les deux segments formés sur la corde AB est égal au produit des nombres mesurant les deux segments formés sur CD. C. Q. F. D.

2° Soit un point extérieur. Je dis que

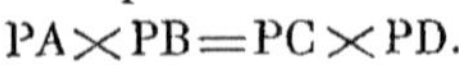

$$PA \times PB = PC \times PD.$$

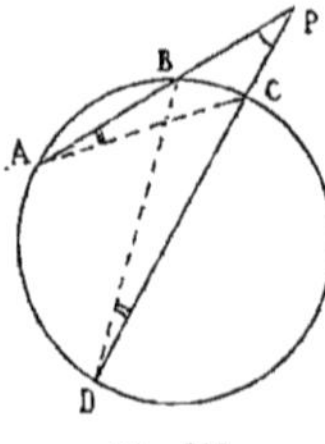

Fig. 370.

Employons à nouveau la méthode indiquée des Δ semblables, en ayant soin de prendre des Δ renfermant les longueurs dont on parle, à savoir les longueurs PA, PB, PC, et PD.

Ces Δ sont ici PAC et PBD. En ayant soin de bien marquer de la même façon les angles égaux afin de ne pas se tromper, on en déduira :

$$\frac{\text{PA (opposé à l'angle obtus)}}{\text{PD (— \quad — obtus)}} = \frac{PC}{PB}, \text{ d'où } PA \times PB = PC \times PD.$$

C. Q. F. D.

---

1. Par la considération des vecteurs on aurait trouvé ce théorème plus simplement.

REMARQUE. — *Cette deuxième partie du théorème s'énonce souvent en abrégé, en disant que le produit d'une sécante entière, par sa partie extérieure, est constant.*

PROPRIÉTÉ II. — *Si d'un point extérieur à un cercle on mène une tangente et une sécante, la tangente limitée à son point de contact est moyenne proportionnelle entre la sécante entière et sa partie extérieure.*

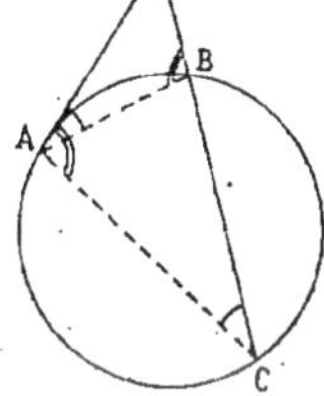

Fig. 371.

Je dis que, si PA est une tangente, on a :

$$\frac{PC}{PA}=\frac{PA}{PB},$$

ce qui, d'après nos conventions et notre sous-entendu (page 244), peut s'écrire :

$$\overline{PA}^2=PB\times PC.$$

Pour le prouver, employons à nouveau la méthode indiquée (page 239) des Δ semblables, qui seront évidemment ici PAB et PAC (puisque nous devons considérer des Δ renfermant comme côtés PB et PC). Marquons encore de la même façon les angles égaux. Nous aurons :

$$\frac{\text{PB (du petit } \Delta)}{\text{PA (du grand } \Delta)}=\frac{\text{PA (du petit } \Delta\text{, opposé à l'angle obtus)}}{\text{PC (du grand } \Delta\text{, opposé à l'angle obtus)}},$$

d'où : $PB\times PC=\overline{PA}^2$.

PA est donc bien la moyenne proportionnelle annoncée.

C. Q. F. D.

REMARQUE. — Ce théorème nous donne un moyen de construire une longueur moyenne proportionnelle entre deux longueurs données *a* et *b*.

Il suffit de s'arranger de façon que *a* et *b* soient dans un certain cercle, l'une une sécante, l'autre la partie extérieure de cette sécante, d'où la règle suivante :

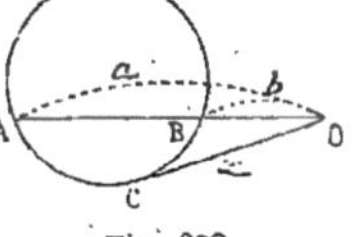

Fig. 372.

On porte les deux longueurs l'une sur l'autre, à partir de la même origine O, d'où les deux points A et B par lesquels on fait passer une circonférence quelconque. Enfin, de O on mène la tangente OC qui sera la moyenne proportionnelle cherchée entre a et b.

RÉCIPROQUE I. — *Si sur les côtés d'un angle O on a quatre*

points A, B, C, D, *tels que les produits des segments* $OA \times OB$ *et* $OC \times OD$ *soient égaux, ces quatre points sont sur une même circonférence.* — Et cela a lieu, que les quatre segments AO, OB, OC, OD soient additifs ou soustractifs.

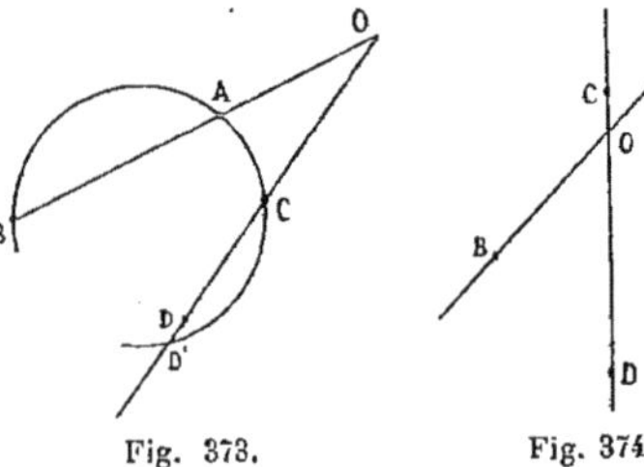

Fig. 373. Fig. 374.

En effet, par les trois points, A, B, C, nous pourrions toujours faire passer une circonférence ; si elle ne coupait pas OC en D, elle la couperait en un autre point D′, et alors on aurait :

$$OA \times OB = OC \times OD'.$$

Mais déjà on a par hypothèse :

$$OA \times OB = OC \times OD.$$

Donc il faudrait que l'on ait $OC \times OD' = OC \times OD$, ou $OD = OD'$, ce qui est impossible.

Donc notre supposition doit être rejetée, et la circonférence ABC doit passer par le quatrième point D.

Donc, le quadrilatère ABCD est bien inscriptible. C. Q. F. D.

Réciproque II. — *Si sur les deux côtés d'un angle* O *on a d'une part deux points* B *et* C, *d'autre part un point* A, *satisfaisant à la relation :*

$$\overline{OA}^2 = OB \times OC,$$

le cercle passant par les trois points A, B, C *est tangent à la droite* OA.

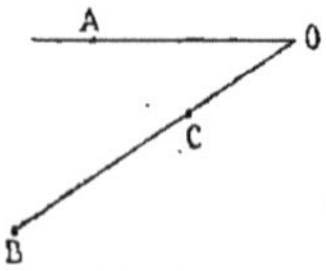

Fig. 375.

En effet, si ce cercle ABC n'était pas tangent en A, il couperait OA en A′, mais alors on aurait :

$$OB.OC = OA.OA';$$

ce qui exigerait $\overline{OA}^2 = OA \times OA'$,

égalité impossible. Donc notre supposition (cercle non tangent à OA) doit être rejetée et le cercle ABC doit être tangent à la droite OA. C. Q. F. D.

Tous les théorèmes qui précèdent auraient pu être traités très simplement par la considération des *droites antiparallèles*. Nous avons déjà défini de pareilles droites (page 240), mais nous n'avons pas donné les deux théorèmes généraux suivants très utiles :

Théorème I. — *Quand un faisceau de deux droites* AB *et* AC *est antiparallèle par rapport à l'angle* XOY, *le produit des segments formés sur les deux droites* OX *et* OY, *à partir du sommet, est constant.*

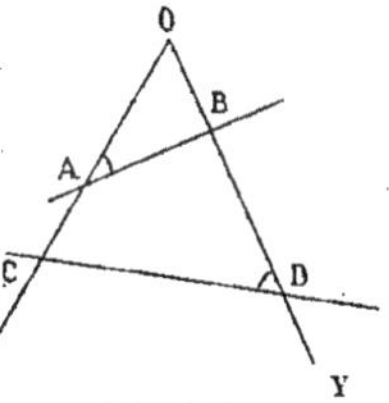

Fig. 376.

En effet, les angles A et D étant par hypothèse égaux, les Δ OAB et OCD sont semblables, et on a :

$$\frac{OA}{OD}=\frac{OB}{OC},$$

d'où : $OA \times OC = OB \times OD.$ C. Q. F. D.

Le théorème est encore vrai quand la droite CD, antiparallèle de AB, passe précisément par le point A. On a alors évidemment :

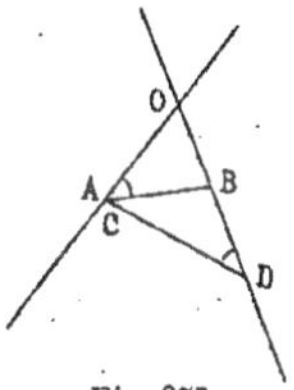

$$OA \times OA = OB \times OD,$$

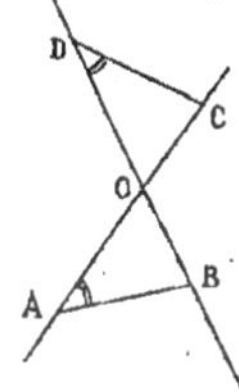

Fig. 378.

donc : $\overline{OA}^2 = OB \times OD.$

Fig. 377.

Le théorème est encore vrai quand les antiparallèles sont de part et d'autre du sommet O. On a alors la même relation : $OA \times OC = OB \times OD.$

Théorème II. — *Quand sur les deux côtés d'un angle on a quatre points* A, B, C, D, *satisfaisant à la relation :*

$$OA \times OB = OC \times OD,$$

A *et* B *étant n'importe où sur l'un des côtés,* C *et* D *étant sur l'autre, les deux droites* AC *et* BD *sont antiparallèles.*

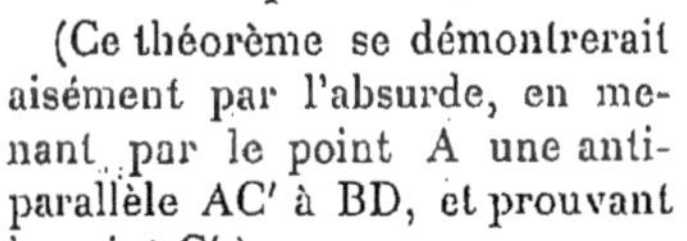

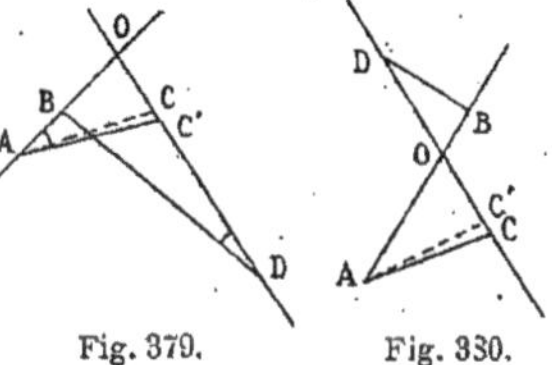

Fig. 379. Fig. 380.

(Ce théorème se démontrerait aisément par l'absurde, en menant par le point A une antiparallèle AC′ à BD, et prouvant que C doit se confondre avec le point C′.)

Remarque I. — Il est clair que, quand deux droites sont antiparallèles, elles donnent naissance à un quadrilatère inscriptible (voir page 248).

Remarque II. — Le théorème des antiparallèles permet d'éviter la recherche (souvent un peu minutieuse) des lignes qui sont proportionnelles entre elles.

Remarque III. — Ce théorème des antiparallèles permet enfin de démontrer très vite les théorèmes précédents sur les sécantes et tangentes dans le cercle, ainsi que tous les problèmes où on a à prouver l'égalité de deux produits.

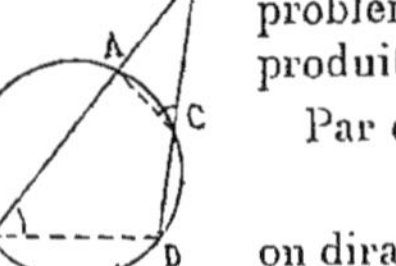

Fig. 381.

Par exemple, pour prouver que l'on a :

$$PA \times PB = PC \times PD,$$

on dira :

BD et AC sont des antiparallèles [car $\hat{B}$ a pour mesure un demi-arc ACD, et ACP a pour mesure la demi-somme de ces mêmes arcs]. Donc, en appliquant le théorème, on a bien :

$$PA. PB = PC. PD. \qquad \text{C. Q. F. D.}$$

---

§ 8. — Relations métriques (autrement dit numériques) entre les éléments d'un triangle : 1° rectangle; 2° quelconque.

Avant d'étudier les relations métriques dans un Δ, il faut définir ce qu'on appelle *projection d'une droite sur un axe.*

Définition. — *La projection d'une droite* AB *sur une autre droite* xy *appelée axe est la portion de cette deuxième droite comprise entre les perpendiculaires extrêmes.*

Exemple : *ab* est la projection de AB sur *xy*. Si la droite CD qu'on projette est limitée à l'axe, sa projection sera la droite C*d*.

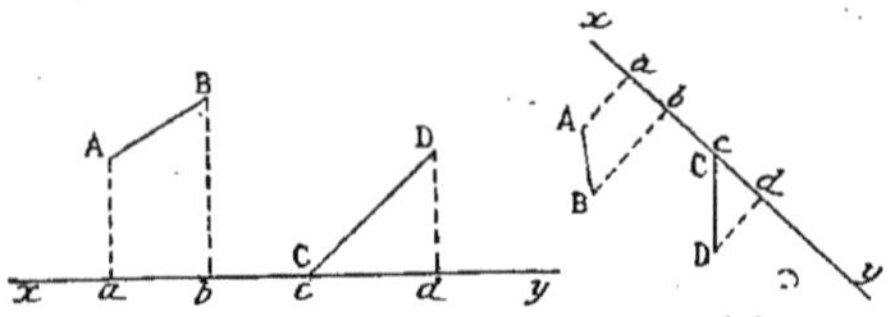

Fig. 382. Fig. 383.

Les pp. Aa, B*b*, D*d*, s'appellent les projetantes des points A, B, D;

et *a*, *b*, *d* s'appellent les projections des points A, B, D.

1° Relations métriques dans le triangle rectangle.

Théorème I. — *Dans un Δ rectangle la perpendiculaire menée du sommet de l'angle droit sur l'hypoténuse*[1] *est moyenne proportionnelle entre les deux segments qu'elle détermine sur l'hypoténuse.*

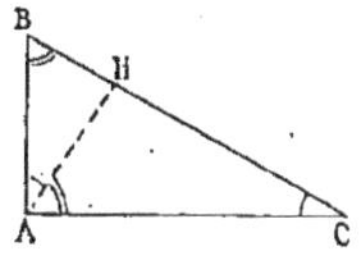

Pour prouver que l'on a :

$$\frac{BH}{AH}=\frac{AH}{HC},$$

ou ce qui revient au même :

$$\overline{AH}^2=BH\times HC,$$

Fig. 384.

il est naturel d'employer la méthode indiquée plus haut des Δ semblables.

Les Δ ABH et ACH étant semblables (comme rectangles et ayant les angles C et BAH égaux comme ayant leurs côtés pp.), on en déduit :

$$\frac{BH\ (\text{opposé à BAH dans le petit }\Delta)}{AH\ (\text{opposé dans l'autre }\Delta\text{ à son égal C})}=\frac{AH\ (\text{du petit }\Delta)}{HC\ (\text{du grand }\Delta)}.$$

C. Q. F. D.

Théorème II. — *Dans un Δ rectangle, chaque côté de l'angle droit est moyen proportionnel entre l'hypoténuse entière et le segment adjacent* (formé par la pp. menée du sommet de l'angle droit).

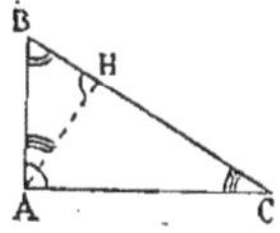

Soit AH la pp. menée du sommet A. Je dis que l'on a :

$$\frac{BC}{AB}=\frac{AB}{BH},$$

c'est-à-dire : $AB^2=BC\times BH.$

Fig. 385.

(Ayant à démontrer l'égalité de deux produits, nous pouvons recourir à la théorie des antiparallèles qui nous donne immédiatement, AH étant antiparallèle à BC : $BH\times BC=\overline{BA}^2$.)

Nous pouvons aussi employer la méthode des Δ semblables, et pour cela choisir les Δ ABC et ABH, car eux seuls renferment les longueurs BC et BH dont on nous parle.

1. Nous appellerons souvent cette pp. AH *la hauteur du Δ rectangle.*

Ces Δ sont semblables comme ayant un angle commun et étant rectangles. On aura donc :

$$\frac{\text{AB (hypoténuse du petit }\Delta)}{\text{BC (hypoténuse du grand }\Delta)}=\frac{\text{BH (opposé à l'angle A)}}{\text{AB du gr. }\Delta\text{, opp. à son égal C)}}.$$

Ce qui peut s'écrire :

$$\frac{BC}{AB}=\frac{AB}{BH},$$

donc AB est bien moyenne proportionnelle entre BC et BH*. On dit encore que AB est moyen proportionnel entre l'hypoténuse et sa projection sur cette hypoténuse.

C. Q. F. D.

Théorème III. — *Dans un Δ rectangle, le rapport des carrés des deux côtés de l'angle droit est égal au rapport des segments déterminés sur l'hypoténuse par la hauteur.*

En effet on a : $\overline{AB}^2 = BC \times BH,$

et de même $\overline{AC}^2 = BC \times CH$

(car un côté de l'angle droit ne peut pas avoir une propriété que n'ait l'autre, si le Δ est quelconque).

Mais ces grandes lettres AB, BC, BH, AC, CH, désignent en définitive des nombres (les nombres qui mesurent les lignes en question). Donc nous avons le droit de diviser membre à membre les deux membres de cette égalité, somme toute numérique, et on aura :

$$\frac{\overline{AB}^2}{\overline{AC}^2}=\frac{BC\times BH}{BC\times CH},$$

ou en divisant les deux termes de la deuxième fraction numérique par le nombre BC : $\dfrac{\overline{AB}^2}{\overline{AC}^2}=\dfrac{BH}{CH}.$

C. Q. F. D.

Théorème IV (dit Théorème de Pythagore). — *Dans un Δ rectangle, le carré du nombre qui mesure l'hypoténuse est égal à la somme des carrés des nombres qui mesurent les deux autres côtés, c'est-à-dire, en abrégé, le carré de l'hypoténuse est égal à la somme des carrés des deux autres côtés.*

---

* On voit que si BH est, par exemple, la moitié de AB, AB à son tour doit être la moitié de BC.

Pour démontrer que $\overline{BC^2} = \overline{AB^2} + \overline{AC^2}$, ou inversement que $\overline{AB^2} + \overline{AC^2} = \overline{BC^2}$, il est naturel d'évaluer le carré de AB, puis le carré de AC, puis enfin d'ajouter.

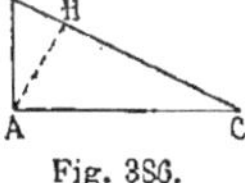

Fig. 386.

Or, on a : $\overline{AB^2} = BC \times BH,$

$\overline{AC^2} = BC \times CH.$

Ajoutons donc ces deux égalités numériques membre à membre, il viendra :

$$\overline{AB^2} + \overline{AC^2} = BC \times BH + BC \times CH,$$

ou en mettant en facteur commun le nombre BC* :

$$\overline{AB^2} + \overline{AC^2} = BC\,(BH + CH).$$

Mais la somme des deux nombres BH et CH est égale au nombre BC. On aura donc :

$$\overline{AB^2} + \overline{AC^2} = BC \times BC,$$

c'est-à-dire : $\overline{AB^2} + \overline{AC^2} = \overline{BC^2}.$

Donc, d'après nos conventions, le carré du nombre AB, augmenté du carré du nombre AC, est égal au carré du nombre BC.

C. Q. F. D.

Remarque. — On pourrait, si on voulait, abréger l'écriture et le langage, en appelant :

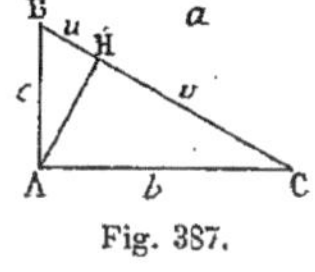

Fig. 387.

a le nombre qui mesure BC,
b — AC,
c — AB,
u — BH,
v — CH ;

on dirait alors (pour faire la démonstration du théorème de Pythagore) :

$$c^2 = a \times u,$$

$$b^2 = a \times v,$$

d'où : $c^2 + b^2 = au + av = a\,(u + v) = a \times a = a^2.$

C. Q. F. D.

Corollaire. — Dans un Δ rectangle, le carré d'un côté de

---

* Nous sommes convenus, en effet, de représenter les nombres mesures de BH, CH, CA, AB, AC, précisément par les notations conventionnelles suivantes : BH, CH, CB, AB, AC.

l'angle droit est égal au carré de l'hypoténuse, moins le carré de l'autre côté de l'angle droit.

En effet, de la relation numérique :

$$\overline{BC}^2 = \overline{AB}^2 + \overline{AC}^2$$

on tire, en retranchant aux deux membres $\overline{AC}^2$:

$$\overline{AB}^2 = \overline{BC}^2 - \overline{AC}^2.$$

Les théorèmes que nous venons d'établir sur le Δ rectangle vont nous permettre de résoudre les problèmes suivants :

PROBLÈME I. — *Construire une ligne moyenne proportionnelle entre deux lignes données.*

RÈGLE I. — *On porte les deux longueurs données* a *et* b *bout à bout. Sur leur somme, comme diamètre, on place une demi-circonférence et au point de jonction on mène la pp. qui sera la moyenne proportionnelle cherchée.*

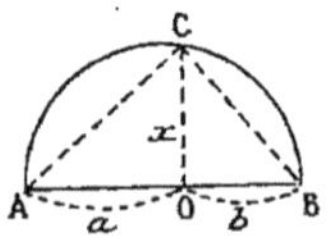

Fig. 388.

(En effet, dans le Δ rectangle qu'on formerait en joignant CA et CB, la hauteur CO est moyenne proportionnelle entre les deux segments *a* et *b*.)

RÈGLE II. — *On porte les deux longueurs données* a *et* b *l'une sur l'autre, à partir de la même origine* O. *Sur la plus grande des deux droites comme diamètre, on place une demi-circonférence, par l'extrémité de la plus petite on mène la pp.* BC *et on joint l'extrémité* C *à l'origine* O. OC *est la moyenne proportionnelle cherchée.*

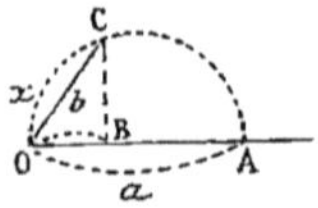

Fig. 389.

(En effet, dans le Δ OCA, le côté OC est moyenne proportionnelle entre OA et le segment OB, c'est-à-dire entre *a* et *b*.)

REMARQUE. — Il est clair que ce problème permet de construire un Δ rectangle, connaissant, ou les deux segments que la hauteur détermine sur l'hypoténuse, ou un côté de l'angle droit et sa projection sur l'hypoténuse.

PROBLÈME II. — *Construire une troisième proportionnelle entre deux longueurs données.*

Soit à construire une longueur x satisfaisant à la relation $\frac{a}{b}=\frac{b}{x}$, ou, ce qui revient au même, construire $x=\frac{b^2}{a}$.

Règle. — *Sur les deux côtés d'un angle droit, on prend les longueurs* a *et* b. *Par l'extrémité de* b *on mène une pp. à l'hypoténuse jusqu'à sa rencontre avec le prolongement du côté* a. *Le segment ainsi formé est la longueur cherchée.*

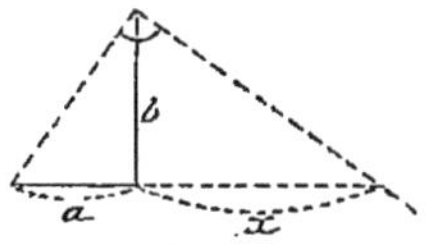

Fig. 390.

En effet, dans le Δ rectangle total, la hauteur b est moyenne proportionnelle entre les deux segments, c'est-à-dire entre a et x.

On a donc : $b^2=a\times x$, c'est-à-dire $x=\frac{b^2}{a}$, ou encore $\frac{a}{b}=\frac{b}{x}$.

Problème III. — *Construire une longueur dont le carré soit égal à la somme des carrés de deux autres longueurs.*

Il suffit évidemment, pour obtenir cette droite (c'est-à-dire une droite telle que le carré du nombre qui la mesure soit égal à la somme des carrés des nombres qui mesurent les deux longueurs données a et b), de porter sur les deux côtés d'un angle droit deux longueurs égales à a et à b, puis de joindre.

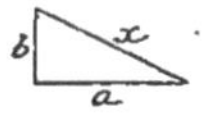

Fig. 391.

x est la longueur cherchée (voir théorème de Pythagore).

En répétant cette opération un certain nombre de fois, on pourra évidemment construire un carré égal à la somme d'autant de carrés qu'on voudra.

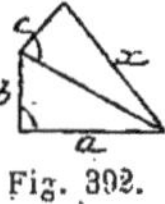
Fig. 392.

Problème IV. — *Construire une longueur dont le carré soit égal à la différence des carrés de deux longueurs données* a *et* b.

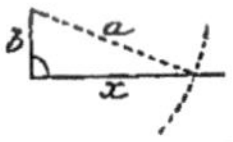

Fig. 393.

Règle. — *On fera un angle droit. On portera la plus petite des deux droites sur un des côtés, et de l'extrémité, avec un rayon égal à la plus grande, on décrira un arc de cercle jusqu'à sa rencontre avec l'autre côté.*

En effet, la figure nous montre que $x^2=a^2-b^2$.

REMARQUE. — Si on avait à construire une longueur x satisfaisant à la relation :

$$x^2 = \frac{a \times b \times c}{d} \qquad x^2 = \frac{abcd}{ef},$$

$$x^2 = na^2 \quad x^2 = \frac{m}{n} a^2 \quad x^2 = \frac{(a^2 + b^2) c}{d},$$

$$x = \frac{a}{\sqrt{5}} \qquad x = a\sqrt{5}.$$

a, b, c, d étant des longueurs données, et m et n des nombres, on aurait toujours à construire des moyennes proportionnelles entre deux longueurs.

En effet $x^2 = \frac{abc}{d}$ peut s'écrire : $x^2 = \left(\frac{ab}{d}\right) \times c$. Or, $\frac{ab}{c}$ est une quatrième proportionnelle λ facile à construire d'abord.

De même $x^2 = \frac{abcd}{ef}$ peut s'écrire : $x^2 = \left(\frac{ab}{e}\right)\left(\frac{cd}{f}\right) = \lambda . \mu$,

$x^2 = na^2$ peut s'écrire : $x^2 = (na) \times a$,

et $x^2 = \frac{m}{n} a^2$ peut s'écrire : $x^2 = \left(\frac{m}{n} a\right) \times a$.

$x^2 = \frac{(a^2 + b^2)c}{d}$ peut s'écrire : $x^2 = \frac{\lambda^2 c}{d} = \left(\frac{\lambda c}{d}\right) \times \lambda$.

Enfin, $x = a\sqrt{5}$ et $x = \frac{a}{\sqrt{5}}$ entraînant $x^2 = 5a^2 = 5a \times a$, ou $x^2 = \frac{a^2}{5} = \frac{a}{5} \times a$, on aura encore x par une moyenne proportionnelle.

N. B. — *La moyenne proportionnelle (autrement dit géométrique) entre deux longueurs est plus petite que leur moyenne arithmétique.*

En effet, si on construit la moyenne géométrique CD entre a et b, cette pp. CD est plus petite que l'oblique OD, oblique qui, étant égale à la moitié du diamètre, vaut :

$$\frac{a + b}{2}.$$

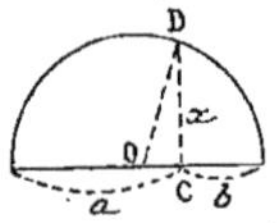

On a donc bien :

$$\sqrt{ab} < \frac{a \times b}{2},$$

Fig. 394.

car il faut bien remarquer que la moyenne proportionnelle entre deux nombres est égale à la racine carrée de leur produit.

Les théorèmes que nous venons d'établir sur le Δ rectangle nous fournissent ensuite une *deuxième méthode* d'un usage constant pour calculer une longueur. Nous l'appellerons *méthode du Δ rectangle* et nous dirons que :

Pour calculer une longueur d'une figure, on considère un Δ rectangle qui la renferme (soit comme côté, soit comme hauteur ou comme segment) *et on applique ou le théorème de Pythagore ou l'une des autres propriétés.*

Exemple 1. — *Dans un Δ isocèle où la base est connue et mesurée par le nombre 8, l'autre côté valant 12, calculer la hauteur qui correspond à la base.*

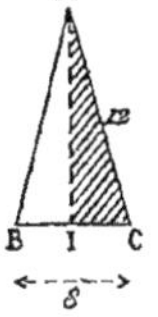

Fig. 395.

On dira :

La hauteur cherchée AI entre dans le Δ rectangle AIC où on connaît deux côtés. On aura donc, le nombre qui mesure le côté AI étant figuré par la notation AI :

$$\overline{AI}^2 = 12^2 - 4^2 = 144 - 16 = 128.$$

Donc $AI = \sqrt{128}$ (nombre incommensurable).

Exemple 2. — *Dans un Δ isocèle où la base est mesurée par le nombre* a *et l'autre côté par le nombre* b, *calculer la hauteur correspondant à la base.*

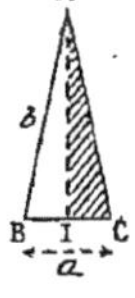

On aura, en appliquant le théorème de Pythagore :

$$AI^2 = b^2 - \left(\frac{a}{2}\right)^2$$

d'où :

$$AI = \sqrt{b^2 - \frac{a^2}{4}}.$$

Fig. 396.

Exemple 3. — *Calculer la hauteur d'un Δ équilatéral de côté connu* a.

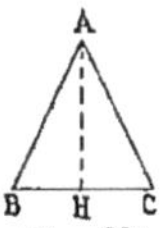

On dira : $AH^2 = a^2 - \left(\frac{a}{2}\right)^2 = a^2 - \frac{a^2}{4} = \frac{3a^2}{4}.$

Donc le nombre qui mesure AH vaudra $\sqrt{\frac{3a^2}{4}}$.

Fig. 397.

Mais la racine d'un quotient est égale au quotient des racines. Donc le nombre AH vaudra : $\frac{\sqrt{3a^2}}{\sqrt{4}}$ ou $\frac{a\sqrt{3}}{2}$ (puisque la racine d'un produit égale le produit des racines).

Exemple 4. — *Calculer la diagonale d'un carré de côté donné* a.

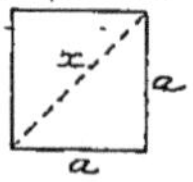

On aura immédiatement : $x^2 = a^2 + a^2 = 2a^2$,

Fig. 398.

d'où : $$x = a\sqrt{2}.$$

Ce qui prouve que, le rapport de x à a étant le nombre $\sqrt{2}$ (voir définition n° 2, page 130, livre II), le rapport de la diagonale d'un carré au côté de ce carré est un nombre incommensurable, donc ne peut jamais être mesuré exactement.

Exemple 5. — *Dans une demi-circonférence de rayon* R, *on mène à une distance du centre égale à* d *la pp.* CD, *puis la tangente* DE *à l'extrémité. Calculer* CD, AD, DB, OE.

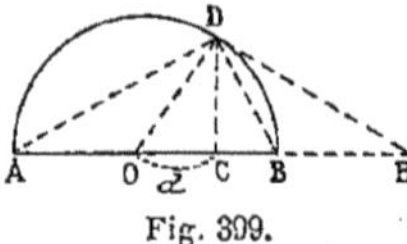

Fig. 399.

CD se calculera à l'aide du Δ OCD et on aura : $\overline{CD}^2 = R^2 - d^2$,

d'où : $$CD = \sqrt{R^2 - d^2}.$$

AD et DB se calculeront à l'aide du Δ rectangle ADB :

$$\overline{AD}^2 = AB \times AC = 2R(R + d),$$

d'où : $$AD = \sqrt{2R(R + d)}.$$

De même : $$DB = \sqrt{2R(R - d)}.$$

Enfin, OE se calculera dans le Δ ODE, en disant que OD est moyen proportionnel entre OE et OC. On aura donc :

$$R^2 = OE \times OC,$$
$$R^2 = OE \times d,$$

d'où on trouvera pour le nombre qui mesure OE (ou si l'on veut pour le nombre dit OE) :

$$OE = \frac{R^2}{d}.$$

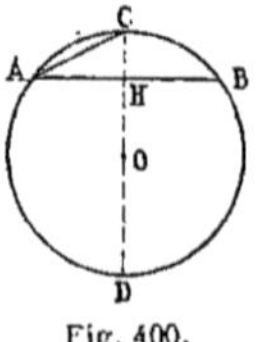

Fig. 400.

Exemple 6. — *Connaissant dans un cercle de rayon* R *la longueur* a *d'une corde* AB (*c'est-à-dire le nombre* a *qui mesure cette corde*), *calculer, en fonction de* R *et de* a, *le nombre qui mesure la corde sous-tendant l'arc moitié.*

On pourra, pour calculer AC, considérer le Δ ACD, et dire :

$$\overline{AC}^2 = CD \times CH,$$
$$= 2R \times (OC - OH),$$
$$= 2R(R - OH).$$

Mais OH se calculera aisément par le Δ OBH. On aura donc finalement : $AC = \sqrt{2R\left(R - \sqrt{R^2 - \frac{a^2}{4}}\right)}$.

Exemple 7. — *Si on s'élève en mer à une hauteur connue* h, *calculer la distance à laquelle la vue peut s'étendre.*

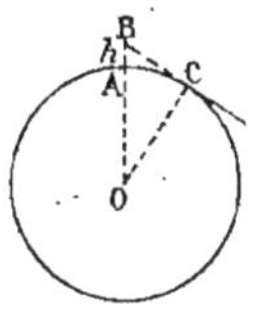

Pour calculer BC, considérons le Δ rectangle OBC et appliquons le théorème de Pythagore. Nous aurons : $\overline{BC}^2 = (R + h)^2 - R^2$,

c'est-à-dire : $\overline{BC}^2 = 2Rh + h^2$.

Donc : $BC = \sqrt{2Rh + h^2}$.

Fig. 401.

Comme R est environ de 1500 lieues, on peut évidemment négliger h, et on aura approximativement : $BC = \sqrt{2Rh}$.

On trouve de la sorte que, si on est élevé de 10 mètres audessus de la mer, la vue porte à environ 12 kilomètres.

Première remarque importante.

Quand on a calculé une longueur d'une figure, le résultat obtenu doit être toujours ce qu'on appelle *homogène*. On pourra s'assurer que ce résultat est homogène, en s'appuyant, comme on le montre en arithmétique dans le système métrique, sur ce que le produit de deux mètres donne des mètres carrés, que des mètres carrés divisés par des mètres donnent des mètres, que des mètres cubes divisés par des mètres donnent des mètres carrés, etc. De telle sorte que les deux membres de l'égalité trouvée devront toujours représenter tous les deux des mètres, ou tous les deux des mètres carrés, c'est-à-dire être tous les deux ce qu'on appelle du premier degré ou du deuxième degré.

Ainsi, si on a trouvé : $AI = \frac{AB \times CD}{MN}$, $AI = \frac{\overline{AB}^2}{CD}$ et $\overline{AI}^2 = \overline{AB}^2 + \overline{CD}^2$, $AI = \sqrt{\overline{AB}^2 = \overline{CD}^2}$, les expressions sont *homogènes*.

Deuxième remarque importante.

Quand on fait des applications numériques du Δ rectangle, il est rare de trouver des résultats autres qu'approximatifs.

Sans doute, si on calcule l'hypoténuse et la hauteur d'un Δ rectangle ayant pour côtés de l'angle droit 4 mètres et 3 mètres, on trouvera que l'hypoténuse vaudra exactement 5 mètres, et de même la hauteur h vaudra exactement $2^{m},4$.

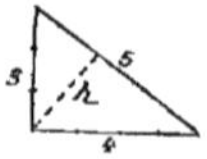

Fig. 402.

Mais, si on fait les mêmes calculs pour le Δ rectangle ayant pour côtés de l'angle droit 4 mètres et 7 mètres, on trouvera pour l'hypoténuse le nombre $\sqrt{65}$, nombre qui ne pourra jamais être évalué qu'approximativement, à 1 décimètre près ou à 1 millimètre près par exemple.

Ce résultat nous montre bien d'ailleurs qu'en géométrie il existe une quantité de longueurs qu'on a sous les yeux, qui existent par conséquent, mais qu'on ne peut pas mesurer juste. Elles sont incommensurables avec la longueur choisie pour unité de mesure.

Et il ne faudra pas croire qu'on puisse prouver leur incommensurabilité par la pratique. La règle que nous avons donnée plus haut (page 120, IIe livre) n'est que pratique, et ne prouve rien. Le raisonnement peut quelquefois prouver l'incommensurabilité de deux longueurs (voir page 121); mais c'est ordinairement le calcul, fait à l'aide de méthodes rigoureuses, qui prouve cette incommensurabilité.

Troisième remarque importante.

Dans le même ordre d'idées, *quand on veut évaluer une longueur d'une figure géométrique, sa mesure à l'aide du mètre et du décimètre ne prouve absolument rien.* Si on la trouve par exemple égale à 28 millimètres 1/2, est-ce sa vraie valeur ? ou est-ce simplement une valeur approchée ? Il y a doute. — Et, pour le savoir, il n'y a qu'un moyen : *la calculer.*

La mesure d'une longueur d'une figure est donc une chose pratique qui doit toujours être contrôlée, et cela ne peut se faire qu'à l'aide d'un calcul rigoureux, ce calcul montrant ou que le résultat trouvé est exact, ou qu'il n'est qu'approché. (Cela nous montre donc bien de nouveau la raison d'être de la géométrie théorique.)

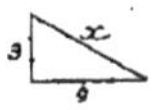

Fig. 403.

Exemple. — *Dans un Δ rectangle dont les côtés valent 3^{cm} et 4^{cm}, si on trouve avec le double décimètre l'hypoténuse égale à 5^{cm}, ce résultat sera exact. Car le calcul montre que :*

$$x^2 = 4^2 + 3^2 = 25, \text{ d'où } x = 5.$$

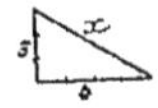

Fig. 404.

Mais dans un Δ rectangle de 2^{cm} et 4^{cm} de côtés, si on trouve avec le décimètre l'hypoténuse égale à $44^{mm},5$, ce résultat sera faux. Car le calcul montre que $x^2 = 4 + 16 = 20$, d'où $x = 2\sqrt{5}$, nombre incommensurable.

2° Relations métriques dans un Δ non rectangle.

Théorème V. — *Dans un Δ non rectangle, le carré du côté opposé à un angle aigu est égal à la somme des carrés des deux autres côtés, moins le double produit de l'un des côtés de l'angle aigu par la projection sur ce côté du deuxième côté de cet angle aigu.*

(Bien entendu, quand nous parlons ainsi des côtés, nous voulons parler, comme toujours, des nombres qui les mesurent).

Soit dans le Δ ABC l'angle aigu A. On nous demande de calculer le côté BC. Or, pour calculer une longueur nous avons une méthode, celle du Δ rectangle. Il est donc tout naturel d'abaisser du point B la pp. BH, afin de former un Δ rectangle BCH renfermant BC.

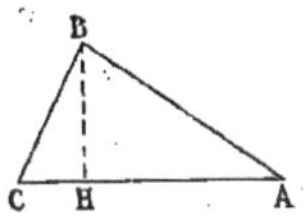

Nous dirons ensuite :

$$\begin{aligned}\overline{BC}^2 &= \overline{BH}^2 + \overline{CH}^2,\\ &= \overline{BH}^2 + (CA - AH)^2,\\ &= \overline{BH}^2 + \overline{CA}^2 + \overline{AH}^2 - 2CA \times AH^*,\\ &= \overline{CA}^2 + \overline{AB}^2 - 2CA \times AH\end{aligned}$$

Fig. 405.

(car nous pouvons remplacer $\overline{BH}^2 + \overline{AH}^2$ par $\overline{BA}^2$). (Résultat homogène.)

C. Q. F. D.

Théorème VI. — *Dans un triangle le carré du côté opposé à un angle obtus est égal à la somme des carrés des deux autres côtés, plus le double produit de l'un des côtés de l'angle obtus par la projection sur lui du deuxième côté de cet angle obtus.*

---

* Nous avons appliqué le développement de $(a + b)^2$, puisque CA et AH désignent des nombres

Soit un Δ ABC dans lequel il y a un angle obtus A. En raisonnant comme tout à l'heure, on écrira successivement :

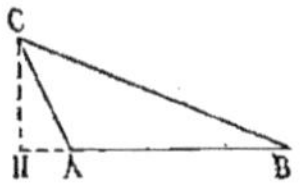

Fig. 406.

$$\overline{CB}^2 = \overline{CH}^2 + \overline{HB}^2,$$
$$= \overline{CH}^2 + (HA + AB)^2,$$
$$= \overline{CH}^2 + \overline{HA}^2 + \overline{AB}^2 + 2AB \times AH.$$

(Résultat homogène). C. Q. F. D.

Remarque. — Si on appelle dans le Δ ABC :

a le nombre qui mesure le côté opposé à l'angle A ;
b — — — B ;
c — — — C ;

on aura :
- si le Δ est rectangle : $a^2 = b^2 + c^2$;
- si le Δ est obtusangle en A : $a^2 = b^2 + c^2 + 2b \times u$;
- si le Δ est acutangle en A : $a^2 = b^2 + c^2 - 2bv$;

u et v étant les projections de c sur b (c'est-à-dire les nombres qui mesurent ces projections).

Donc, dans le cas de A obtus, on a : $a^2 > b^2 + c^2$;
dans le cas de A aigu, on a : $a^2 < b^2 + c^2$;
dans le cas de A droit, on a : $a^2 = b^2 + c^2$.

Il résulte de là que, si on a entre les trois côtés d'un Δ la relation : $a^2 = b^2 + c^2$, le Δ est rectangle en A.

Car, si A était aigu, on aurait un Δ où le carré du côté opposé à un angle aigu serait égal et non pas inférieur à la somme des carrés des deux autres côtés, ce qui est impossible.

On ne pourrait pas non plus avoir A obtus.

Donc A doit être droit.

Les deux théorèmes que nous venons d'établir nous fournissent une *nouvelle troisième méthode* fréquemment employée *pour calculer une longueur d'une figure*.

Cette méthode (*que nous appellerons* **méthode du Δ quelconque**) *consiste à considérer un Δ non rectangle qui renferme la longueur en question* (*soit comme côté, soit comme projection*) *et à appliquer le théorème du carré du côté opposé à un angle aigu ou obtus*.

De telle sorte que nous avons cette fois trois méthodes bien nettes pour calculer une longueur d'une figure :

La méthode des Δ semblables ;

La méthode du Δ rectangle ;

La méthode du Δ quelconque (autrement dit la méthode du carré du côté opposé à un angle aigu ou obtus).

Exemples de l'emploi de cette troisième méthode de calcul d'une longueur.

Exemple 1. — *Etant donnée une corde* AB, *de longueur* a, *calculer la longueur de la corde* AC *qui sous-tend l'arc moitié, en fonction de* a *et du rayon* R.

Au lieu d'employer la méthode du Δ rectangle ACD, employons celle du Δ quelconque ACO. Nous aurons :

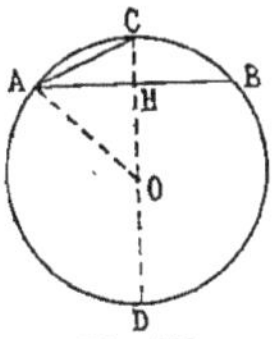

$$\overline{AC}^2 = \overline{AO}^2 + \overline{CO}^2 - 2CO \times OH,$$

$$= 2R^2 - 2R \times OH,$$

$$= 2R^2 - 2R\sqrt{R^2 - \frac{a^2}{4}},$$

$$= 2R\left(R - \sqrt{R^2 - \frac{a^2}{4}}\right) \quad \text{(résultat homogène)},$$

d'où :

$$AC = \sqrt{2R\left(R - \sqrt{R^2 - \frac{a^2}{4}}\right)}.$$

Fig. 407.

Exemple 2. — *Dans un* Δ ABC *on connaît deux côtés et l'angle compris qui vaut* 60°. *Calculer le côté opposé à cet angle.*

Supposons que, dans le Δ ABC, on connaisse l'angle C = 60° et les côtés AC et CB qui valent b et c. Pour calculer BA, appliquons la méthode du carré du côté opposé à un angle aigu. Nous aurons :

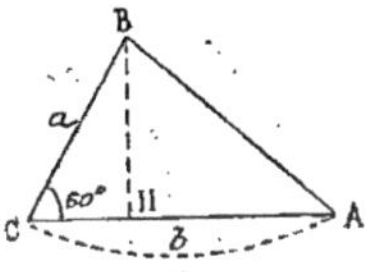

$$\overline{BA}^2 = \overline{CB}^2 + \overline{AC}^2 - 2AC \times CH,$$

$$= a^2 + b^2 - 2b \times CH.$$

Mais CH est égal à la moitié de CB*. Donc on a :

$$\overline{BA}^2 = a^2 + b^2 - 2b \times \frac{a}{2},$$

$$= a^2 + b^2 - ab \quad \text{(résultat homogène)},$$

d'où : $BA = \sqrt{a^2 + b^2 - ab}.$

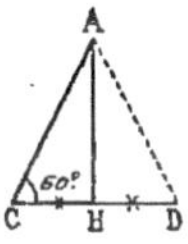

Fig. 408.

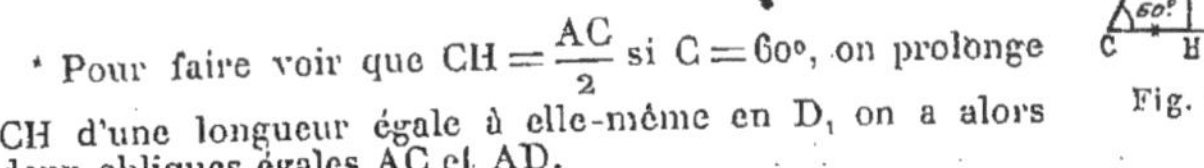

* Pour faire voir que $CH = \frac{AC}{2}$ si $C = 60°$, on prolonge CH d'une longueur égale à elle-même en D, on a alors deux obliques égales AC et AD.

Donc ayant un Δ isocèle qui a un angle de 60°, ce Δ est équilatéral.

Par conséquent : $CH = \frac{DC}{2} = \frac{CA}{2}$. C. Q. F. D.

Fig. 409.

N. B. — Quand aucune des trois méthodes précédentes ne peut s'appliquer au calcul d'une longueur, on se tire souvent d'affaire en décomposant la longueur en deux, ou toutes deux calculables par ces méthodes, ou l'une connue et l'autre calculable.

Exemple. — *Dans un trapèze* ABCD *on partage le côté latéral dans un rapport connu* $\frac{m}{n}$ *et on mène une plle aux bases par le point ainsi obtenu. Calculer cette plle.*

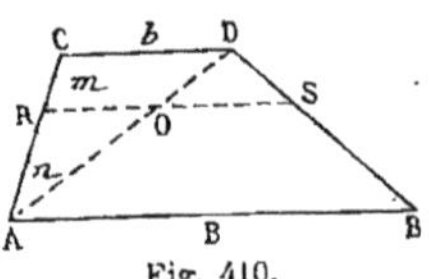

Fig. 410.

Je n'aperçois pas de Δ renfermant RS, mais je me souviens que dans beaucoup de problèmes où il y a un trapèze, et où on est embarrassé, on réussit en le décomposant en un pllgr et un Δ, ou en deux Δ.

Menons donc la diagonale AD. RS est alors décomposé en deux segments faciles à calculer chacun par la méthode des Δ semblables. En effet, on a, en appelant B et b les nombres qui mesurent les deux bases (ou, comme on dit, en appelant B et b les deux bases) : $\frac{RO}{b} = \frac{n}{m+n}$ $\frac{SO}{B} = \frac{m}{m+n}$.

Donc:
$$RS = \frac{bn}{m+n} + \frac{Bm}{m+n},$$

ou en faisant les calculs :
$$RS = \frac{Bm + bn}{m+n},$$

résultat homogène, que m et n soient des nombres ou des longueurs.

---

§ 9. — Application des méthodes précédentes au calcul des médianes, bissectrices et hauteurs d'un Δ.

I. Calcul des médianes d'un Δ en fonction des côtés.

Théorème. — *Dans tout Δ la somme des carrés de deux côtés est égale à deux fois le carré de la médiane comprise, plus deux fois le carré de la moitié du troisième côté.*

Pour simplifier l'écriture et abréger le langage, désignons

par a, b, c, les trois côtés du Δ (ou plutôt les nombres qui les mesurent), par m, m', m'' les médianes correspondant respectivement aux côtés a, b, c (ou plutôt les nombres qui les mesurent).

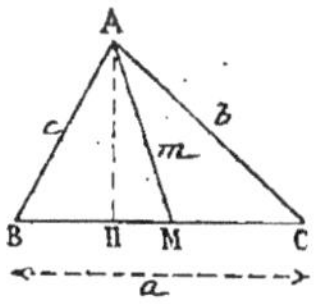

La figure nous montre que :

$$b^2 = m^2 + \left(\frac{a}{2}\right)^2 + 2\left(\frac{a}{2}\right) \times MH,$$

$$c^2 = m^2 + \left(\frac{a}{2}\right)^2 - 2\left(\frac{a}{2}\right) \times MH.$$

Fig. 411.

Donc en ajoutant on aura :

$$b^2 + c^2 = 2m^2 + 2\left(\frac{a}{2}\right)^2. \quad \text{C. Q. F. D.}$$

Il est aisé de déduire de cette relation la valeur de la médiane m.

En effet, $$2m^2 = b^2 + c^2 - 2\left(\frac{a}{2}\right)^2,$$

d'où : $$m^2 = \frac{1}{2}\left[b^2 + c^2 - \frac{a^2}{2}\right],$$

et $$m = \sqrt{\frac{1}{2}\left(b^2 + c^2 - \frac{a^2}{2}\right)} \text{ (résultat homogène).}$$

Remarque. — Au plus grand côté correspond la plus petite médiane.

Supposons en effet que l'on ait $a > b$.

Je dis que l'on a : $m < m'$, c'est-à-dire $m^2 < m'^2$.

En effet, si nous comparons les deux relations symétriques :

$$2m^2 = b^2 + c^2 - \frac{a^2}{2},$$

$$2m'^2 = c^2 + a^2 - \frac{b^2}{2},$$

nous voyons que $b^2 + c^2$ étant plus petit que $c^2 + a^2$, $2m^2$ s'obtient en retranchant de la plus petite somme la plus grande quantité, double raison qui fait que $2m^2$ est inférieur à $2m'^2$ *.

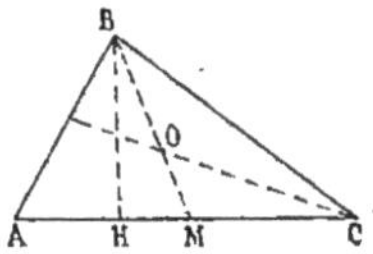

Fig. 412.

* On peut donner de ce théorème une démonstration purement géométrique (voir la Géométrie élémentaire de MM. Niewenglowski et Gérard (éditeurs Carré et Naud).

Nous en avons donné une autre aussi dans notre *Guide méthodique de résolution des problèmes de géométrie*.

Nota. — On pourrait aisément, des formules précédentes, calculer les côtés d'un Δ en fonction des trois médianes.

Nous pouvons déduire du théorème relatif à la somme des carrés de deux côtés d'un Δ une propriété importante des quadrilatères quelconques, qui est la suivante :

Dans tout quadrilatère convexe la somme des carrés des quatre côtés est égale à la somme des carrés des diagonales, plus quatre fois le carré de la droite qui joint les milieux de ces diagonales.

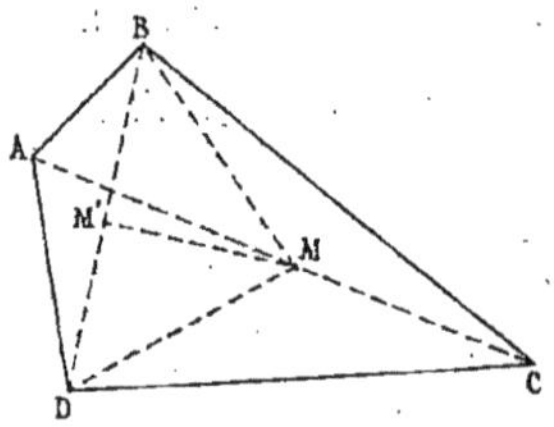

Fig. 413.

Puisqu'on nous parle de $a^2 + b^2 + c^2 + d^2$, l'examen de la figure nous montre immédiatement que l'on a, dans le Δ ABC :

$$a^2 + b^2 = 2\overline{BM}^2 + 2\overline{AM}^2.$$

On a aussi dans le Δ ACD :

$$c^2 + d^2 = 2\overline{DM}^2 + 2\overline{AM}^2.$$

On a donc : $a^2 + b^2 + c^2 + d^2 = 2(\overline{BM}^2 + \overline{DM}^2) + 4\overline{AM}^2$

$$= 2(\overline{BM}^2 + \overline{DM}^2) + \overline{AC}^2.$$

Mais $(\overline{BM}^2 + \overline{DM}^2)$, dans le Δ BMD, peut se remplacer par $2\overline{MM'}^2 + \overline{BM'}^2$.

On aura donc :

$$a^2 + b^2 + c^2 + d^2 = 4\overline{MM'}^2 + 4\overline{BM'}^2 + \overline{AC}^2,$$

c'est-à-dire, enfin :

$$a^2 + b^2 + c^2 + d^2 = \overline{AC}^2 + \overline{BD}^2 + 4\overline{MM'}^2.$$

C. Q. F. D.

Corollaire. — Dans un parallélogramme ABCD, on a :

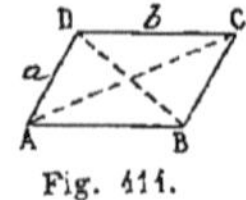

Fig. 414.

$$2a^2 + 2b^2 = \overline{AC}^2 + \overline{BD}^2.$$

Dans un trapèze ABCD, on a :

$$a^2 + b^2 + c^2 + d^2 = \overline{AC}^2 + \overline{BD}^2 + 4\overline{MM'}^2.$$

Mais la droite MM' est égale à la demi-différence des deux bases. Donc, on a :

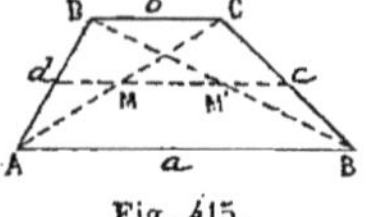

Fig. 415.

$$a^2 + b^2 + c^2 + d^2 = \overline{AC}^2 + \overline{BD}^2 + 4\left(\frac{a-b}{2}\right)^2$$

$$= \overline{AC}^2 + \overline{BD}^2 + a^2 + b^2 - 2ab,$$

c'est-à-dire : $c^2 + d^2 + 2ab = \overline{AC}^2 + \overline{BD}^2$. C. Q. F. D.

II. Calcul des bissectrices d'un Δ en fonction des trois côtés.

1° Bissectrice intérieure — Soit à calculer la longueur de la bissectrice AD dans le Δ ABC où on connaît les trois côtés mesurés par les nombres a, b, c.

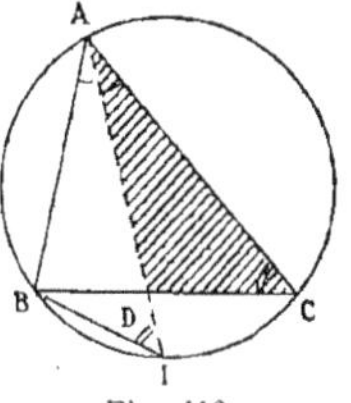

Fig. 416.

Aucune des trois méthodes proposées pour le calcul d'une longueur n'apparaît évidente. Mais dans un grand nombre de questions où on parle de bissectrice et où on est embarrassé, on se tire d'affaire en circonscrivant le cercle et utilisant ce fait que la bissectrice d'un angle passe par le milieu de l'arc sous-tendu par cet angle.

Circonscrivons donc le cercle au Δ ABC. L'examen attentif de la figure nous montrera alors que, AD entrant dans le Δ ADC, le Δ AIB lui est semblable (I et $\hat{C}$ ayant même mesure). Il y a donc lieu d'essayer la méthode des Δ semblables. Elle nous donne :

$$\frac{AD}{c} = \frac{b}{AI}.$$

On en tire : $$b \times c = AD \times AI$$
$$= AD \times (AD + DI),$$

c'est-à-dire : $$bc = \overline{AD}^2 + AD \times DI.$$

Mais le produit AD × DI est égal à BD × DC, donc est connu. Si donc on appelle u et v les nombres qui mesurent ces segments AD et DC, on aura la formule :

$$bc = l^2 + uv,$$

d'où il sera facile de tirer la valeur l de la bissectrice.

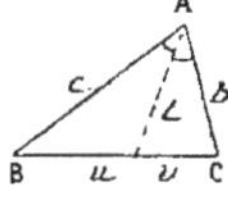

Fig. 417.

Remarque. — Dans tout Δ les segments u et v, formés par la bissectrice intérieure sont faciles à calculer, car on a :

$$\frac{u}{c} = \frac{v}{b} = \frac{u+v}{c+b} = \frac{a}{c+b},$$

d'où : $$u = \frac{a \times c}{c+b} \quad \text{et} \quad v = \frac{a \times b}{c+b}.$$

Si nous remplaçons u et v par leur valeurs, on tirera de la formule précédente $bc = uv + l^2$.

$$l^2 = bv - uv$$
$$= bc - \frac{ac}{c+b} \times \frac{ab}{c+b}$$
$$= bc - \frac{a^2bc}{(c+b)^2}$$
$$= \frac{bc\,[(c+b)^2 - a^2]}{(c+b)^2} = \frac{bc}{(c+b)^2}(c+b+a)(c+b-a)\,;$$

on en représente le périmètre $(a+b+c)$ par $2p$:

$$= \frac{bc}{(b+c)^2} \times 2p \times 2(p-a)$$
$$= \frac{4bcp\,(p-a)}{(b+c)^2} \qquad \text{(résultat homogène).}$$

Donc : $l = \frac{2}{b+c}\sqrt{bcp\,(p-a)}$ *.

2° Bissectrice extérieure. — On sait que la bissectrice de l'angle extérieur d'un Δ est pp. à la bissectrice intérieure.

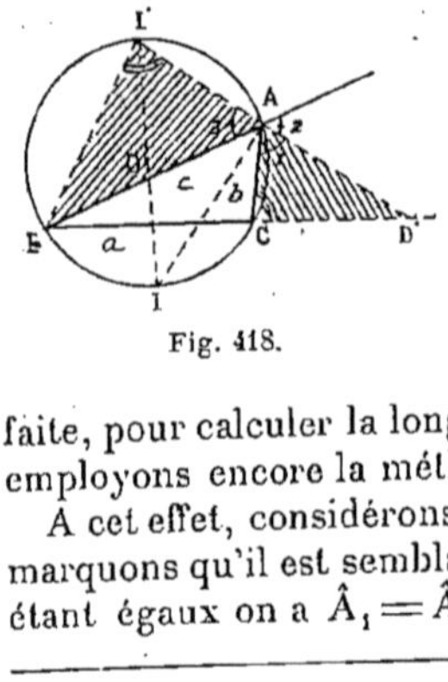

Fig. 418.

Par conséquent, si la bissectrice AD de l'angle intérieur A passe par le milieu I de l'arc BC du cercle circonscrit, la bissectrice extérieure AD′ prolongée passera par le point I′ symétrique de I par rapport au centre O.

Cela posé et la figure une fois bien faite, pour calculer la longueur AD′ de la bissectrice extérieure, employons encore la méthode bien connue des Δ semblables.

A cet effet, considérons le Δ AD′C qui renferme AD′, et remarquons qu'il est semblable au Δ BAI′ [car les angles A_1 et A_2 étant égaux on a $\hat{A}_1 = \hat{A}_3$, et de plus l'angle ACD est égal à

---

* La relation $l^2 = \frac{4bcp\,(p-a)}{(b+c)^2}$ est homogène.

Car si le premier membre représente des mètres carrés, le deuxième membre pouvant s'écrire $\frac{4bc}{(b+c)^2} \times p(p-a)$ représentera aussi des mètres carrés, puisque la fraction $\frac{4cb}{(b+c)^2}$ est un rapport de mètres carrés, c'est-à-dire un nombre abstrait.

l'angle BI'A comme ayant même mesure (voir page 143, IIe livre)].

On aura d'après cela :

$$\frac{AD'}{AB}=\frac{AC}{I'A},$$

c'est-à-dire :

$$\frac{AD'}{c}=\frac{b}{I'A}.$$

On en tirera : $AD'\times I'A=b\times c,$

c'est-à-dire : $AD'(D'I-D'A)=bc,$

c'est-à-dire : $AD'\times D'I-\overline{AD'}^2=b\times c,$

d'où : $\overline{AD'}^2=AD'\times D'I-bc.$

Mais le produit $(D'A\times D'I)$ est connu, car il est égal à $(D'B\times D'C)$ et ces segments soustractifs D'B et D'C sont très faciles à calculer[1].

Si donc nous les appelons u' et v', on aura, en désignant par l' le nombre qui mesure la bissectrice extérieure AD' :

$$l'^2=u'v'-bc,$$

d'où la relation (homogène)

$$bc=u'v'-l'^2.$$

Si nous remplaçons u' et v' par leurs valeurs, on aura :

$$l'^2=\frac{ac}{c-b}\times\frac{ab}{c-b}-bc$$

$$=bc\left(\frac{a^2}{(c-b)^2}-1\right)$$

$$=\frac{bc}{(c-b)^2}[a^2-(c-b)^2]=\frac{bc}{(c-b)^2}(a+c-b)\ (a-c+b)$$

$$=\frac{bc}{(c-b)^2}\times 2(p-b)\times 2(p-c)$$

d'où :

$$l'=\frac{2}{c-b}\sqrt{bc(p-b)(p-c)}.$$

---

1. On calculera les segments soustractifs D'B et D'C en disant :

$$\frac{D'B}{c}=\frac{D'C}{b}=\frac{D'B-D'C}{c-b}=\frac{a}{c-b},\ \text{d'où :}\ \begin{cases} D'B=\dfrac{ac}{c-b},\\ D'C=\dfrac{ab}{c-b}.\end{cases}$$

III. Calcul des hauteurs d'un Δ en fonction des trois côtés.

Si nous employons la méthode (naturellement indiquée) du Δ rectangle, nous aurons :

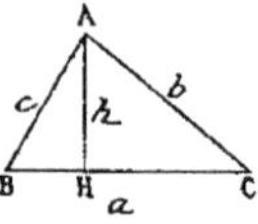

Fig. 419.

$$h^2 = c^2 - \overline{BH}^2.$$

Il faut donc calculer BH. Pour cela employons la méthode du Δ quelconque, c'est-à-dire du carré du côté opposé à un angle (aigu ou obtus). Nous aurons :

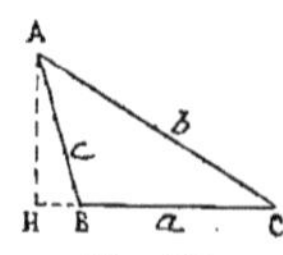

Fig. 420.

$$b^2 = a^2 + c^2 \mp 2a \times BH,$$

d'où : $$BH = \frac{a^2 + c^2 - b^2}{\pm 2a},$$

d'où enfin : $$\overline{BH}^2 = \frac{(a^2 + c^2 - b^2)^2}{4a^2},$$

(quel que soit le signe du dénominateur, c'est-à-dire que l'angle B soit aigu ou obtus).

On aura alors :

$$h^2 = c^2 - \frac{(a^2 + c^2 - b^2)^2}{4a^2} = \frac{4a^2c^2 - (a^2 + c^2 - b^2)^2}{4a^2}$$

$$= \frac{(2ac + a^2 + c^2 - b^2)(2ac - a^2 - c^2 + b^2)}{4a^2}$$

$$= \frac{[(a + c)^2 - b^2]\,[b^2 - (a - c)^2]}{4a^2}$$

$$= \frac{(a + c + b)(a + c - b)(b + a - c)(b - a + c)}{4a^2}$$

$$= \frac{2p \times 2(p - b) \times 2(p - c) \times 2(p - a)}{4a^2} \text{ (relation homogène).}$$

d'où enfin :

$$h = \frac{2}{a}\sqrt{p(p - a)(p - b)(p - c)}.$$

Comme application de cette formule, on peut aisément calculer *le rayon* R *du cercle circonscrit à un* Δ ABC en fonction des trois côtés. En effet, nous avons la formule :

$$bc = 2Rh,$$

d'où :

$$R = \frac{bc}{2h},$$

donc :

$$R = \frac{abc}{4\sqrt{p(p-a)(p-b)(p-c)}}.$$

---

§ 10. — Relation de Stewart. Théorèmes de Ptolémée, de Ménélaüs et de Céva.

I. Théorème de Stewart.

Toutes les fois que dans un Δ ABC on mène par un sommet A une droite intérieure, entre cette ligne et les segments additifs qu'elle détermine sur le côté opposé et les côtés du Δ, on a la relation suivante :

$$\overline{AB}^2 \times DC + \overline{AC}^2 \times BD = \overline{AD}^2(BD + DC) + BD \times DC(BD + DC).$$

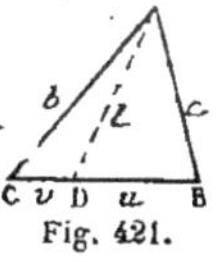

Fig. 421.

Et l'on retrouve une relation analogue dans le cas où la droite serait menée extérieurement : il suffira d'y prendre l'un des segments soustractifs avec le signe —, ce qui donnera :

$$\overline{AB}^2 \times D'B - \overline{AC}^2 \times D'C = AD'^2(D'B - D'C) - BD' \times D'C(BD' - D'C).$$

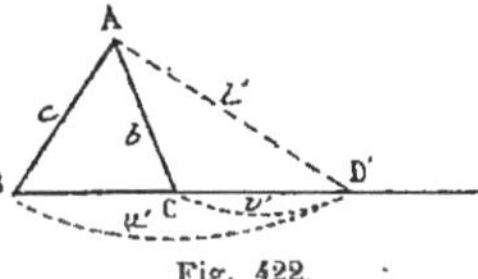

Fig. 422.

Ces deux relations peuvent s'écrire plus simplement, en appelant b, c, l, l', u, v, u', v', les nombres positifs qui mesurent à l'aide de la même unité et les côtés et les segments additifs ou soustractifs :

$$b^2u + c^2v = l^2(u + v) + uv(u + v) \qquad (1),$$

$$b^2u' - c^2v' = l'^2(u' - v') - u'v'(u' - v') \qquad (2).$$

Pour établir la formule (1), puisqu'on y parle de b^2, de c^2 et de l^2, il est logique de partir des relations connues :

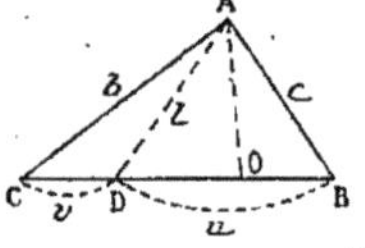

Fig. 423.

$$b^2 = l^2 + v^2 + 2v \times DO$$
$$c^2 = l^2 + u^2 - 2u \times DO$$

et de tâcher d'en déduire la valeur de $b^2u + c^2v$. Or, cela se fera naturellement en multipliant les deux membres respectivement par les nombres u et v, et ajoutant, cela nous donnera :

$$b^2u + c^2v = l^2u + v^2u + 2uv \times DO + vl^2 + u^2v - 2uv \times DO$$

ou en simplifiant :

$$b^2u + c^2v = l^2(u+v) + v^2u + u^2v$$
$$= l^2(u+v) + uv(u+v).$$

C. Q. F. D.

On établirait de la même façon la relation homogène (2).

Remarque. — Si les segments u et v sont proportionnels à des nombres m et n,

c'est-à-dire si on a : $$\frac{u}{v} = \frac{m}{n}$$

la relation (1) pourra encore s'écrire :

$$b^2m + c^2n = l^2(m+n) + uv(m+n),$$

m et n étant de la sorte partiellement substitués aux anciens u et v.

En effet, la relation $\frac{u}{v} = \frac{m}{n}$ peut s'écrire $\frac{u}{m} = \frac{v}{n} = K$,

K désignant la valeur commune de ce rapport (par exemple la fraction irréductible à laquelle on arriverait en simplifiant les fractions non identiques $\frac{u}{m}$ et $\frac{v}{n}$). On en tirera :

$$u = Km \quad v = Kn.$$

Donc en remplaçant dans (1), on aura :

$$b^2 \times Km + c^2 \times Kn = l^2(Km + Kn) + uv(Km + Kn),$$

ou en divisant tous les termes par le facteur commun K :

$$b^2m + c^2u = l^2(m+n) + uv(m+n)$$

(relation homogène du second degré, en b, c, l, u et v).

Il en serait de même pour la relation (2).

Pour éclaircir cela par un exemple, supposons que u et v valent 44^m et 28^m, auquel cas on aurait dans le Δ l'identité :

$$b^2\times 44+c^2\times 28\equiv l^2(44+28)+44\times 28(44+28),$$

on en déduirait : $\frac{44}{28}$ étant égal à $\frac{22}{14}$,

$$b^2\times 22+c^2\times 14\equiv l^2(22+14)+44\times 28(22+14)$$

et même, $\frac{44}{28}$ étant égal à $\frac{11}{7}$, on aurait encore :

$$11b^2+7c^2\equiv(11+7)l^2+44\times 28(11+7).$$

Nota. — On voit qu'il faut se garder de toucher aux nombres primitifs 44 et 28 qui sont dans le produit $(u\times v)$ les mesures des segments u et v, l'unité étant la même que celle qui a servi à mesurer les longueurs b, c, l.

Remarque homogène. — Ce théorème de Stewart est d'un usage fréquent dans tous les problèmes où on a à calculer une longueur qui part du sommet d'un triangle, connu par ses trois côtés, le rapport des segments qu'elle détermine étant lui aussi connu.

Exemple 1. — *Calculer le rayon d'un cercle* ω *tangent à un cercle* o, *de rayon* R, *et tangent en même temps aux deux cercles* o' *et* o'' *de rayons* r' *et* r'', *placés comme l'indique la figure.*

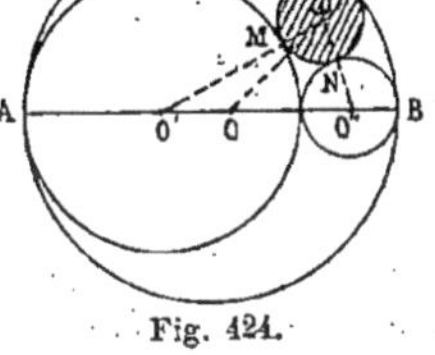

Fig. 124.

On dira :

Le cercle ω étant tangent à o, o' et o'', en c, M et N, on a des groupes de trois points en ligne droite. On a donc un Δ $\omega o'o''$ dans lequel du sommet ω part une droite ωo divisant le côté opposé $o'o''$ dans un rapport connu. Il y a dès lors lieu d'appliquer le théorème de Stewart, et d'écrire, en appelant x le nombre qui mesure le rayon cherché :

$$(r'+x)^2\times oo''+(r''+x)^2\times oo'=(R-x)^2(o'o+oo'')+oo',oo''(o'o+oo''),$$

égalité d'où l'on tirera aisément la valeur de x.

Exemple 2. — *Dans un* Δ ABC *calculer la médiane* AM.

Puisque la médiane est une droite issue du sommet A, on pourra appliquer Stewart, et dire :

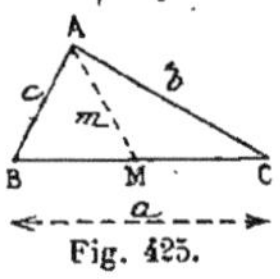

$$b^2 \times \frac{a}{2} + c^2 \times \frac{a}{2} = m^2\left(\frac{a}{2} + \frac{a}{2}\right) + \frac{a}{2} \times \frac{a}{2}\left(\frac{a}{2} + \frac{a}{2}\right),$$

Fig. 425.

c'est-à-dire : $b^2\frac{a}{2} + c^2\frac{a}{2} = m^2a + \frac{a^2}{4}a,$

ou en divisant tous les termes par le nombre a, et multipliant par 2 :

$$b^2 + c^2 = 2m^2 + \frac{a^2}{2},$$

ce qui est la relation bien connue, d'où on tirera m.

Exemple 3. — *Calculer la bissectrice d'un angle d'un* Δ ABC.

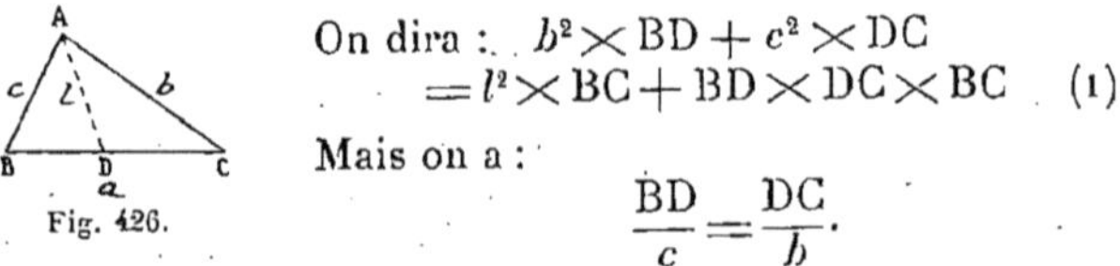

Fig. 426.

On dira : $b^2 \times \mathrm{BD} + c^2 \times \mathrm{DC}$
$= l^2 \times \mathrm{BC} + \mathrm{BD} \times \mathrm{DC} \times \mathrm{BC}$ (1).

Mais on a :

$$\frac{\mathrm{BD}}{c} = \frac{\mathrm{DC}}{b}.$$

On pourra donc dans la relation (1) homogène en BD et DC (quand on laisse de côté le produit BD $\times$ DC) remplacer BD et DC par des quantités proportionnelles, ce qui donnera :

$$b^2 \times c + c^2 \times b = l^2 \times a + (\mathrm{BD}.\,\mathrm{DC}) \times a,$$

c'est-à-dire : $bc(b + c) = l^2a + (\mathrm{BD}.\mathrm{DC})a,$

c'est-à-dire : $bc = l^2 + \mathrm{BD}.\mathrm{DC},$

relation déjà obtenue précédemment et d'où on tirera l.

On voit donc que *les relations de Stewart nous donnent une nouvelle quatrième méthode* (commode dans certains cas bien définis) *pour calculer une longueur.*

II. **Théorème de Ptolémée.**

Dans un quadrilatère convexe inscriptible le produit des diagonales est égal à la somme des produits des côtés opposés.

Soient a, b, c, d, x, y les nombres qui mesurent les côtés du quadrilatère convexe inscrit ABCD et ses diagonales.

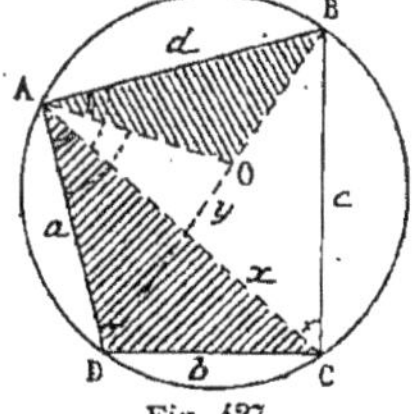

Fig. 427.

Je dis que l'on a la relation suivante :

$$x \times y = a \times c + b \times d.$$

Pour y arriver, l'artifice va consister à décomposer l'une des diagonales (BD, par exemple) en deux parties BO et OD, auquel cas xy est égal à $x \times (\text{BO} + \text{OD})$, c'est-à-dire à $(x \times \text{BO} + x \times \text{OD})$, puis à prouver que $a \times c$ est égal à l'une de ces parties et bd à l'autre.

Nous serons donc amenés à prouver deux fois de suite que deux produits de longueurs sont égaux (problème qu'on sait faire par la méthode des Δ semblables).

Menons par A une droite AO faisant avec AB un angle OAB égal à l'angle DAC et limitons AO au point où elle rencontre BD. Je dis que l'on a :

$$bd = x \times \text{BO},$$

puis

$$ac = x \times \text{DO}.$$

A cet effet, remarquons d'abord que les deux Δ ombrés ABO et ADC sont semblables (les angles ABO et ACD ayant même mesure). Donc on a :

$$\frac{\text{BO}}{b} = \frac{d}{\text{AC}} \equiv \frac{d}{x}, \text{ d'où } x \times \text{BO} = bd \qquad (1).$$

D'autre part le Δ ADO (qui renferme la longueur DO dont nous devons nous occuper) est lui aussi semblable au Δ BAC, car, si on ajoute aux deux angles égaux constitués en A l'angle CAO, on aura les deux angles égaux qui se croisent : DAO et BAC ; de plus les angles ADO et ACB ont même mesure.

Donc, les Δ ADO et BAC qui se croisent, étant semblables, on a :

$$\frac{\text{DO}}{c} = \frac{a}{\text{AC}} \equiv \frac{a}{x}, \text{ d'où } x \times \text{DO} = a \times c \qquad (2).$$

Ajoutons membre à membre les relations (1) et (2), il viendra :

$$x \times \text{BO} + x \times \text{OD} = bd + ac,$$

c'est-à-dire :

$$x\,(\text{BO} + \text{OD}) = bd + ac,$$

ou enfin :

$$x \times y = bd + ac.$$

C. Q. F. D.

La propriété précédente n'appartient qu'au quadrilatère convexe inscriptible. Pour le montrer, prenons un quadrilatère ABCD franchement non inscriptible et prouvons que l'on a (x et y désignant les diagonales et a, b, c, d les quatre côtés) :

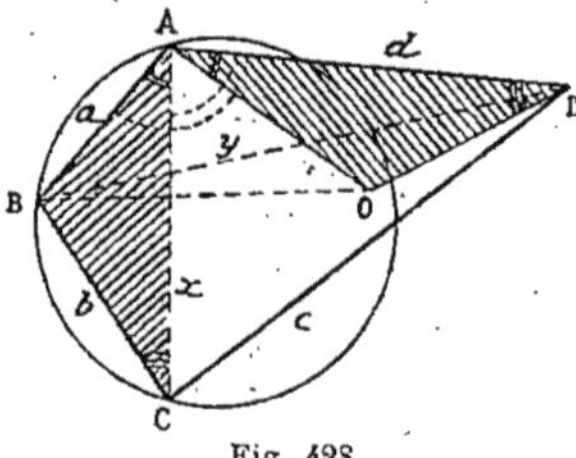

Fig. 428.

$$xy < bd + ac.$$

Procédons encore comme tout à l'heure et faisons en A un deuxième angle DAO égal à l'angle BAC ; puis, afin d'avoir un Δ semblable au Δ BAC, faisons en D un angle ADO égal à l'angle BCA [l'angle ADC dont la mesure est $\left(\frac{1}{2}\right.$ arc AB — $\frac{1}{2}$ arc convexe) se trouvant être inférieur à l'angle BCA, la droite DO devra être menée à l'intérieur de l'angle ADC].

Les deux Δ ombrés ABC et ADO étant semblables, on a :

$$\frac{DO}{b} = \frac{d}{AC} = \frac{d}{x}, \text{ d'où } x \times DO = b \times d \qquad (1).$$

Mais comme tout à l'heure les deux angles dentelés BAO et CAD sont encore égaux, puisque aux deux angles égaux en A on a ajouté une partie commune. De plus, dans les deux Δ qui se croisent BAO et CAD, les côtés qui comprennent les angles égaux dentelés sont proportionnels. (On a, en effet : $\frac{AB}{AO} = \frac{AC}{AD}$ à cause de la similitude des Δ ombrés précédents.)

Ces nouveaux Δ sont donc semblables, et on a par conséquent :

$$\frac{BO}{CD} = \frac{AB}{AC}, \text{ c'est-à-dire : } \frac{BO}{c} = \frac{a}{x}, \text{ d'où } x \times BO = a \times c \quad (2).$$

Ajoutons maintenant les inégalités (1) et (2), il viendra :

$$x \times DO + x \times BO = b \times d + a \times c,$$

c'est-à-dire : $x \times (DO + BO) = b \times d + a \times c.$

Mais DO + BO est supérieur à la diagonale y.

Par conséquent :

$$x \times (DO + BO) \text{ est supérieur au produit } x \times y.$$

Donc on a bien : $x \times y < bd + ac.$

Si le sommet D avait été intérieur au cercle ABC, on aurait trouvé le même résultat.

Donc il est acquis que, pour un quadrilatère non inscriptible, le produit des diagonales est inférieur à la somme des produits des côtés opposés.

Donc on peut énoncer le théorème de Ptolémée sous la forme suivante :

Pour qu'un quadrilatère convexe soit inscriptible, il faut (et cela est suffisant) que le produit des diagonales soit égal à la somme des produits des côtés opposés.

Le Théorème de Ptolémée, toutes les fois qu'on a (ou qu'on peut former) un quadrilatère inscriptible dont on connaît quatre côtés et une diagonale, nous fournit une cinquième **méthode** *commode pour calculer une longueur d'une figure.*

Exemple 1. — *Calculer les cordes de contact du cercle inscrit dans un Δ en fonction des côtés de ce Δ.*

Soit o le centre du cercle inscrit dans le Δ connu ABC. Proposons-nous de calculer la corde de contact $\alpha\beta$.

Comme nous devons utiliser les données, à savoir que AC et BC sont des tangentes, nous devons nous appuyer sur ce que $o\beta$ et $o\alpha$ sont des pp. Mais alors le quadrilatère $o\alpha c\beta$ est inscriptible, et ce mot une fois prononcé, nous songeons tout naturellement, pour calculer $\alpha\beta$, au théorème de Ptolémée.

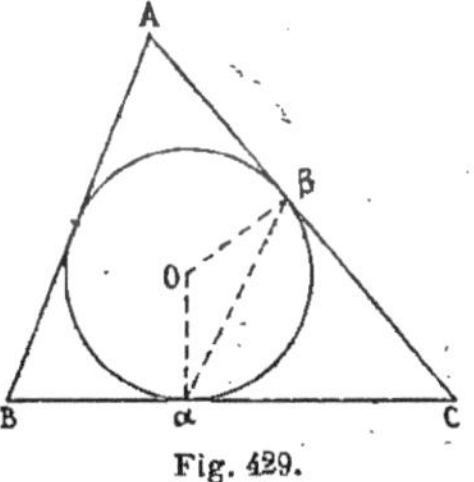

Fig. 429.

Et nous dirons : En appelant r le rayon du cercle inscrit, c'est-à-dire le nombre qui mesure ce rayon, on a :

$$\alpha\beta \times OC = \alpha C \times r + \beta C \times r,$$

donc :

$$\alpha\beta \times OC = 2\alpha C \times r \qquad (1).$$

Mais le rayon r est connu géométriquement et on apprendra un peu plus loin, dans le quatrième livre, à le calculer en fonction des trois côtés a, b, c du Δ. αC est connu et vaut le binôme $(p-c)$. (Voir page 110, livre II.) OC est aussi connu, car le théorème de Pythagore nous donne :

$$\overline{OC}^2 = r^2 + (p-c)^2.$$

Donc de la relation (1) on pourra déduire la valeur de $\alpha\beta$.

Exemple 2. — *Etant données sur un cercle de rayon* R *deux cordes de longueurs connues* a *et* b, *calculer la longueur de la corde qui sous-tend un arc égal à la somme ou à la différence des deux arcs sous-tendus par les cordes* a *et* b.

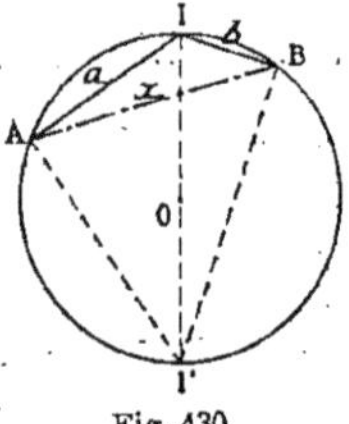

Fig. 430.

1° A partir du point I, portons de part et d'autre les deux cordes données IA et IB. Pour calculer la corde AB, il suffira de joindre le point origine I au centre, et d'appliquer le théorème de Ptolémée au quadrilatère inscrit IAI'B. On aura, en appelant x la corde AB :

$$x \times 2R = a \times I'B + b \times I'A,$$

relation où on connaîtra facilement I'A et I'B à l'aide du théorème de Pythagore et d'où on tirera x.

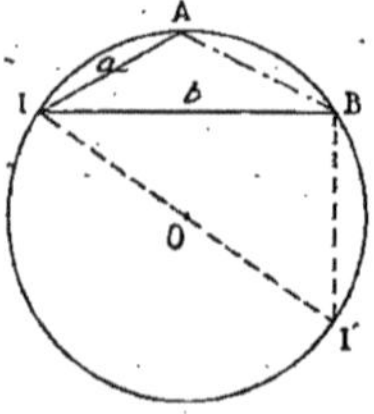

Fig. 431.

2° A partir du point I, portons dans le même sens les deux cordes données IA et IB. Pour calculer la longueur de la corde AB, qui sous-tend l'arc différence, on joindra encore l'origine I au centre et on considérera le quadrilatère II'BA. En lui appliquant le théorème de Ptolémée, on aura de la même façon la valeur de la corde AB.

Le théorème de Ptolémée permet aussi souvent de démontrer certaines propriétés métriques des figures quand dans ces figures figure un quadrilatère inscriptible.

Exemple. — *Si un* Δ *équilatéral* ABC *est inscrit dans un cercle, en joignant un point quelconque* M *de la circonférence aux trois sommets* A, B, C, *on a la relation :*

$$MA = MB + MC.$$

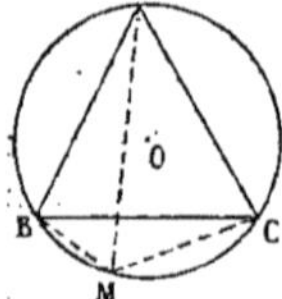

Fig. 432.

En effet, la figure ABMC constitue un quadrilatère inscriptible, on aura donc :

$$MA \times BC = AB \times MC + AC \times MB,$$

mais $$BC = AB = AC.$$

Donc, si nous divisons par le côté du Δ, on aura bien :

$$MA = MC + MB.$$

C. Q. F. D.

Remarque. — Cette propriété est *caractéristique* du cercle circonscrit à un Δ équilatéral, en ce sens que si pour un point quelconque M on a : $MA = MB + MC$, le Δ étant équilatéral, M appartient au cercle circonscrit à ce Δ. En effet, dans la relation

$$MA = MB + MC,$$

nous pouvons multiplier tous les termes par le côté a (c'est-à-dire par le nombre qui mesure le côté du Δ équilatéral). On en déduira alors :

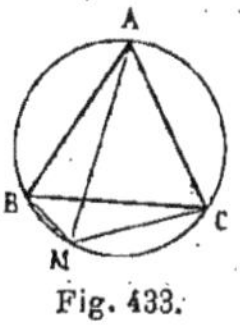

Fig. 433.

$$MA \times a = MB \times a + MC \times a,$$

ou si on veut :

$$MA \times BC = MB \times AC + MC \times AB.$$

Donc la relation de Ptolémée a lieu. Donc le quadrilatère est inscriptible. Donc M appartient bien au cercle circonscrit au Δ ABC. C. Q. F. D.

A propos du théorème de Ptolémée, il est assez naturel d'indiquer une seconde propriété du quadrilatère convexe inscriptible, qui est donnée par le théorème suivant :

Théorème. — *Dans tout quadrilatère convexe inscriptible, le rapport des diagonales est égal au rapport de la somme des produits des côtés qui aboutissent aux extrémités de ces diagonales.*

Désignons encore par a, b, c, d les quatre côtés et par x et y les diagonales (c'est à-dire les nombres qui les mesurent :

Je dis que l'on a :

$$\frac{x}{y} = \frac{ad + bc}{ba + cd}.$$

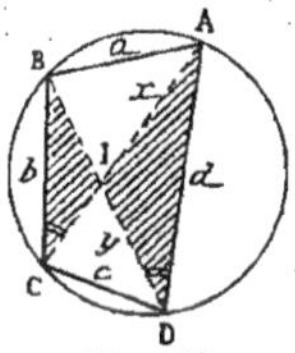

Nous donnerons plus loin, dans le quatrième livre, une démonstration très simple de ce théorème.

Fig. 434.

Nous pouvons pourtant en trouver ici une démonstration basée uniquement sur les Δ semblables.

Soit I le point de rencontre des diagonales.

Les Δ AID et BIC étant semblables, on a :

$$\frac{IA}{IB} = \frac{ID}{IC} = \frac{d}{b},$$

qu'on peut écrire :

$$\frac{\mathrm{IA}}{d}=\frac{\mathrm{IB}}{b} \quad \text{et} \quad \frac{\mathrm{ID}}{d}=\frac{\mathrm{IC}}{b},$$

ou encore afin d'introduire les produits dont on parle dans l'énoncé :

$$\frac{\mathrm{IA}}{d\times a}=\frac{\mathrm{IB}}{b\times a} \quad \text{et} \quad \frac{\mathrm{ID}}{d\times c}=\frac{\mathrm{IC}}{b\times c} \qquad (1).$$

Pour démontrer que ces quatre rapports sont égaux, considérons les Δ non ombrés, qui eux aussi sont semblables et nous donnent :

$$\frac{\mathrm{IA}}{a}=\frac{\mathrm{ID}}{c}, \quad \text{d'où on tire :} \quad \frac{\mathrm{IA}}{a\times d}=\frac{\mathrm{ID}}{c\times d}.$$

Le trait d'union est alors effectué à l'aide du rapport commun $\frac{\mathrm{ID}}{c\times d}$. Donc on a $\frac{\mathrm{IA}}{ad}=\frac{\mathrm{IB}}{ba}=\frac{\mathrm{ID}}{dc}=\frac{\mathrm{IC}}{bc}$ et on en tire en ajoutant termes à termes la première et la dernière fraction, puis la deuxième et la troisième : $\frac{\mathrm{IA}+\mathrm{IC}}{da+bc}=\frac{\mathrm{IB}+\mathrm{ID}}{ba+dc}$, d'où le théorème.

Remarque. — Il importe de remarquer que dans la démonstration précédente nous n'avons pas marché au hasard.

On nous a parlé dans l'énoncé du rapport $\frac{x}{y}$, c'est-à-dire du rapport $\frac{\mathrm{IA}+\mathrm{IC}}{\mathrm{IB}+\mathrm{ID}}$, qui devait être égal au rapport $\frac{ad+bc}{ba+cd}$. Or, toutes les fois qu'on a à démontrer que $\frac{a+b}{c+d}=\frac{m+n}{p+q}$, il est des plus logiques de se demander si on ne pourrait pas tâcher de démontrer que $\frac{a}{c}=\frac{b}{d}=\frac{m}{p}=\frac{n}{q}$, auquel cas le problème serait résolu. Et c'est par cette idée que nous avons été guidé dans nos transformations successives.

On peut même remarquer la parfaite symétrie de nos résultats où le rapport d'un segment au produit des deux côtés issus du même sommet que le segment considéré est constant.

Remarque. — Connaissant le produit et le quotient des diagonales d'un quadrilatère convexe inscriptible[1], on peut aisément avoir les valeurs numériques de ces diagonales.

1. Nous indiquerons aux compléments un moyen de construire un quadrilatère, connaissant les quatre côtés, et sachant qu'il est inscriptible — et nous verrons que le problème est toujours possible pourvu que le olus grand des quatre côtés soit moindre que la somme des trois autres.

En effet, si on multiplie et si on divise membre à membre les deux égalités :

$$xy = ac + bd,$$

$$\frac{x}{y} = \frac{ad+bc}{ab+cd},$$

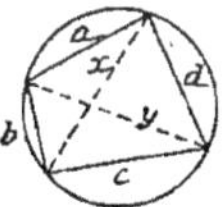

Fig. 435.

on aura :

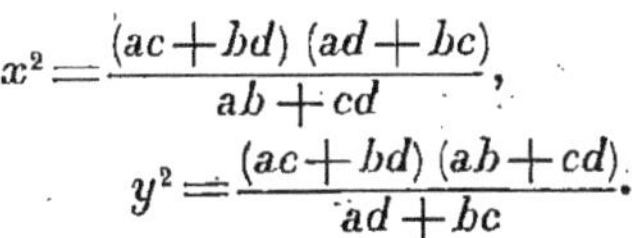

$$x^2 = \frac{(ac+bd)\,(ad+bc)}{ab+cd},$$

$$y^2 = \frac{(ac+bd)\,(ab+cd)}{ad+bc}.$$

Théorèmes de Ménélaüs et de Céva.

Comme dernière application des Δ semblables, nous allons indiquer deux théorèmes très utiles, l'un pour démontrer que trois points d'une figure sont en ligne droite, l'autre pour démontrer que trois droites sont concourantes.

Théorème de Ménélaüs (*ou des transversales*).

Si on coupe les côtés d'un Δ par une transversale quelconque, le produit des trois rapports des segments (additifs ou soustractifs) qu'elle détermine sur les trois côtés est constant et égal à 1.

Considérons une sécante MNP qui rencontre deux côtés du Δ ABC et le prolongement du troisième. Je dis que l'on a :

$$\frac{AM}{MB} \times \frac{BP}{PC} \times \frac{CN}{NA} = 1 \qquad (1).$$

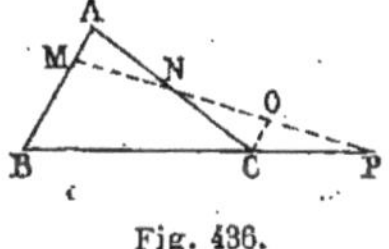

Fig. 436.

Pour le prouver, remarquons que du moment qu'on parle du rapport $\frac{CN}{NA}$, il est logique de recourir à tout hasard à la considération de Δ semblables, et à cet effet de mener la pllę CO à AB. On aura :

$$\frac{CN}{NA} = \frac{CO}{AM} \qquad (2).$$

Puisqu'on parle aussi du rapport $\frac{BP}{PC}$, il est naturel de considérer aussi les deux Δ semblables BPM et CPO, qui nous donneront :

$$\frac{BP}{PC}=\frac{BM}{CO} \qquad (3).$$

Il est maintenant naturel, pour nous rapprocher de l'égalité (1) que nous avons à démontrer, de multiplier entre elles membre à membre les deux égalités (2) et (3), ce qui nous donnera :

$$\frac{CN}{NA}\times\frac{BP}{PC}=\frac{CO}{AM}\times\frac{BM}{CO},$$

ou en simplifiant le deuxième membre, ce qui est permis puisque les lettres peuvent figurer des nombres :

$$\frac{CN}{NA}\times\frac{BP}{PC}=\frac{BM}{AM}.$$

Mais nous avons le droit de multiplier les deux membres par $\frac{AM}{BM}$, ce qui nous donnera :

$$\frac{AM}{BM}\times\frac{CN}{NA}\times\frac{BP}{PC}=\frac{BM}{AM}\times\frac{AM}{BM}.$$

ou enfin :

$$\frac{AM'}{MB}\times\frac{BP}{PC}\times\frac{CN}{NA}=1 \qquad \text{C. Q. F. D.}$$

N. B. — Si la transversale rencontrait les prolongements de tous les côtés (auquel cas tous les segments seraient soustractifs), on aurait encore :

$$\frac{AM}{MB}\times\frac{BN}{NC}\times\frac{CP}{PA}=1.$$

(Même démonstration en mesurant la plle CO.)

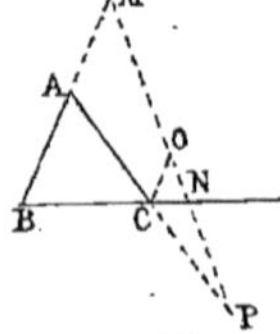

Fig. 437.

Il est utile, pour ne pas se tromper, de remarquer la façon dont nous avons écrit les rapports : 1° la dernière lettre de chaque numérateur est un des points où la transversale coupe les côtés ; 2° cette dernière lettre devient la première aux dénominateurs ; 3° le dénominateur doit toujours être le deuxième segment qui correspond au numérateur sur un des côtés du Δ[1].

Théorème réciproque. — *Si pour trois points pris sur les côtés d'un Δ (sur ces côtés eux-mêmes ou sur leurs prolongements) le produit des trois rapports segmentaires formés est égal à 1, ces trois points sont en ligne droite.*

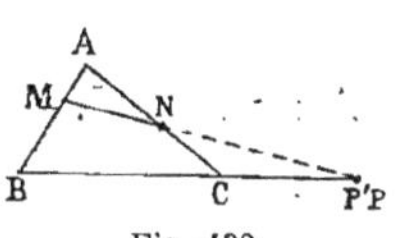

Fig. 438.

Supposons que pour les trois points M, N, P, pris les deux premiers sur les côtés AC et AB, le troisième sur le prolongement de CB, on ait la relation :

$$\frac{AM}{MC} \times \frac{CP}{PB} \times \frac{BN}{NA} = 1 \qquad (1).$$

Je dis que M, N, P sont en ligne droite.

En effet, si P n'était pas le prolongement de MN, cette droite MN prolongée couperait CB en un point P' autre que P et l'on aurait alors, à cause du théorème précédent :

$$\frac{AM}{MC} \times \frac{CP'}{P'B} \times \frac{BN}{NA} = 1 \qquad (2);$$

ce qui exigerait évidemment :

$$\frac{CP'}{P'B} = \frac{CP}{PB}.$$

Mais cette égalité serait impossible, car, la droite MN coupant par hypothèse le Δ ABC, tous les autres points de MN sont extérieurs au Δ, et le point P' est donc extérieur, de même que le point P. Donc il existerait deux points en dehors de CB pour lesquels le rapport des distances à C et à B serait le même, ce qui ne se peut pas.

Donc, notre supposition nous conduisant à une impossibilité, nous ne pouvons pas admettre que MN coupe BC en un point autre que P. Donc les trois points sont en ligne droite.

C. Q. F. D.

N. B. — On ferait un raisonnement analogue dans l'hypothèse où les trois points sont tous sur le prolongement des côtés. Le théorème est donc général.

---

1. Nous reparlerons un peu plus loin de ce théorème à propos de la théorie des vecteurs (autrement dit des segments pourvus d'un signe).

Il est clair que cette réciproque pourra nous donner un moyen détourné pour démontrer que trois points d'une figure sont en ligne droite, et constituera par conséquent une nouvelle méthode bien utile pour prouver que trois points d'une figure sont en ligne droite.

Application I. — *Les centres de similitude externes de trois cercles OO′O″ sont des points en ligne droite.*

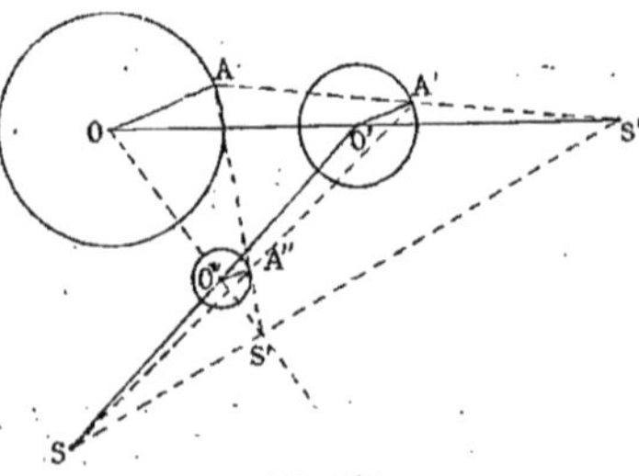

Fig. 139.

On a vu (page 236) que le centre de similitude externe de deux cercles est le point d'intersection de la ligne des centres avec la droite qui joint deux rayons quelconques plles et de même sens.

Menons donc les rayons plles OA, O′A′ et O″A″, d'où les trois centres de similitude externes S″, S′ et S. Pour prouver qu'ils sont en ligne droite, il suffit de voir, ces trois points étant sur les côtés du Δ OO′O″, si l'on a la relation de Ménélaüs

$$\frac{OS''}{S''O'} \times \frac{O'S}{SO''} \times \frac{O''S'}{S'O} = 1.$$

Or cette vérification est facile, car le premier rapport valant $\frac{R''}{R'}$, le deuxième $\frac{R'}{R''}$ et le troisième $\frac{R'}{R}$, on a : $\frac{R''}{R'} \times \frac{R}{R''} \times \frac{R'}{R}$ égal à l'unité.

De même : *Dans trois cercles, deux centres de similitude interne et un centre de similitude externe sont en ligne droite.*

(Même démonstration.)

On obtient donc avec trois cercles quatre droites analogues à SS′S″ dites *Axes de similitude des trois cercles.*

Application II (Triangles homologiques). — *Quand dans deux triangles quelconques* ABC *et* A′B′C′ *les droites* AA′, BB′ *et*

CC′ sont concourantes, les côtés correspondants se coupent deux à deux en trois points situés en ligne droite.

Commençons par choisir un Δ sur les côtés duquel soient les trois points de concours 1, 2, 3. Il y en a deux, ABC ou A′B′C′. Choisissons, par exemple, le Δ ABC. Il suffit de prouver que l'on a :

$$\frac{3A}{3B} \times \frac{B1}{1C} \times \frac{C2}{2A} = 1 \quad (1).$$

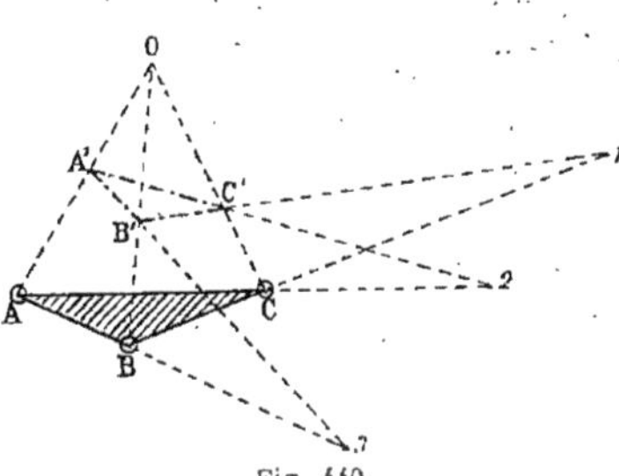

Fig. 410.

Ici la vérification n'est plus immédiate comme dans le cas des trois circonférences précédentes.

On y arrive à l'aide de l'artifice suivant :

Appliquer le théorème des transversales à trois Δ différents, chacun d'eux donnant naissance à l'un des rapports :

$$\frac{3A}{3B}, \; \frac{1B}{1C} \text{ et } \frac{2C}{2A}.$$

Ces Δ sont ici :

le Δ OAB, coupé par A′B′, d'où relation où figurera $\frac{3A}{3B}$

le Δ OBC — B′C′ — — $\frac{1B}{1C}$

le Δ OCA — C′A′ — — $\frac{2C}{2A}$

On trouvera, en effet, les trois relations suivantes :

$$\frac{3A}{3B} \times \frac{BB'}{B'O} \times \frac{OA'}{A'A} = 1.$$

$$\frac{1B}{1C} \times \frac{CC'}{C'O} \times \frac{OB'}{B'B} = 1.$$

$$\frac{2C}{2A} \times \frac{AA'}{A'O} \times \frac{OC'}{C'C} = 1.$$

Et maintenant, si on multiplie membre à membre, il n'y a plus qu'à constater que, six numérateurs disparaissant avec six dénominateurs, il reste :

$$\frac{3A}{3B} \times \frac{1B}{1C} \times \frac{2C}{2A} = 1.$$

Les trois points 1, 2, 3 sont donc en ligne droite.

APPLICATION III (Hexagone de Pascal). — *Étant donné un hexagone convexe ou concave inscrit dans un cercle et dont les côtés sont numérotés* 1, 2, 3, 4, 5, 6, *les côtés* (1,4), (2,5), (3,6) *se coupent en trois points* α, β, γ, *situés en ligne droite.*

Prenons encore un Δ sur les côtés duquel soient placés les points α, β, γ. Ce sera le Δ HIK formé par les côtés 1, 3, 5 repré-

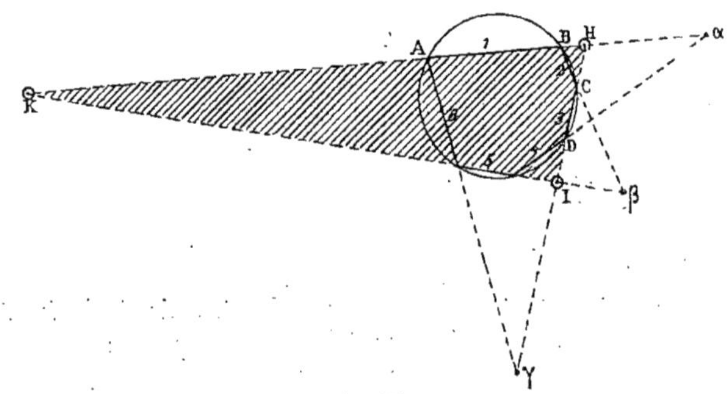

Fig. 441.

sentés par trois nombres impairs consécutifs. Il n'y a qu'à prouver la relation

$$\frac{\alpha H}{\alpha K} \times \frac{K\beta}{\beta I} \times \frac{\gamma I}{\gamma H} = 1 \qquad (1).$$

Pour cela nous couperons ce Δ ombré HIK,

1° par la droite 2, ce qui fera apparaître le rapport $\frac{\beta K}{\beta I}$;

2° — 4 — — $\frac{\alpha H}{\alpha K}$;

3° — 6 — — $\frac{\gamma I}{\gamma H}$.

Le théorème de Ménélaüs, appliqué à ces droites 2, 4, 6, nous donnera, comme précédemment, trois séries de produits qu'il suffira de multiplier entre eux pour avoir la relation cherchée (1).

REMARQUE. — La figure serait plus facile à établir en prenant un hexagone concave. On considérerait encore le Δ ombré ayant pour côtés 1, 3, 5, et on le couperait par les droites 2, 4, 6. (Voir figure 442.)

REMARQUE. — Le théorème précédent pourrait s'étendre au cas d'un pentagone inscrit dans un cercle. Il suffirait pour cela de supposer que l'un des côtés de l'hexagone se réduise à zéro, et de remplacer ce côté par la tangente en ce point (tangente numérotée comme l'était le côté qui a disparu).

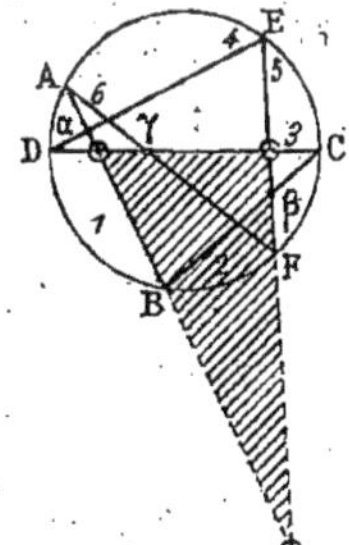

Fig. 442.

On pourrait de même passer au quadrilatère inscrit, à condition d'y adjoindre deux tangentes — et même au Δ inscrit, à condition d'y adjoindre trois tangentes — d'où de nouveaux théorèmes.

Théorème de Céva.

Si trois droites partant respectivement des sommets d'un Δ sont concourantes, les trois rapports segmentaires qu'elles déterminent sur les côtés opposés du Δ ont un produit constant égal à l'unité.

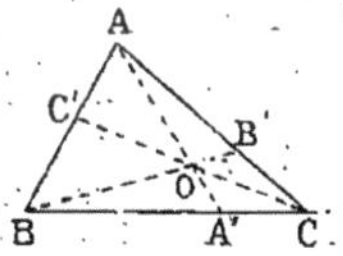

Je dis que l'on a :

$$\frac{AB'}{B'C}\times\frac{CA'}{A'B}\times\frac{BC'}{C'A}=1 \qquad (1).$$

Fig. 443.

Pour y arriver, considérons les deux Δ partiels ABA′ et ACA′ coupés par les transversales COC′ et BOB′, et appliquons-leur le théorème de Ménélaüs (ce qui introduira les rapports dont nous avons à nous occuper).

Nous aurons de la sorte avec le Δ ABA′ coupé par COC′ :

$$\frac{AC'}{C'B}\times\frac{BC}{CA'}\times\frac{A'O}{OA}=1 \qquad (2);$$

et avec le deuxième Δ ACA′ coupé par BB′ :

$$\frac{AB'}{B'C}\times\frac{CB}{BA'}\times\frac{A'O}{OA}=1 \qquad (3).$$

On en déduira :

$$\frac{AC'}{C'B}\times\frac{BC}{CA'}\times\frac{A'O}{OA}=\frac{AB'}{B'C}\times\frac{CB}{BA'}\times\frac{A'O}{OA} \qquad (4).$$

Mais nous pouvons toujours, si nous voulons, remplacer dans

des rapports de longueurs les longueurs par les nombres qui les mesurent ; on pourra donc traiter cette égalité (4) comme une égalité numérique entre les nombres AC′, C′B, BC... et la simplifier en divisant les deux membres par le nombre BC, ce qui donnera :

$$\frac{AC'}{CB} \times \frac{1}{CA'} = \frac{AB'}{B'C} \times \frac{1}{BA'},$$

ou en continuant nos transformations arithmétiques :

$$\frac{AC'}{C'B} \times \frac{BA'}{CA'} = \frac{AB'}{B'C}$$

et enfin, en multipliant les deux membres par la fraction arithmétique $\frac{B'C}{AB'}$:

$$\frac{AC'}{C'B} \times \frac{BA'}{CA'} \times \frac{B'C}{AB'} = 1 \qquad (5).$$

Mais le rapport des nombres qui mesurent les grandeurs est égal au rapport des grandeurs elles-mêmes.

Donc, si dans cette égalité (5) nous regardons AC′, C′B, BA′... non plus comme des nombres, mais comme des longueurs (ce qui est permis), le théorème proposé sera démontré.

Remarque. — Le point O peut être extérieur au Δ ABC.

Théorème réciproque. — *Si trois points pris sur les côtés d'un Δ, ou sur leurs prolongements, donnent trois rapports segmentaires dont le produit est égal à l'unité, les droites qui joignent ces points respectivement aux sommets opposés du Δ concourent en un même point.*

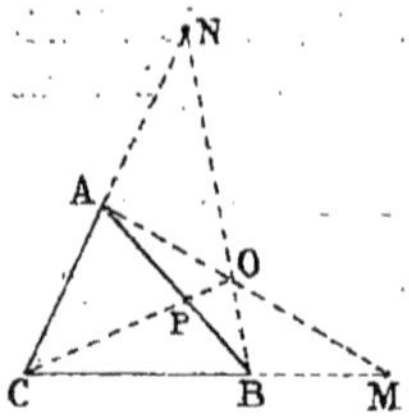

Supposons en effet que l'on ait pour les trois points M, N, P la relation :

$$\frac{BM}{MC} \times \frac{CN}{NA} \times \frac{AP}{PB} = 1.$$

Fig. 441.

Je dis que, si les deux droites AM et BN se coupent en O, la droite CP prolongée passe aussi par O.

En effet, si la droite CO ne passait pas par le point P, elle couperait AB en un autre point P′, et on aurait alors à cause du théorème précédent :

$$\frac{BM}{MC} \times \frac{CN}{NA} \times \frac{AP'}{P'B} = 1,$$

ce qui entraînerait :

$$\frac{AP}{PB}=\frac{AP'}{P'B},$$

relation impossible.

Donc notre supposition est inacceptable, et nous devons admettre que CO passe par P, ou, ce qui revient au même, que CP passe par O.

Donc les trois droites sont concourantes.

C. Q. F. D.

Ce théorème nous donne une méthode précieuse pour prouver que trois droites sont concourantes.

On pourrait prouver de la sorte que les trois médianes ou les trois bissectrices ou les trois hauteurs d'un Δ sont concourantes.

---

§ 11. — De quelques lieux géométriques.

I. — *Le lieu des points* M *pour lesquels le rapport des distances à deux droites fixes est constant, est une droite passant par leur point de rencontre si les droites sont limitées à ce point de rencontre et un système de deux droites quand les droites sont illimitées.*

Supposons d'abord les droites x et y limitées au point O. Soit M un point du lieu, c'est-à-dire un point tel que, si on abaisse les deux pp. sur Ox et Oy, on ait :

$$\frac{MH}{MI}=K.$$

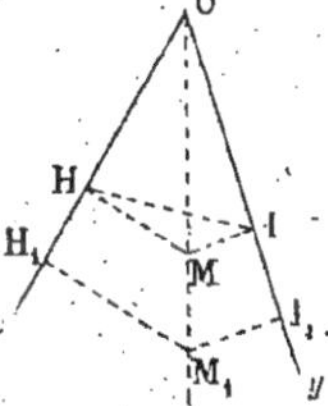

Fig. 445.

On voit que, si MI est nul, MH l'est aussi, puisque l'on a : $MH=MI\times K$, donc le sommet O est un point du lieu.

D'un autre côté si, pour se faire une idée de la forme du lieu, on construisait un certain nombre de points du lieu, on verrait vite que le lieu a l'air d'être une droite passant par le sommet O. Vérifions donc cette idée préconçue, et pour cela tâchons de transformer comme toujours la propriété du point M en une autre nouvelle propriété, telle que le lieu devienne évident.

On sait que, quand dans une figure il y a une ligne droite Ox et un point fixe O sur cette droite, pour prouver que des points O, M, N sont en ligne droite, il y a une méthode qui consiste à prouver que les angles MOx, NOx... ont une valeur constante. Nous sommes dès lors conduits, dans la figure initiale, à joindre OM et à nous occuper de l'angle MOx.

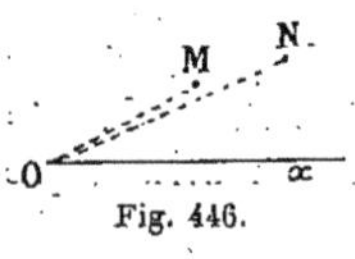

Fig. 446.

L'examen attentif de la figure et la nécessité d'utiliser les données nous montrent que, le quadrilatère OHMI étant inscriptible, l'angle HOM est égal à l'angle HIM. D'un autre côté, tous les Δ analogues à HMI sont semblables (comme ayant un angle égal M et les deux côtés adjacents proportionnels). Donc l'angle HIM a une valeur constante. Donc l'angle HOM aussi.

Donc tous les points du lieu sont sur la droite OM et nulle part ailleurs.

Pour prouver que le lieu est la droite indéfinie OM, il n'y a plus qu'à prouver qu'un point quelconque M_1, pris sur cette droite, est un point du lieu. Mais cela est facile, car, si on mène les pp. M_1H_1 et M_1I_1, on a, à cause des Δ semblables formés :

$$\frac{M_1H_1}{MH} = \frac{OM_1}{OM} = \frac{M_1I_1}{M_1I_1},$$

donc

$$\frac{M_1H_1}{M_1K_1} = \frac{MH}{MK},$$

c'est-à-dire que

$$\frac{M_1H_1}{M_1I_1} = K.$$

Donc le lieu cherché se compose de la droite indéfinie OM tout entière.

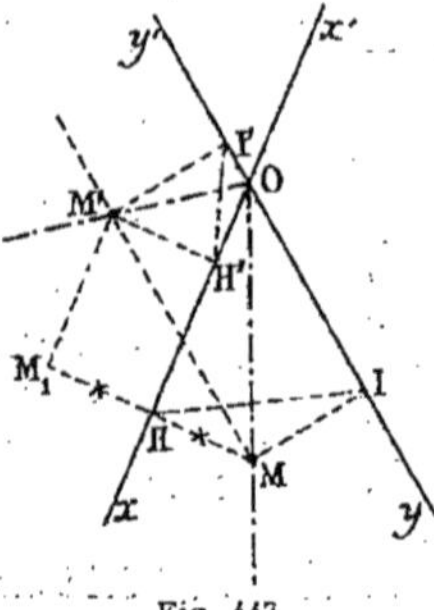

Fig. 447.

Supposons en deuxième lieu que les droites x et y soient indéfinies. Au point M du lieu situé dans l'angle aigu xOy, correspondra un point M' du lieu situé dans l'angle xOy, M'H' étant égal à MH et M'I' à MI (point facile à construire).

L'angle $M'Ox$ sera constant, car le quadrilatère M'H'OI' est encore inscriptible et le Δ M'I'H' reste semblable à lui-même.

En raisonnant comme tout à l'heure, on verrait que le lieu des points M' est une deuxième demi-droite OM'.

Donc le lieu se compose bien, dans ce deuxième cas, d'un système de deux droites indéfinies.

C. Q. F. D.

Application. — Trouver dans le plan d'un Δ ABC les points pour lesquels les rapports des distances à AB et AC d'une part, à AC et CB d'autre part, sont égaux à deux nombres donnés K et K'.

Réponse : On trouvera quatre points, intersection de deux premières droites avec deux autres.

Les centres des cercles inscrits et ex-inscrits constituent des cas particuliers du problème précédent.

II. — *Le lieu géométrique des points, tels que la somme des carrés de leurs distances à deux points fixes donnés est constante, est un cercle ayant pour centre le milieu de la droite qui joint ces deux points.*

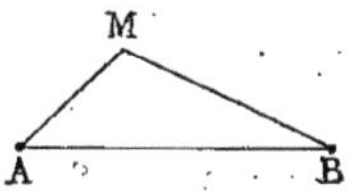

Fig. 448.

Soit M un point du lieu, c'est-à-dire un point tel que l'on ait :

$$\overline{MA}^2 + \overline{MB}^2 = K^2,$$

K^2 étant un nombre donné.

Pour trouver la nature de ce lieu, nous allons, comme toujours, transformer la propriété du point M en une autre nouvelle propriété, telle que le lieu, ou devienne évident, ou se ramène à un lieu connu.

Puisqu'on parle de $\overline{MA}^2 + \overline{MB}^2$, dans le Δ MAB, il nous vient naturellement à la pensée de songer au théorème bien connu qui dit que dans tout Δ la somme des carrés de deux côtés est égale à deux fois le carré de la médiane, plus deux fois le carré de la moitié du troisième côté. On aura donc :

$$\overline{MA}^2 + \overline{MB}^2 = 2\overline{MI}^2 + 2\overline{AI}^2.$$

Donc, puisque $\overline{MA}^2 + \overline{MB}^2$ est égal à $(2\overline{MI}^2 + 2\overline{AI}^2)$ d'une part et d'autre part à K^2, il en résulte que l'on a :

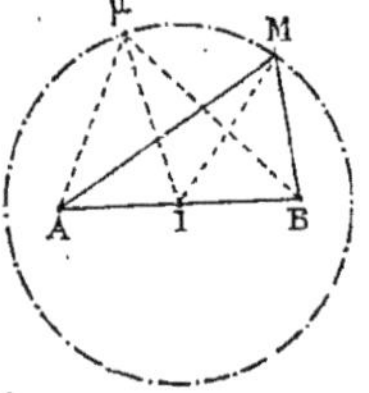

Fig. 449.

$$2\overline{MI}^2 + 2\overline{AI}^2 = K^2,$$

c'est-à-dire : $$2\overline{MI}^2 = K^2 - 2\overline{AI}^2.$$

Donc, MI est constant, et égal à

$$\sqrt{\frac{K^2 - 2\overline{AI}^2}{2}}.$$

Donc tous les points M du lieu cherché doivent être sur une circonférence ayant pour centre le milieu I de la droite AB, et pour rayon la longueur mesurée par le nombre $\sqrt{\dfrac{K^2 - 2\overline{AI}^2}{2}}$ *; et nulle part ailleurs.

Il nous reste maintenant, pour prouver que le lieu est cette circonférence, tout entière et non plus seulement une partie de cette circonférence, à prouver qu'un point quelconque μ pris sur cette circonférence est un point du lieu, c'est-à-dire satisfait à la relation $\overline{\mu A}^2 + \overline{\mu B}^2 = K^2$.

Or cela est évident, car, comme on a $\mu I = \sqrt{\dfrac{K^2 - 2\overline{AI}^2}{2}}$, on a :

$$2\overline{\mu I}^2 = K^2 - 2\overline{AI}^2,$$

c'est-à-dire : $$2\overline{\mu I}^2 + 2\overline{AI}^2 = K^2.$$

Mais, dans le Δ μAB, on a :

$$\overline{\mu A}^2 + \overline{\mu B}^2 = 2\overline{\mu I}^2 + 2\overline{AI}^3.$$

Donc on a bien :

$$\overline{\mu A}^2 + \overline{\mu B}^2 = K^2.$$

Donc le lieu est bien la circonférence entière.

C. Q. F. D.

REMARQUE. — La circonférence précédente ne passe pas par les

---

* Longueur facile à construire.

points A et B, à moins que le rayon ne soit égal à AI, c'est-à-dire à moins que l'on n'ait :

$$\frac{K^2 - 2\overline{AI}^2}{2} = \overline{A^2I},$$

c'est-à-dire : $K^2 = \overline{AB}^2$.

La circonférence peut, du reste, avoir un rayon inférieur à IA. Tout dépend du nombre donné K^2.

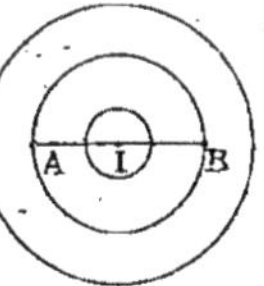

Fig. 450.

Si nous désignons, pour abréger le langage, par ρ et ρ' les deux distances MA et MB, nous dirons souvent en abrégé que le lieu des points pour lesquels on a $(\rho^2 + \rho'^2)$ constant est une circonférence.

III. — *Lieu des points pour lesquels la différence des carrés et leurs distances à deux points fixes est constante.*

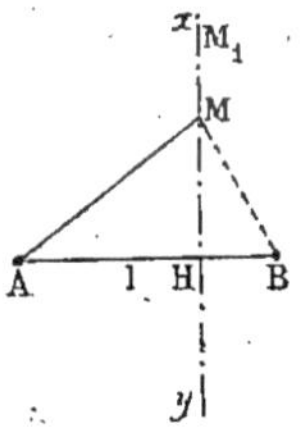

Ce lieu est une droite pp. à la ligne qui joint les deux points fixes.

Soit en effet M, un point pour lequel on a :

$$\overline{MA}^2 - \overline{MB}^2 = K^2.$$

Fig. 451.

Dans le Δ formé MAB, on a :

$$\overline{MA}^2 = \overline{MI}^2 + \overline{AI}^2 + 2AI \times HI,$$
$$\overline{MB}^2 = \overline{MI}^2 + \overline{BI}^2 - 2IB \times HI,$$

d'où :
$$\overline{MA}^2 - \overline{MB}^2 = 4AI \times IH$$
$$= 2AB \times HI \quad [1]$$

Cette relation nous apprend que l'on doit avoir :

$$2AB \times IH = K^2,$$

c'est-à-dire : $IH = \dfrac{K^2}{2AB} =$ constante [2].

---

1. Ce résultat mérite d'être retenu par cœur. Nous devrons donc savoir que, dans tout Δ, *la différence des carrés de deux côtés est égale à deux fois le troisième côté multiplié par la projection de la médiane sur lui.*

2. Cette longueur IH est facile à construire par une troisième proportionnelle.

Donc tous les points M du lieu sont tels que les pp. menées de ces points sur AB tombent toutes à même distance du milieu I. Ce qui exige évidemment que les points M soient sur la pp. xy, menée à la droite AB, à la distance connue $\left(\frac{K^2}{2AB}\right)$ du milieu I, et nulle part ailleurs.

Reste à montrer qu'un point quelconque M_1 pris sur cette pp. xy est un point du lieu, c'est-à-dire donne naissance à la relation

$$\overline{M_1A}^2 - \overline{M_1B}^2 = K^2.$$

Or, cela est évident, car les trois points M_1, A et B forment un Δ, pour lequel on a :

$$\overline{M_1A}^2 - \overline{M_1B}^2 = 2AB \times IH,$$

et le deuxième membre est égal à K^2.

Donc, le lieu cherché est cette perpendiculaire xy tout entière.

IV. — *Lieu géométrique des points* M, *tels que l'on ait :*

$$2\overline{MA}^2 + 3\overline{MB}^2 = K^2.$$

Tâchons encore de transformer la propriété du point M en une autre qui rende le lieu évident. Ces mots $(2\overline{MA}^2 + 3\overline{MB}^2)$, par un appel d'idées naturel, nous font songer au théorème de Stewart. Partageons donc la droite AB dans le rapport de 3 à 2, ce qui nous donnera le point C; nous aurons, d'après Stewart :

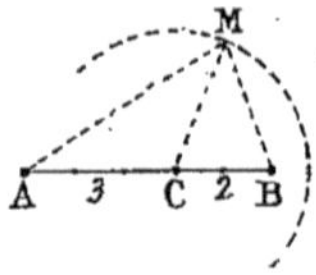

Fig. 452.

$$\overline{AM}^2 \times CB + \overline{BM}^2 \times AC = \overline{MC}^2 (AC + CB) + AC \times CB (AC + CB)$$

ou en remplaçant les coefficients des termes du deuxième degré $\overline{AM}^2$, $\overline{BM}^2$, $\overline{MC}^2$ et $(AC \times CB)$ par les nombres 2 et 3 qui sont proportionnels à CB et à CA :

$$\overline{AM}^2 \times 2 + \overline{BM}^2 \times 3 = \overline{MC}^2 \times 5 + AC \times CB \times 5;$$

ce qui nous apprend que l'on doit avoir pour le point M :

$$5\overline{MC}^2 + 5(AC \times CB) = K^2,$$

c'est-à-dire : $$\overline{MC}^2 = \frac{K^2 - 5AC \times CB}{5},$$

donc MC a une valeur constante.

Donc *tous les points* M *doivent être sur une circonférence ayant pour centre le point* C.

Du reste, un point quelconque M_1 pris sur cette circonférence est un point du lieu, car, M_1 formant un Δ avec les points A et B, la relation de Stewart s'y applique. On aura donc :

$$2\overline{AM}^2_1 + 3\overline{M_1B}^2 = 5\overline{M_1C}^2 + 5AC \times CB.$$

Mais le deuxième membre est par hypothèse égal à K^2. Donc on a bien :

$$2\overline{AM_1}^2 + 3\overline{BM_1}^2 = K^2.$$

Donc *le lieu se compose de la circonférence de centre* C *tout entière.*

Remarque. — D'une façon générale le lieu des points tels que : $\alpha\rho^2 + \beta\rho'^2$ est constante, est une circonférence.

Idem pour le lieu des points tels que $\alpha\rho^2 - \beta\rho'^2 = K^2$.

Il peut même arriver dans ce deuxième cas que la circonférence trouvée ait un rayon infini, c'est-à-dire soit une droite (cela aura lieu pour $\alpha = \beta$).

Il y a un grand nombre de problèmes où, ayant à chercher un lieu géométrique, on ramène le lieu à celui des points M, pour lesquels on a :

$\rho^2 + \rho'^2 =$ constante, ou $\rho^2 - \rho'^2 =$ constante, ou encore : $\alpha\rho^2 + \beta\rho'^2 =$ constante [1].

V. — *Lieu des points d'égale puissance par rapport à deux circonférences données*, ou **Axe radical.**

On appelle *puissance d'un point intérieur ou extérieur, par rapport à un cercle, le produit des segments additifs ou soustractifs que ce point détermine sur les sécantes menées de ce*

1. Voir, dans le *Guide méthodique de résolution des problèmes*, le chapitre II des lieux géométriques.

point au cercle, ce produit étant positif ou négatif selon que les segments sont additifs ou soustractifs.

D'après cela, si le point P est intérieur au cercle O, la puissance de P sera égale au nombre négatif $-(PA \times PB)$.

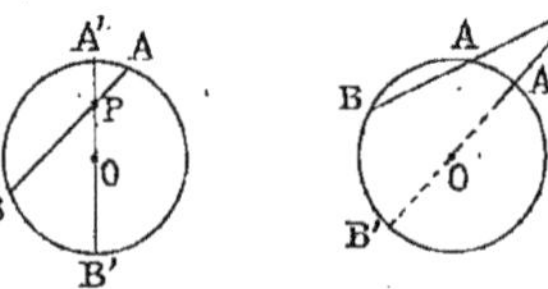

Fig. 453.

Si au contraire le point P est extérieur, sa puissance sera égale au nombre positif $+(PA \times PB)$.

Il est facile de voir que dans les deux cas la puissance du point est égale, en grandeur et en signes, au nombre $(d^2 - R^2)$, d désignant la distance PO et R le rayon.

En effet, soit A'B' le diamètre passant par P. Si P est intérieur, on a :

$$\begin{aligned} PA \times PB &= PA' \times PB' \\ &= (R - d)(R + d) \\ &= R^2 - d^2. \end{aligned}$$

Par conséquent, la puissance de P qui est $-(PA \times PB)$ vaudra $d^2 - R^2$.

Si P est extérieur, sa puissance étant égale à $+(PA \times PB)$ vaudra $PA' \times PB' = (d - R)(d + R) = d^2 - R^2$.

Quand le point P est sur la circonférence, sa puissance par rapport au cercle est nulle, ce qui ne l'empêche pas d'être encore égale à $(d^2 - R^2)$, puisque alors $d = R$.

En résumé, *la puissance d'un point par rapport à un cercle est un nombre algébrique égal à* $(d^2 - R^2)$, et ce nombre sert à indiquer simplement la position du point par rapport au cercle.

Théorème. — *Le lieu des points d'égale puissance, par rapport à deux cercles, est une droite perpendiculaire à la ligne des centres.*

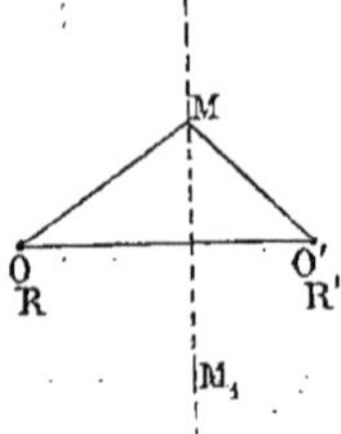

Fig. 454.

Soit en effet M un point d'égale puissance par rapport à deux cercles de rayons R et R' et de centres O et O' (cercles que nous ne dessinerons pas et dont nous nous contenterons de marquer les centres, car peu nous importera que les cercles soient extérieurs ou tangents ou sécants ou intérieurs).

Cherchons encore, pour trouver le lieu de ces points M, à transformer leur propriété. On a par hypothèse :

$$\overline{MO}^2 - R^2 = \overline{MO'}^2 - R'^2.$$

On en tire, si R est $> R'$: $\overline{MO}^2 - \overline{MO'}^2 = R^2 - R'^2$.

Donc $\overline{MO}^2 - \overline{MO'}^2$ est constant.

Donc tous les points M doivent se trouver (page 293) sur une pp. menée à la droite OO′ en un point connu de cette droite et nulle part ailleurs.

D'ailleurs tout point M_1 pris sur cette pp. est un point du lieu. Car on a vu (page 294) que pour ce point M_1 on a :

$$\overline{M_1O}^2 - \overline{M_1O'}^2 = R^2 - R'^2,$$

c'est-à-dire : $$\overline{M_1O}^2 - R^2 = \overline{M_1O'}^2 - R'^2.$$

Donc la puissance de M_1 est la même pour les deux cercles.

Le lieu énoncé plus haut est donc démontré et cela a lieu, quelle que soit la position relative des deux cercles.

Ce lieu s'appelle l'*axe radical* des deux cercles.

Pour déterminer la *position exacte* de l'axe radical des deux cercles, il suffit de remarquer que dans le Δ MOO′, si on a :

$$\overline{MO}^2 - \overline{MO'}^2 = R^2 - R'^2,$$

on a aussi :

$$2OO' \times IH = R^2 - R'^2 \quad \text{(voir page 293).}$$

Donc on doit avoir :

$$IH = \frac{R^2 - R'^2}{2OO'},$$

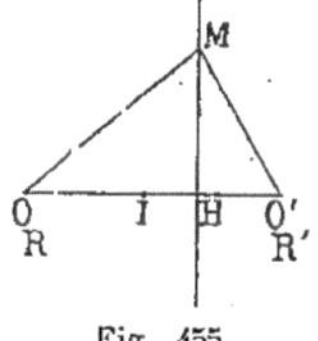

Fig. 455.

longueur facile à construire.

Ce résultat nous montre que, si deux cercles sont concentriques, OO′ étant nul, IH est infini. Donc l'axe radical est d'autant plus loin que les centres sont plus rapprochés.

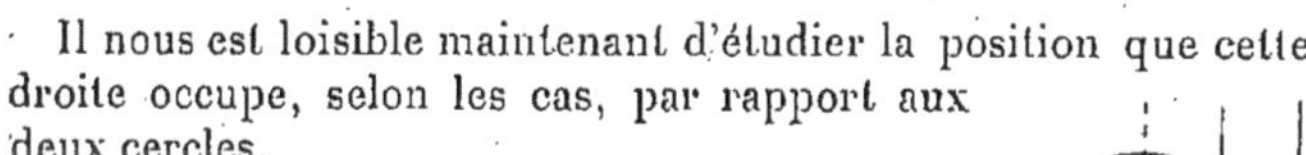

Il nous est loisible maintenant d'étudier la position que cette droite occupe, selon les cas, par rapport aux deux cercles.

1° *Si les deux cercles O et O′ sont intérieurs, cette droite doit leur être extérieure à tous les deux.*

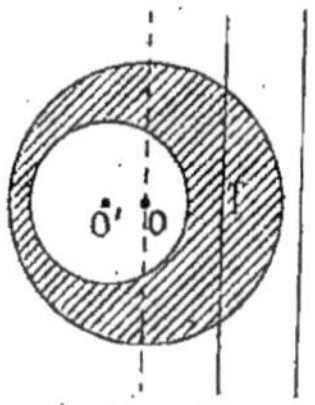

Car, si elle les coupait tous deux, elle serait en partie dans l'espace annulaire ombré, de telle sorte qu'un point I étant extérieur à O′ et intérieur à O, une puissance positive serait égale à une puissance négative. — Le lieu ne peut donc être qu'extérieur aux deux cercles.

Fig. 456.

2° *Si les deux cercles sont tangents intérieurement ou extérieurement, leur axe radical est la tangente commune.*

En effet, le point de contact A est de même puissance par rapport aux deux cercles, puisqu'il est de puissance 0. Donc, comme l'axe radical est une droite pp. à OO′ devant passer par A, ce sera la tangente commune.

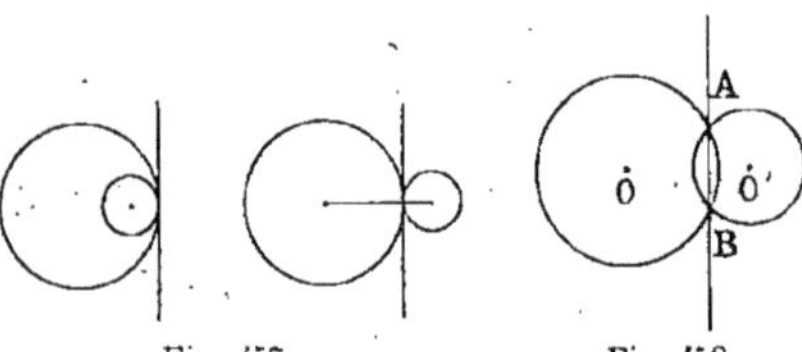

Fig. 457. Fig. 458.

3° *Si les deux cercles sont sécants, l'axe radical est la corde commune* AB.

En effet, A et B sont d'égale puissance par rapport aux deux cercles (car leur puissance est nulle pour le cercle O comme pour le cercle O′). Donc, comme l'axe radical est une droite, ce sera la droite AB.

4° *Si les deux cercles sont extérieurs, l'axe radical ne peut couper aucun des cercles.*

Il doit être situé entre les deux points A et A′ où OO′ coupe les circonférences, et on peut trouver sa position exacte en construisant la droite IH $= \dfrac{R^2 - R'^2}{2OO'}$. (Voir *fig.* 455.)

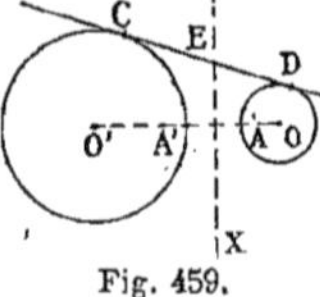

Fig. 459.

On peut aussi la trouver plus rapidement, en remarquant que *la puissance d'un point* P *extérieur à un cercle est égale au carré de la tangente* PA *menée du point* P *à ce cercle* (puisque la puissance est égale à $(d^2 - R^2)$, c'est-à-dire à PA^2, à cause du Δ rectangle POA).

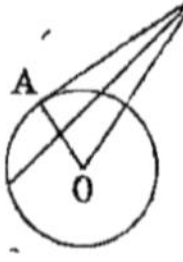

Fig. 460.

Dès lors, si on mène la tangente CD commune aux deux cercles extérieurs O et O′, le milieu E de cette tangente CD sera un point de l'axe radical. L'axe radical sera donc la pp. EX à la droite OO′.

Remarque. — Il résulte de ce que nous venons de dire que *le lieu des points d'où on peut mener des tangentes égales à deux cercles* est, selon les cas, ou *l'axe radical tout entier* ou *une portion de cet axe radical.*

(C'est l'axe radical tout entier quand les deux cercles sont extérieurs ou intérieurs ou tangents, et c'est la portion de l'axe radical prolongement de la corde commune quand les deux cercles sont sécants.)

En effet, si M est un point de l'axe radical extérieur aux deux cercles, la puissance de ce point par rapport au cercle O est positive et vaut ($\overline{MO}^2 - R^2$), c'est-à-dire est égale au carré de la tangente menée de M au cercle O.

De même, la puissance de M par rapport au cercle O' est positive (puisque M lui est extérieur) et vaut ($\overline{MO'}^2 - R'^2$), c'est-à-dire est égale au carré de la tangente menée de M au cercle O'.

Donc, comme ces deux puissances sont égales, les tangentes le sont aussi. — La réciproque étant vraie également, le lieu cherché est l'axe radical quand les deux cercles ne sont pas sécants — et, dans le cas de deux cercles sécants, c'est la portion de l'axe radical extérieure aux deux cercles. C. Q. F. D.

Tout ce qui précède est vrai, quelque petit que soit le plus petit des deux rayons, à savoir quelque petit que soit R'. C'est donc encore vrai quand ce rayon est nul. Mais, ce cercle de rayon nul, on peut l'appeler un point. Par conséquent, la théorie des axes radicaux peut s'appliquer au cas d'un cercle et d'un point, la puissance d'un point P par rapport à un cercle point O étant évidemment toujours positive et égale au carré de la distance PO du point au cercle point.

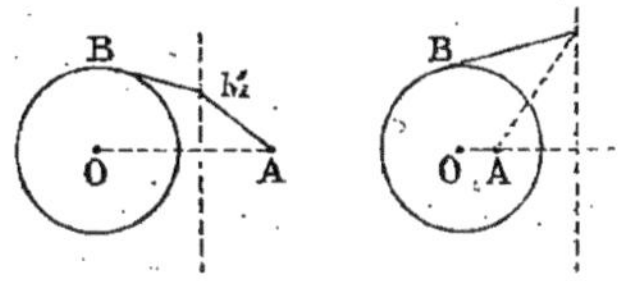

Fig. 461.

C'est dans cet ordre d'idées que l'on pourra dire que *le lieu des points, tels que leur puissance par rapport à un cercle* O *soit égale au carré de leur distance à un point donné* A, *est une droite pp. à la droite* AO.

Centre radical de trois cercles.

On appelle *centre radical de trois cercles*, dont les centres ne sont pas en ligne droite, le point de concours des trois axes radicaux obtenus en associant ces trois cercles deux à deux.

Pour démontrer que *ces trois axes sont concourants*, soient O, O′, O″ les trois centres, non en ligne droite (nous nous gardons de dessiner les trois cercles, car le théorème doit être indépendant de leurs positions relatives), soient $x'y'$ l'axe radical des deux cercles O et O″, xy l'axe radical des deux cercles O′ et O″.

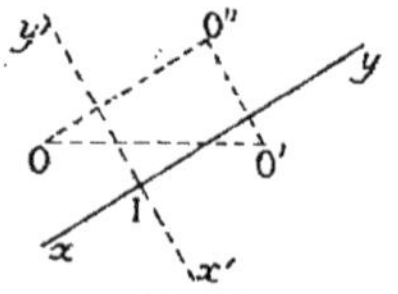

Fig. 462.

Ces deux axes se coupent en un point I (puisque les trois centres ne sont pas en ligne droite).

Or, la puissance de I par rapport au cercle O est égale à sa puissance par rapport à O″. Sa puissance, par rapport au cercle O′, est égale à sa puissance par rapport au cercle O. Donc sa puissance, par rapport à O, est égale à sa puissance par rapport à O′. Donc ce point I appartient à l'axe radical des deux cercles O et O′.

Donc les trois axes radicaux sont des droites concourantes, quelles que soient les positions relatives des trois circonférences.

C. Q. F. D.

REMARQUE. — Si les trois centres des cercles étaient en ligne droite, les trois axes radicaux formeraient trois droites parallèles x, x', x'', et le centre radical serait rejeté à l'infini.

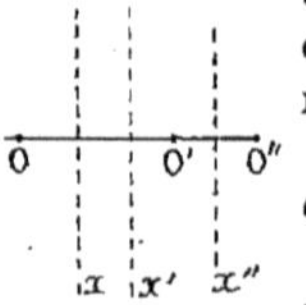

Fig. 463.

En général, ces trois axes radicaux plles sont distincts.

Mais si les trois cercles O et O′ avaient deux points communs A et B, leurs trois axes radicaux seraient confondus suivant la même droite AB.

Le centre radical de trois cercles peut servir à construire commodément un point de l'axe radical de deux cercles extérieurs l'un à l'autre :

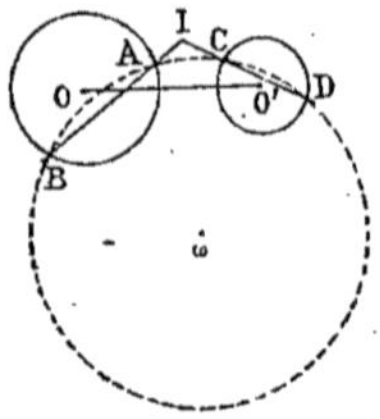

Fig. 464.

Il suffit de construire un cercle ω coupant les deux cercles O et O′ et de prendre le point I d'intersection des deux cordes communes (voir *fig.* 464).

Des cercles orthogonaux.

On appelle *angle de deux courbes* qui se coupent en A l'angle de leurs tangentes.

Quand ces deux tangentes sont perpendiculaires (c'est-à-dire orthogonales), on dit que les deux courbes *se coupent orthogonalement.*

Il est clair que si deux circonférences O et O' se coupent orthogonalement en A, la tangente menée en A au deuxième cercle O' devant être une pp. à AT, cette tangente devra passer par le centre O de la première circonférence. Si donc on appelle R et R' les rayons (c'est-à-dire comme toujours les nombres qui mesurent ces rayons), si on appelle aussi d la distance des centres, on devra avoir entre R, R' et d la relation :

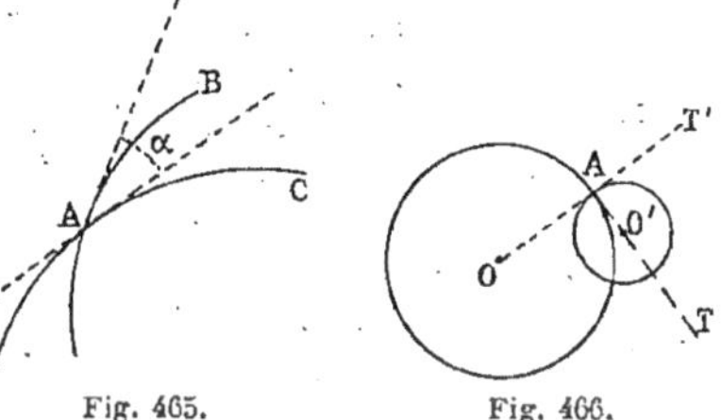

Fig. 465. Fig. 466.

$$d^2 = R^2 + R'^2 \qquad (1).$$

Et réciproquement, si on a cette relation entre les rayons de deux cercles O et O', ces deux cercles se couperont orthogonalement. Car le Δ ayant pour côtés d, R et R', est rectangle à cause de cette relation (1). Si donc sur la ligne des centres comme diamètre on place une demi-circonférence qui coupe en A le cercle O, O'A vaudra R', et par conséquent le cercle de centre O' et de rayon O'A coupera orthogonalement le cercle O.

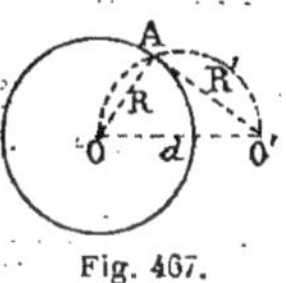

Fig. 467.

Théorème I. — *Le lieu géométrique des centres des cercles de rayon donné qui coupent orthogonalement un cercle donné est une circonférence concentrique dont le rayon est égal à* $\sqrt{R^2 + R'^2}$.

En effet, pour obtenir une circonférence de rayon R' coupant orthogonalement un cercle O, il suffit de mener un rayon OA, puis la tangente en A sur laquelle on prend la longueur R′. Le point O′ ainsi obtenu est évidemment le centre d'un cercle orthogonal au premier, et on voit alors que, OO′ étant constant et égal à $\sqrt{R^2+R'^2}$, tous les centres O′ sont sur une circonférence concentrique. — Un point quelconque ω est du reste un point du lieu ; car, si on mène la tangente ωα, ωα est égal à R′ (à cause de l'égalité des Δ Oωα et OAO′). Donc le lieu est la circonférence concentrique. C. Q. F. D.

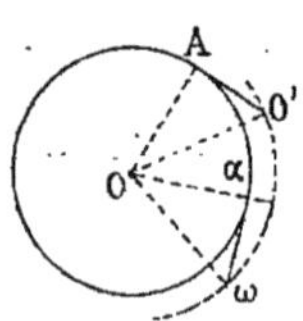

Fig. 468.

Théorème II. — *Quand deux cercles se coupent orthogonalement en A, tout diamètre de l'un des cercles, étant prolongé dans l'autre cercle, donne naissance à une division harmonique.*

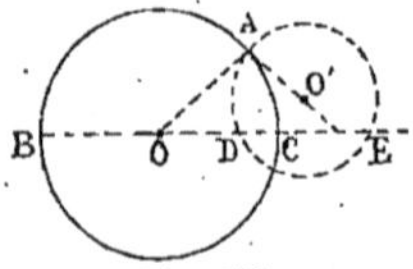

Fig. 469.

En effet, si nous menons le diamètre BOC, on a :

$$\overline{OA}^2 = OD \times OE.$$

Or, $$OA = OC.$$

Donc $$\overline{OC}^2 = OD \times OE \quad (1).$$

Mais on sait que, quand A, B, C, D forment une division harmonique, M étant le milieu de AB, on a :

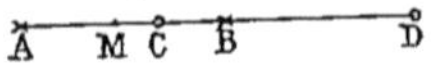

$$MB^2 = MC \times MD\ *$$

Fig. 470.

et réciproquement.

Donc, à cause de la relation (1), les quatre points B, C, D, E forment une division harmonique.

(Même démonstration pour un diamètre mené dans le cercle O′.)

Donc chaque cercle coupe harmoniquement tout diamètre de l'autre cercle. C. Q. F. D.

Théorème III. — *Le lieu des centres des cercles qui coupent orthogonalement deux cercles donnés* O et O′ *est l'axe radical*

* Voir, dans les compléments, à la fin du livre III, les propriétés des divisions harmoniques.

tout entier, quand les deux cercles sont extérieurs — et, quand les deux cercles se coupent, c'est seulement la portion de l'axe radical prolongement de la corde commune.

En effet, si l'on mène par ces points des tangentes aux deux cercles, elles sont égales.

Théorème IV. — *Si les deux cercles* O *et* O′ *sont extérieurs, tous les cercles qui les coupent orthogonalement passent par deux points fixes* P *et* P′ *situés sur la droite des centres (points appelés points de Poncelet).*

D'abord, il est à remarquer que ces cercles rencontrent la ligne des centres, la distance CI étant moindre que le rayon CA.

En effet, on a : $\overline{CI}^2 = \overline{CO}^2 - \overline{OI}^2$,

$$CA^2 = \overline{CO}^2 - R^2,$$

et OI est plus grand que R, puisque l'axe radical ne coupe pas les deux cercles extérieurs. Donc $CI < CA$.

Ensuite, si nous appelons P et P′ les points de rencontre, on a, OA étant tangente :

$$\overline{OA}^2 = OP.OP',$$

c'est-à-dire :

$$R^2 = (OI - IP)(OI + IP),$$

c'est-à-dire :

$$\overline{OI}^2 - \overline{IP}^2 = R^2;$$

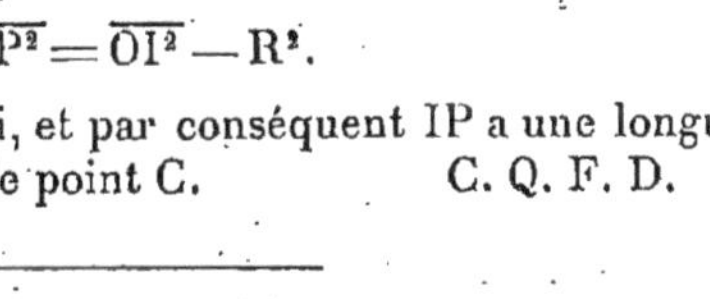

Fig. 471.

donc on a : $\overline{IP}^2 = \overline{OI}^2 - R^2$.

Or, OI est fixe, R aussi, et par conséquent IP a une longueur invariable quel que soit le point C. C. Q. F. D.

---

§ 12. — Constructions relatives au troisième livre.

Nous avons déjà indiqué plus haut la solution des problèmes suivants :

Problème I. — *Construire une ligne qui soit quatrième proportionnelle à trois lignes données* (page 17, IIIe livre).

Problème II. — *Construire une longueur*[1] de la forme $x = \frac{abcd}{efg}$, a, b, c, d, e, f, g étant des longueurs données.

Problème III. — *Construire une troisième proportionnelle à deux longueurs données* a *et* b (voir page 17).

Problème IV. — *Construire une longueur* (ou ligne) *moyenne proportionnelle entre deux longueurs* (ou lignes) *données* (voir page 254 et page 247).

Problème V. — *Construire les longueurs* x *satisfaisant aux relations :*

$$x^2 = \frac{abcd}{ef},\ x^2 = ka^2,\ x^2 = \frac{m}{n}a^2,\ x = a\sqrt{m},$$

$$x = \frac{a}{\sqrt{m}}.$$ (m et n étant des nombres, (voir page 256).

Nous allons maintenant traiter les problèmes complémentaires qui suivent :

Problème VI. — *Construire une longueur* x *dont le carré soit au carré d'une longueur donnée dans le rapport de deux longueurs données* b *et* c.

Nous nous souvenons que dans un Δ rectangle le rapport des carrés des deux côtés de l'angle droit est égal au rapport des segments que la hauteur du Δ détermine sur l'hypoténuse.

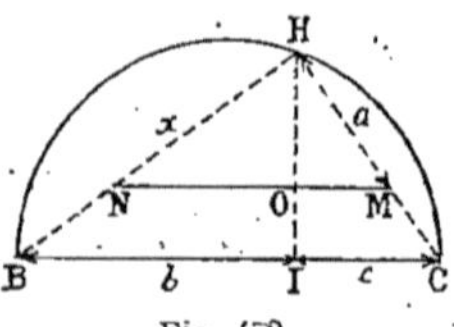

Fig. 472.

Nous sommes donc conduits à la construction suivante :

Pour construire la ligne x satisfaisant à la relation :

$$\frac{x^2}{a^2} = \frac{b}{c},$$

sur une droite indéfinie, portons bout à bout les deux longueurs données b et c et sur la somme comme diamètre plaçons une

1. Rappelons que ligne et longueur sont, mais à tort, des expressions synonymes.

demi-circonférence. Au point de jonction I menons la pp. IH et joignons HB et HC. On aura :

$$\frac{\overline{HB}^2}{\overline{HC}^2}=\frac{b}{c}.$$

Comme HC n'est pas égal à a, prenons sur HC à partir de H une longueur HM égale à a et menons la plle MN à BC. Je dis que HN est la ligne cherchée.

En effet, on a : $$\frac{\overline{HN}^2}{\overline{HM}^2}=\frac{NO}{MO},$$

c'est-à-dire : $\frac{\overline{HN}^2}{a^2}=\frac{b}{c}$. Donc HN satisfait bien à la relation donnée.

Problème VII. — *Construire une longueur* x *qui soit à une longueur donnée* a *dans le rapport de deux carrés donnés (c'est-à-dire dans le rapport des carrés des nombres mesurant deux longueurs données* b *et* c*).*

On doit avoir : $$\frac{x}{a}=\frac{b^2}{c^2}.$$

En appliquant le même théorème que tout à l'heure, nous sommes conduits à porter sur les deux côtés d'un angle droit O les longueurs b et c, puis à mener la pp. OH sur MN. On aura :

$$\frac{b^2}{c^2}=\frac{MH}{NH} \qquad (1).$$

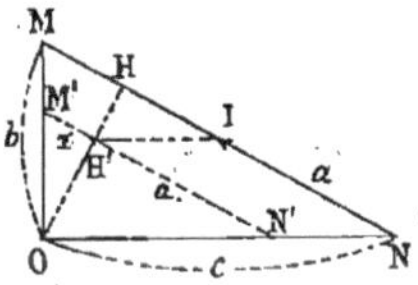

Fig. 473.

Si NH était égal à a, MH serait la ligne cherchée, — mais cela n'est pas. — Seulement, si nous insérons une droite N'H' égale à a (ce qui sera facile en prenant NI égal à a et menant la plle IH'), on aura : $\frac{M'H'}{H'N'}=\frac{MH}{NH}$, c'est-à-dire $\frac{M'H'}{a}=\frac{b^2}{c^2}$ [à cause de l'égalité (1)]. Donc M'H' est la longueur cherchée x.

Problème VIII. — *Construire une ligne* x *satisfaisant à la relation :*

$$x = \sqrt[4]{a^4 + b^4},$$

a *et* b *étant deux droites limitées données.*

On raisonnera comme il suit :

l'égalité proposée $x = \sqrt{\sqrt{a^4 + b^4}}$

entraîne : $x^2 = \sqrt{a^4 + b^4},$

$$= \sqrt{a^2\left(a^2 + \frac{b^4}{a^2}\right)},$$

$$= \sqrt{a^2(a^2 + \lambda^2)},$$

λ étant la longueur figurée par $\lambda = \frac{b^2}{a^2}$. Mais on peut aisément construire une longueur α satisfaisant à la relation :

$$\alpha^2 = a^2 + \lambda^2$$ (voir page 255).

Donc on aura finalement :

$$x^2 = \sqrt{a^2 \times \alpha^2},$$

c'est-à-dire : $x^2 = a \times \alpha.$

x s'obtiendra donc en construisant une moyenne proportionnelle entre les deux lignes a et α.

Remarque. — L'expression $x = \sqrt[4]{a^4 + b^4}$ est homogène, car on en déduit, en élevant les deux membres à la puissance 4 :

$$x^4 = a^4 + b^4,$$

les deux membres sont donc du même degré.

Nous parlerons plus loin, aux compléments, de la construction à l'aide de la règle et du compas, d'autres expressions linéaires, et nous verrons (sans démontrer, il est vrai, pourquoi) que toutes les longueurs dont la valeur s'obtient par des opérations élémentaires faites sur les nombres mesurant des longueurs données peuvent être construites, — de même que toutes les longueurs susceptibles d'être construites par la règle et le compas peuvent être calculées à l'aide de ces mêmes opérations élémentaires (addition, multiplication, division ou extraction de racines carrées).

Problème IX. — *Mener une tangente commune à deux cercles.*

Il résulte de ce que nous avons dit plus haut (page 236), qu'il suffit d'appliquer la nouvelle règle suivante :

Règle. — *On mène deux rayons plles (de mêmes sens ou de sens contraires), on joint leurs extrémités et du point où la droite ainsi obtenue coupe la ligne des centres, on mène une tangente à l'un quelconque des cercles. — Cette tangente est aussi tangente à l'autre.*

(Cette construction donne à la fois les tangentes communes intérieures et extérieures).

Problème X. — *Construire deux longueurs, connaissant leur somme et leur moyenne proportionnelle.*

Supposons que la somme soit figurée par la droite a et la moyenne proportionnelle par la droite b.

Il y a une infinité de groupes de deux droites dont la somme est égale à la droite a. Il suffirait de décrire sur la droite MN égale à a une demi-circonférence, et d'y prendre au hasard un point I. Seulement la moyenne proportionnelle entre ces deux lignes MI et NI est IH, et non pas la ligne donnée b.

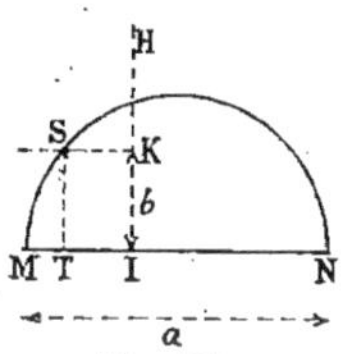

Fig. 474.

Mais il est facile de s'arranger de façon que cette moyenne géométrique soit b. Il suffit de prendre sur IH la longueur IK égale à b et de mener par K la plle KS.

Les deux longueurs cherchées sont alors MT et TN.

Remarque. — Le problème suivant s'énonce comme suit : Trouver deux longueurs, connaissant leur somme et leur produit.

On voit que le problème n'est possible que si la plle menée par K coupe le cercle. Ce qui nous démontre ce théorème important :

Théorème. — *Le maximum du produit de deux nombres dont la somme est constante est égal au carré de leur demi-somme* — et *il a lieu quand les deux nombres sont égaux.*

Ainsi, si deux nombres ont une somme égale à 20, leur produit ne peut dépasser 100.

PROBLÈME XI. — *Construire deux lignes, connaissant leur différence* A *et leur moyenne proportionnelle.*

On appliquera la règle suivante :

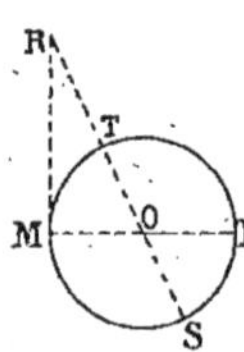

Fig. 475.

Sur une droite MN *égale à la différence donnée comme diamètre, on décrit une circonférence. A l'extrémité* M *on mène une tangente égale à la moyenne proportionnelle donnée, et l'extrémité* R, *on la joint au point* O. *La sécante entière* RS *est l'une des droites cherchées, et l'autre est la partie extérieure* RT.

En effet, on a :

$$RS - RT = TS = MN,$$

et

$$RS \times RT = \overline{RM}^2.$$

Le problème est évidemment toujours possible.

REMARQUE. — Il y a un grand nombre de problèmes de constructions où la question serait résolue si on connaissait ou une première ligne ou une deuxième ligne. Quand il n'y a pas de raison pour prendre l'une plutôt que l'autre, on les construit en général toutes deux, quitte à n'en garder qu'une, et cette construction se ramène alors d'ordinaire à celle-ci : construire deux longueurs, connaissant leur somme ou leur différence et leur produit.

Exemple. — Construire un Δ ABC, connaissant BC, l'angle A et la longueur de la bissectrice de cet angle A.

(Voir le *Guide méthodique de résolution des problèmes de géométrie*, Belin, éditeur.)

Problème XII. — *Construire deux longueurs, connaissant leur moyenne proportionnelle* a *et leur rapport* $\frac{m}{n}$ *(autrement dit leur produit et leur quotient).*

Règle. — On porte bout à bout deux longueurs quelconques qui soient dans le rapport des deux nombres donnés m et n. Sur leur somme on place une demi-circonférence, et au point de division on mène une pp. IH sur laquelle on prend à partir de H une longueur HO égale à la moyenne proportionnelle donnée a. Enfin, par O on mène la plle RS.

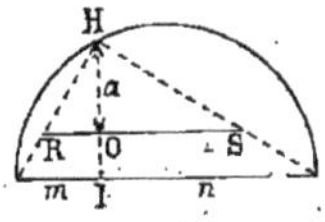

Fig. 476.

OS et OR sont les deux longueurs cherchées.

En effet, on a : $\frac{OR}{OS}=\frac{m}{n}$. De plus, le Δ RHS étant rectangle,

on a : $$RO \times OS = \overline{HO}^2 = a^2.$$

Remarque. — On peut encore donner de ce problème la deuxième solution qui suit. Il y a une infinité de groupes de deux droites dont le produit soit égal à a^2. Il suffit de considérer un cercle de rayon a, de lui mener deux tangentes plles en B et C et de construire une tangente intermédiaire MN.

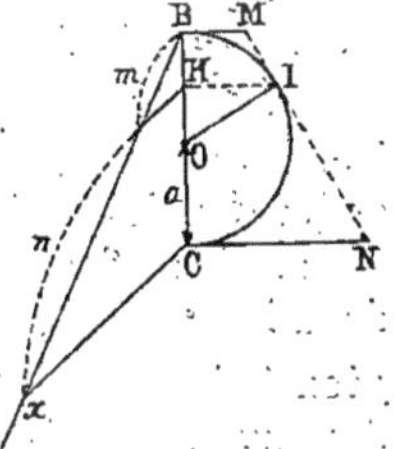

Fig. 477.

IM et IN sont des droites dont le produit est égal à a^2.

Si donc IM et IN étaient dans le rapport $\frac{m}{n}$ donné, le problème serait fait. Mais rien n'est plus facile que d'obtenir le point exact I. Car si nous menons la pp. IH sur le diamètre BC,

on a : $$\frac{BH}{HC}=\frac{IM}{IN}.$$

Donc règle :

On partagera le diamètre BC (qui vaut $2a$) dans le rapport $\frac{m}{n}$ à l'aide de la droite BX. Par H on mènera la pp. HI et et par I la tangente MN. — IM et IN seront les deux droites cherchées.

PROBLÈME XIII. — *Construire géométriquement les racines d'une équation du second degré.*

Supposons, pour fixer les idées, qu'il faille construire les racines des deux équations suivantes :

$$x^2 - 7x + 3 = 0$$

et

$$x^2 - 7x - 30 = 0.$$

On sait que, dans la première équation, la somme des racines est égale à 7 et le produit égal à 3.

La moyenne proportionnelle entre ses deux racines sera donc égale à $\sqrt{3}$.

Mais on peut très facilement obtenir une longueur égale à $\sqrt{3}$, l'unité étant une longueur arbitraire u (voir page 256).

Par conséquent, si on construit deux longueurs dont la somme soit égale à $7u$ et la moyenne proportionnelle égale à $u\sqrt{3}$ (voir le problème X), les deux longueurs trouvées figureront les deux racines de l'équation proposée.

Pour trouver les racines de la deuxième équation $x^2 - 7x - 30 = 0$, il suffit de remarquer que les racines de l'équation sont de signes contraires. Par conséquent, comme la somme d'un nombre positif et d'un nombre négatif n'est autre chose que leur différence, on voit que la différence des valeurs absolues des racines est connue et égale à 7. D'un autre côté, la valeur absolue de leur produit est égale à 30 ; la moyenne géométrique de leurs valeurs absolues est donc $\sqrt{30}$.

Or, si nous construisons, d'après la règle du problème XI, deux longueurs dont la différence soit égale à 7^{cm}, leur moyenne géométrique valant $(\sqrt{30})^{cm}$, il est clair que ces deux longueurs figureront les valeurs absolues des deux racines. — Et pour les avoir approximativement, à un demi-millimètre près (seule approximation que comporte la pratique avec le décimètre), il suffira de mesurer ces longueurs.

Nota. — On construirait de façon analogue les racines de l'équation bicarrée : $x^4 - 7x^2 + 3 = 0$,

car en appelant y le nombre x^2, ce nombre y satisfait à l'équation $y^2 - 7y + 3 = 0$, équation dont les racines en y sont faciles à construire, et de la longueur y on déduira la longueur x par une moyenne proportionnelle.

Problème XIV. — *Construire un cercle passant par deux points donnés, et tangent à une droite donnée* xy.

Supposons le problème résolu, et soit O le centre du cercle cherché tangent en C à la droite xy, et passant par les deux points A et B. Si nous connaissions le point C, le problème serait fait. — Or, la figure nous montre : 1° que le point I est connu (puisque la droite AB est connue); 2° que IC est moyen proportionnel entre IA et IB.

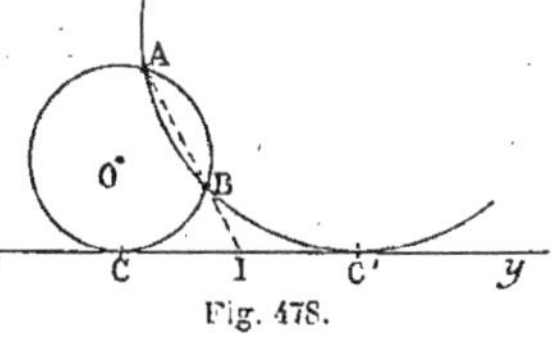

Fig. 478.

Donc :

Règle. — *Pour mener par deux points* A *et* B *un cercle tangent à une droite* xy, *on prolonge la droite qui joint ces deux points jusqu'à son point de rencontre* I *avec la droite, on construit une moyenne proportionnelle entre les deux segments* IA *et* IB *et on porte cette moyenne proportionnelle à partir de* I *sur la droite* xy.

Remarque. — Il y a deux cercles qui répondent à la question, car si on porte la moyenne proportionnelle à droite de I en IC′,

comme on a : $\overline{IC'^2} = IA \times IB$,

le cercle passant par les trois points A, B, C′ est tangent à la droite xy (voir page 248).

Discussion. — La tangente à un cercle laissant tous les points de la circonférence d'un même côté, puisque la circonférence est une ligne convexe (voir II° livre), le problème est évidemment impossible, si les deux points donnés A et B sont de part et d'autre de xy.

Il y a deux solutions si les deux points donnés sont au-dessus de xy, à moins que la droite AB ne soit plle à xy.

(Car on sait que, si une corde est plle à une tangente, le point de contact est sur la pp. menée à cette corde en son milieu.)

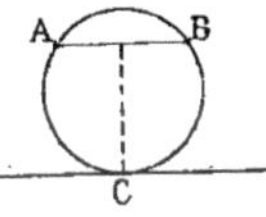

Fig. 479.

PROBLÈME XV. — *Par deux points donnés* A *et* B, *mener un cercle tangent à un cercle donné* O.

Avant tout, remarquons que le problème n'est possible que si les deux points A et B sont tous deux extérieurs ou tous deux intérieurs au cercle donné O.

En effet, si les deux cercles O et ω' sont tangents extérieurement en C, la tangente laissant d'un même côté tous les points du cercle ω' (puisque sans cela la circonférence ω' serait une courbe concave, ce qui n'est pas (voir IIe livre), les deux points A et B doivent être tous les deux dans la région où n'est pas le cercle O, — donc être extérieurs.

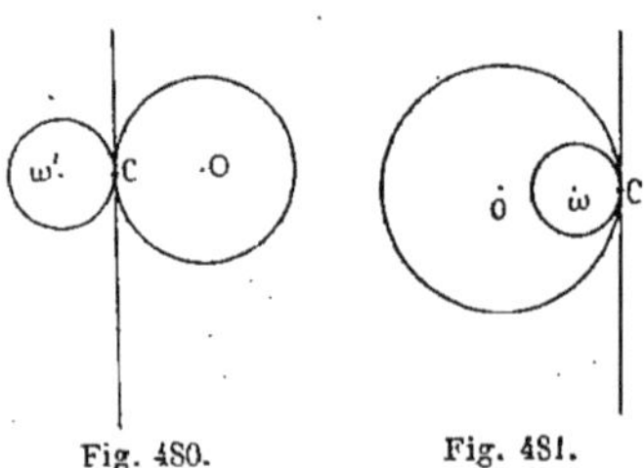

Fig. 480. Fig. 481.

Dans le cas où les deux cercles O et ω seraient tangents intérieurement en C, la circonférence donnée O étant la plus grande, tous les points du cercle ω (à l'exception du point C) doivent être intérieurs au cercle O (voir IIe livre). Donc les deux points A et B doivent être, eux aussi, tous les deux intérieurs au cercle O.

Cette première condition nécessaire bien établie, supposons maintenant le problème résolu, et soit ω le centre du cercle cherché passant par A et B et tangent en C au cercle O.

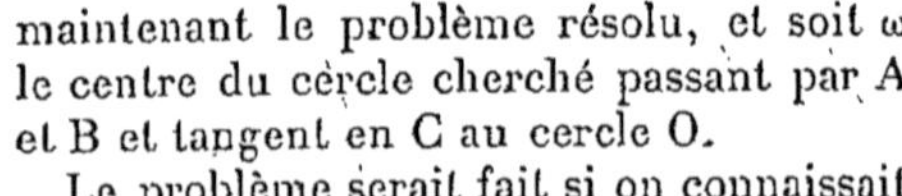
Fig. 482.

Le problème serait fait si on connaissait le point C. — Tâchons donc de le déterminer, et, pour cela, nous emploierons l'artifice suivant :

Si par A et B nous menons un cercle auxiliaire O' qui coupe O en MN, MN sera l'axe radical des deux cercles O et O', AB sera l'axe radical du cercle auxiliaire O' et du cercle inconnu ω. Mais le point I où se coupent ces deux axes radicaux est un point du troisième axe radical des deux cercles O et ω, et ce troisième axe radical doit être tangent au cercle O, puisque par hypothèse O et ω sont des cercles tangents.

Il résulte de là que la tangente au point de contact inconnu C est connue, puisque nous en connaissons un point I.

Donc :

RÈGLE. — *Pour mener par deux points donnés A et B un cercle tangent à un cercle O, par les deux points on mène un cercle auxiliaire qui coupe le cercle donné, et par le point de rencontre de la corde commune et de la droite AB on mène une tangente au cercle donné.*

Il n'y a plus qu'à faire passer une circonférence par le point de contact et les deux points donnés[1].

REMARQUE. — Si A et B sont tous deux d'un même côté du cercle O, le problème est toujours possible. — Le problème n'est en effet possible que si la règle précédente s'applique, c'est-à-dire si le point I de rencontre des deux cordes AB et MN est en dehors du cercle O (car alors seulement on pourra mener la tangente de I au cercle O).

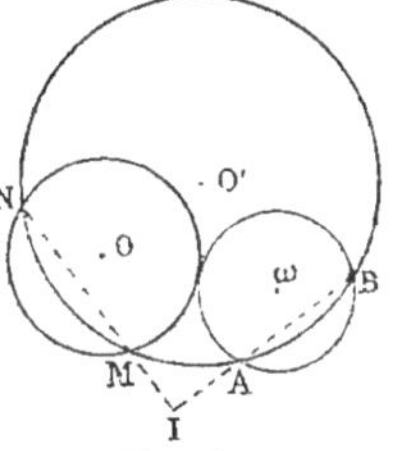

Fig. 481.

Je dis que, si A et B sont tous deux en dehors du cercle O, il en est ainsi.

En effet, AB et MN sont deux cordes d'un même cercle, à savoir le cercle auxiliaire O'.

---

1. Dans la démonstration précédente, le point I de rencontre de AB et de MN est toujours le centre radical des trois cercles O, O', ω, lors même que le cercle ω ne serait pas assujetti à être tangent au cercle O.

Si par exemple ω devait couper O suivant un diamètre, le troisième axe radical serait la droite IO passant par le centre O, ce qui permettrait de résoudre ce problème :

Construire un cercle passant par deux points et coupant un cercle suivant un diamètre.

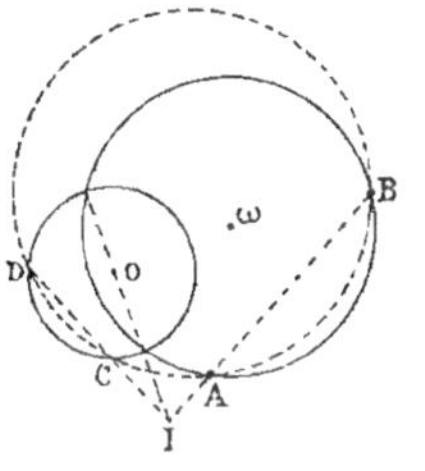

Fig. 483.

Même remarque s'il devait *le couper suivant une corde de longueur donnée* l.

Il suffirait alors de mener par I une tangente au cercle concentrique à O tangent à une corde quelconque de longueur l (voir page 162, livre II).

Or, dans un cercle, deux cordes ne peuvent avoir que trois positions relatives :

ou être parallèles,
ou se couper en dehors du cercle,
ou se croiser à l'intérieur[1].

Ici, dans notre hypothèse des deux points A et B extérieurs tous deux, les deux cordes AB et MN ne peuvent pas se croiser. Car sans cela le point A se trouverait entre M et N sur l'arc intérieur MN, donc A serait à l'intérieur du cercle O, tandis que le point B serait à l'extérieur, ce qui serait contraire à notre hypothèse.

Donc les deux cordes AB et MN du cercle O', ne pouvant se couper à l'intérieur, ne peuvent que ou se couper à l'extérieur — ou être parallèles — ce qui prouve, le point I extérieur à O' se trouvant sur la corde MN du cercle O, que ce point I est aussi extérieur au cercle O.

Donc on voit clairement que si A et B sont extérieurs, le point de concours I de AB et de MN étant toujours forcément extérieur à O, le problème est toujours possible.

Idem si A et B étaient tous deux intérieurs au cercle O.

Donc, pour qu'on puisse mener à un cercle par deux points un cercle tangent, il faut, et cela suffit, que les deux points soient tous deux d'un même côté du cercle donné.

Et alors il y aura toujours deux solutions, puisque du point I on pourra mener deux tangentes au cercle O.

Problème XVI. — *Construction de triangles*[2].

On peut construire un Δ de trois façons différentes :

1° *Par la détermination directe des sommets.*

Exemples. — Construire un Δ, connaissant :

Un côté, l'angle opposé, le rapport des deux autres côtés;

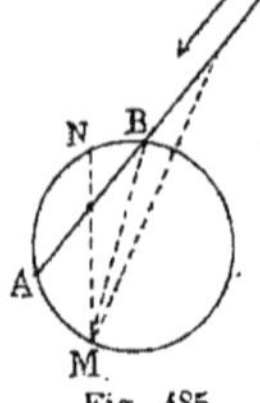

Fig. 485.

1. Il suffit, pour s'en convaincre, de mener par M une plle à AB, puis de considérer un mobile qui se meut sur la droite BA en venant de l'infini, se rapprochant du point B et finissant enfin par traverser ce point B.

2. Cette question de construction des Δ a été traitée tout au long dans le *Guide méthodique de résolution des problèmes de géométrie.*

Un côté, le rayon du cercle circonscrit et la différence entre les deux angles à la base.

2° *Par la construction d'un Δ auxiliaire indiqué par la figure même.*

Exemples. — Construire un Δ, connaissant :

deux côtés et la médiane comprise,
les trois médianes.

Construire un Δ isocèle, connaissant l'angle au sommet et la somme de la base et de la hauteur.

3° *Par la construction d'un Δ auxiliaire homothétique au Δ cherché.*

Exemples. — Construire un Δ, connaissant :

le périmètre et deux angles,
une médiane et deux angles,
A, le rayon r, le rapport $\frac{a}{h}$,
r, les rapports $\frac{a}{h}$ et $\frac{b}{c}$.

Problème XVII. — *Inscrire dans un Δ, dans un secteur circulaire ou dans un segment circulaire un carré ou un rectangle semblable à un rectangle donné.*

Pour faire ces constructions, il nous suffira de nous appuyer sur le théorème établi plus haut et qui dit que :

Quand deux polygones sont homothétiques, les droites qui joignent les sommets homologues sont concourantes.

Il résulte évidemment de ce théorème que deux carrés à côtés plles sont homothétiques. Si donc nous voulons dans un Δ donné inscrire un carré, nous raisonnerons comme il suit :

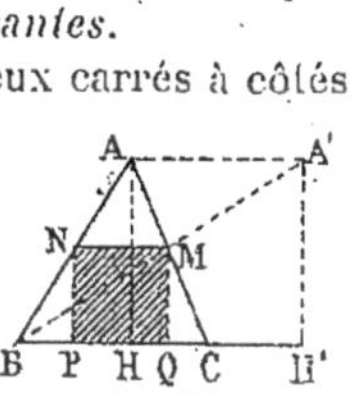

Soit MNPQ le carré inscrit demandé. Si sur la hauteur AH nous construisons un carré AHA'H', ces deux carrés sont homothétiques; mais le centre d'homothétie, devant se trouver sur la droite joignant A au sommet inconnu N, devra évidemment se trouver sur la droite AB. Il devra de même se trouver sur la droite BC. Donc il sera au sommet B.

Fig. 486.

Et dès lors le sommet M inconnu devra se trouver sur la droite BA'.

Une fois obtenu ce point M, le carré MNPQ s'achèvera facilement.

Nota. — On aurait pu construire le carré sur la base BC (*fig.* 487).

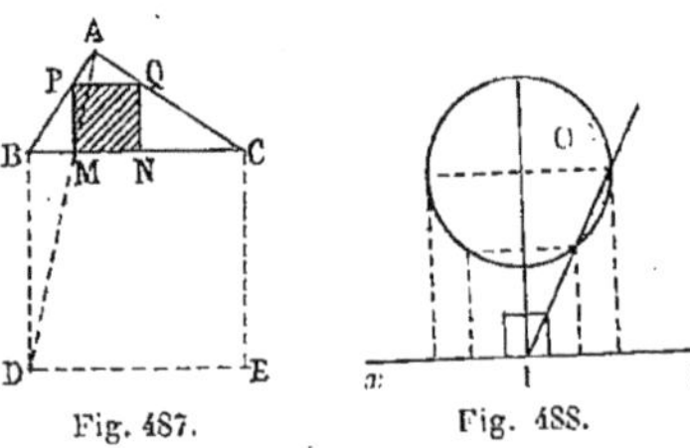

Fig. 487. Fig. 488.

Dans le même ordre d'idées, on pourrait encore facilement construire le problème suivant :

Etant donné un cercle O *et une droite* xy, *construire un carré reposant sur* xy, *l'un de ses côtés étant une corde du cercle* O.

Il suffirait d'abaisser la pp. OI sur xy, de construire un petit carré reposant sur xy et ayant pour axe OI, I serait le centre d'homothétie de ce petit carré et du carré cherché. (Il y a en général deux solutions.)

Si enfin on voulait inscrire dans le Δ, secteur ou segment un rectangle semblable à un rectangle donné, il suffirait de construire sur un des éléments de la figure, convenablement choisi, un rectangle semblable au rectangle cherché.

PROBLÈME XVIII. — *Partager une droite donnée en moyenne et extrême raison.*

Définition. — On dit qu'une droite AB est partagée au point I *en moyenne et extrême raison* quand le plus grand segment additif est moyen proportionnel entre la droite entière et l'autre segment, — c'est-à-dire quand on a entre ces segments additifs la relation :

A I B

Fig. 489.

$$\frac{AB}{AI} = \frac{AI}{IB},$$

ou plus simplement : $\overline{AI}^2 = AB \times IB.$

(La raison de cette longue dénomination est que l'un des segments forme les deux termes moyens et l'autre le terme extrême dans une proportion où le premier élément est la longueur donnée.)

Nous allons montrer que, sur toute droite limitée AB, *il y a un point et un seul* pour lequel on a :

$$\overline{AI}^2 = AB \times IB \qquad (1).$$

A I B

Fig. 490.

En effet, cette relation (1) pouvant s'écrire :

$$\overline{AI}^2 = AB \times (AB - AI),$$

on en tire : $\overline{AI}^2 = \overline{AB}^2 - AB \times AI,$

c'est-à-dire : $AI^2 + AB \times AI = \overline{AB}^2,$

ou enfin : $AI\,(AI + AB) = \overline{AB}^2.$

Sous cette forme, on voit que les *deux nombres* AI et (AI + AB) ont une différence évidemment égale à AB et un produit égal à $\overline{AB}^2$ *.

Il est donc possible de construire les *deux longueurs* représentatives de ces nombres (voir problème, page 308).

Donc, comme cette espèce de problème est toujours possible, la longueur AI existe toujours, et il y a toujours un point I partageant AB en moyenne et extrême raison.

D'autre part, il n'y en a qu'un seul. Car s'il y en avait deux, I et I', I' étant par exemple à droite de I, on aurait simultanément entre les nombres mesurant les longueurs :

$$\overline{AI'}^2 = AB \times I'B,$$
$$\overline{AI}^2 = AB \times IB.$$

A I I' B

Fig. 491.

Donc : $\overline{AI'}^2 - \overline{AI}^3 = AB \times I'B - AB \times IB,$

c'est-à-dire : $(AI' + AI)\,(AI' - AI) = AB\,[I'B - IB],$

c'est-à-dire : $(AI' + AI) \times I'I = AB \times (-II'),$

ou enfin : $AI' + AI = -AB,$

résultat absurde (un nombre positif ne pouvant égaler un nombre négatif).

Donc il y a un point, et un seul, entre A et B.

---

* Ne pas oublier que nous désignons les nombres qui mesurent les longueurs telles par exemple que AI par la notation conventionnelle AI.

Pour avoir ce point I, nous venons de voir qu'il suffisait de construire deux longueurs ayant pour différence AB et pour produit $\overline{AB}^2$, et de garder la plus petite. On a donc la construction ci-contre, qui donne en CD la valeur du plus grand segment, c'est-à-dire la valeur de AI. Il n'y a plus qu'à prendre sur AB une longueur égale à CD.

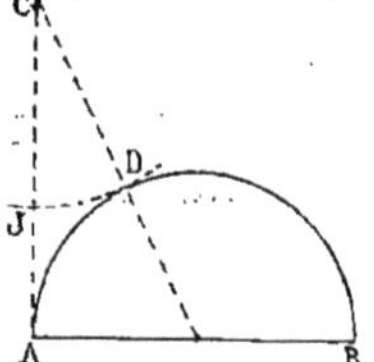

Fig. 492.

Remarque. — Au lieu de porter cette longueur CD sur AB de A en I, on pourrait, puisque AC est égal à AB, rabattre simplement par un arc de cercle CD en CJ.

J sera le point qui divisera la droite égale AC, en moyenne et extrême raison. (Et cela reviendra au même.)

Il est naturel maintenant de se demander si, sur le prolongement de la droite AB, il n'y aurait pas de points extérieurs I' tels que le segment soustractif I'A serait moyen proportionnel entre AB et l'autre segment I'B (le segment qu'on élève au carré partant toujours, comme dans le problème précédent, du point A et non pas du point B).

Remarquons d'abord que ce point I' extérieur ne saurait être à droite de B, car sans cela on aurait $\overline{I'A}^2 = AB \times I'B$, et le produit de deux nombres égaux à I'A serait égal au produit de deux nombres manifestement plus petits que lui, à savoir les nombres AB et I'B. Ce qui serait absurde.

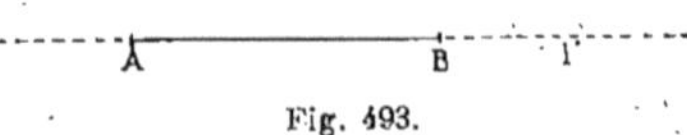

Fig. 493.

Voyons maintenant s'il y a de pareils points à gauche de A. D'abord cela n'est plus impossible, car si le point I' est assez loin, I'A est sans doute plus petit que I'B, mais il peut être plus grand que AB, et il n'est pas impossible *a priori* que la compensation ait lieu pour les deux produits : $I'A \times I'A$ et $I'B \times AB$.

I' A B
Fig. 494.

Si on a
$$\overline{I'A}^2 = I'B \times AB,$$
cela pouvant s'écrire :
$$\overline{I'A}^2 = (I'A + AB) \times AB,$$

c'est-à-dire : $$\overline{I'A}^2 - I'A \times AB = \overline{AB}^2,$$

ou enfin : $$I'A\,(I'A - AB) = \overline{AB}^2,$$

on voit que les *deux nombres* I'A et (I'A — AB) ont encore une différence égale à AB et un produit égal à $\overline{AB}^2$, on peut donc toujours construire les deux longueurs représentatives de ces nombres.

Mais de ces deux nombres (ou, si on veut, de ces deux longueurs), il n'y en a qu'un qui nous intéresse : c'est le plus grand, à savoir I'A.

Donc, comme nous pouvons l'obtenir, nous voyons clairement qu'**il existe en dehors de AB** un point I' divisant AB en moyenne et extrême raison.

Il n'y en a du reste **qu'un**. Car en raisonnant comme tout à l'heure, pour les points intérieurs, on verrait, s'il y en avait deux, I' et I'_1, que l'on devrait avoir :

Fig. 495.

$$I'A + I'_1A = AB,$$

ce qui est absurde, I'A à lui tout seul devant déjà être plus grand que AB.

Donc, en résumé, *il y a deux points (et rien que deux), l'un entre* A *et* B, *l'autre en dehors, partageant* AB *en moyenne et extrême raison* [1].

Remarque. — Qu'il s'agisse du point intérieur ou du point extérieur, on a toujours à construire deux longueurs dont la différence soit AB et le produit $\overline{AB}^2$. Donc les deux segments qu'on cherche, à savoir IA et I'A, sont les deux longueurs trouvées. D'où la construction suivante :

Règle. — *Pour construire les deux points qui divisent la droite* AB *en moyenne et extrême raison, à l'extrémité* B *on*

---

1. Il est à remarquer que, pour le point intérieur, c'est le plus grand segment additif et que, pour le point extérieur, c'est le plus petit segment soustractif qui doit être élevé au carré.

mène une pp. BC, *égale à* AB ; *sur* BC *on décrit une demi-circonférence; on joint l'extrémité* A *au centre* O, *enfin on rabat sur*

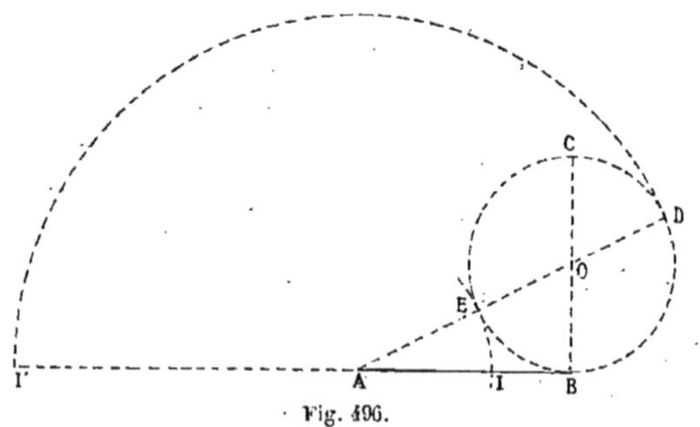

Fig. 496.

la droite AB *de part et d'autre de* A *et la sécante entière* AD *et la partie extérieure* AE, *d'où les deux points cherchés* I' *et* I.

Calcul des deux segments AI et AI'.

La construction précédente nous donne, en appelant a le nombre qui mesure la longueur AB :

$$AI = AE = AO - OE = \sqrt{a^2 + \frac{a^2}{4}} - \frac{a}{2} = \frac{a}{2}(\sqrt{5} - 1)$$

$$AI' = AD = AO + OD = \frac{a}{2}(\sqrt{5} + 1).$$

Nota. — On en déduira immédiatement que les seconds segments IB et I'B sont égaux à $a - \left(\frac{a}{2}(\sqrt{5} \mp 1)\right)$, c'est-à-dire : $\frac{a}{2}(3 \mp \sqrt{5})$.

Application. — Par un point intérieur à un cercle donné, mener une sécante telle que ce point divise la corde obtenue en moyenne et extrême raison.

Supposons le problème résolu. Si on connaissait la longueur

de la corde BC, le problème serait fait. Appelons-la donc x, c'est-à-dire soit x le nombre inconnu qui la mesure.

Le point A étant donné, on connaît AO. Or on a :

$$AB \times AC = AE \times AF,$$

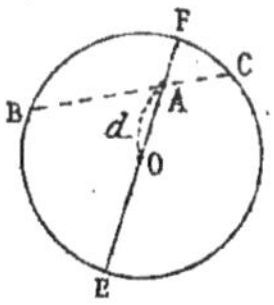

c'est-à-dire :

$$AB \times AC = (d + R)(R - d),$$

Fig. 497.

c'est-à-dire : $\frac{x}{2}(\sqrt{5} - 1) \times \frac{x}{2}(3 - \sqrt{5}) = R^2 - d^2,$

c'est-à-dire : $\frac{x^2}{4}(\sqrt{5} - 1)(3 - \sqrt{5}) = R^2 - d^2,$

c'est-à-dire : $x^2(\sqrt{5} - 2) = R^2 - d^2.$

x est donc connu numériquement. Comme on peut facilement trouver la longueur représentative de ce nombre, il n'y aura plus qu'à mener par le point A la tangente au cercle concentrique tangente à une corde de longueur x. (Problème connu.)

§ 13. — Des polygones réguliers.

Définition. — On appelle *ligne brisée régulière* une ligne brisée dont tous les côtés sont égaux, ainsi que les angles, ces angles étant tous orientés de la même façon.

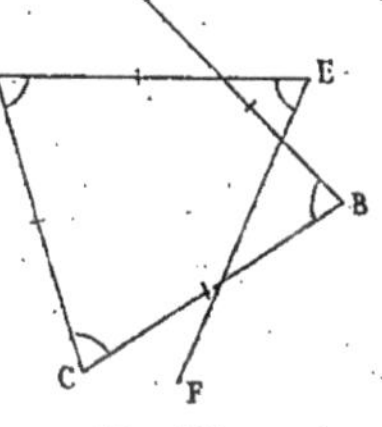

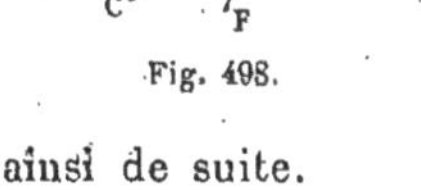

Fig. 498.

D'après cela, pour obtenir une ligne brisée régulière, on prendra une longueur AB; puis la droite AB tournant autour de B, par exemple dans le sens f inverse des aiguilles d'une montre, on fera en B un angle α. On prendra $BC = AB$. En C, la droite BC tournant autour de C, toujours dans le même sens f, on fera un nouvel angle α, puis on prendra $CD = AB$, et ainsi de suite.

Il résulte de cette définition que dans une ligne brisée régulière rien n'empêche les éléments linéaires de se croiser, ainsi que cela a lieu dans la figure précédente.

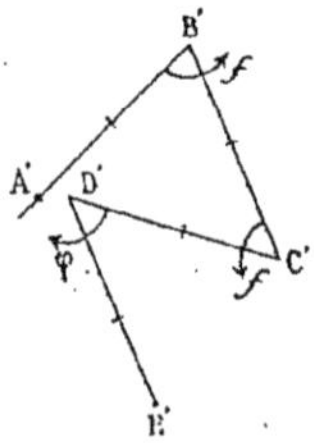

Fig. 499.

N. B. — Si les angles égaux n'étaient pas orientés de la même façon, c'est-à-dire étaient comptés les uns dans le sens *f* inverse des aiguilles d'une montre, les autres dans le sens φ des aiguilles, la ligne ainsi obtenue ne serait pas une ligne brisée régulière, ce serait simplement une ligne brisée.

On appelle *polygone régulier* un polygone fermé où les côtés et les angles sont égaux, que ces côtés se croisent ou non, pourvu que les angles soient orientés tous de la même façon[1].

Un polygone régulier est donc une ligne brisée régulière fermée.

Le polygone régulier est dit *convexe* quand les côtés ne se croisent pas. Sinon, il est dit *concave* ou encore *étoilé* (voir figures 501 et 502).

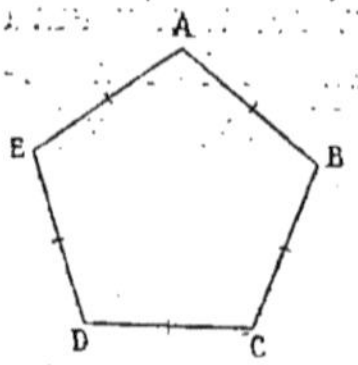

Fig. 501.

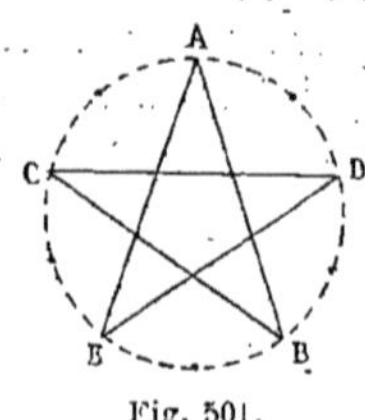

Fig. 501.

Nous allons, comme toujours, commencer par démontrer qu'il existe des polygones réguliers, convexes ou étoilés et pour cela donner un moyen d'en obtenir.

Théorème I. — *Si on partage une circonférence en un certain nombre* n *de parties égales et qu'on joigne les points de division consécutifs, on obtient un polygone régulier de première espèce, c'est-à-dire convexe.*

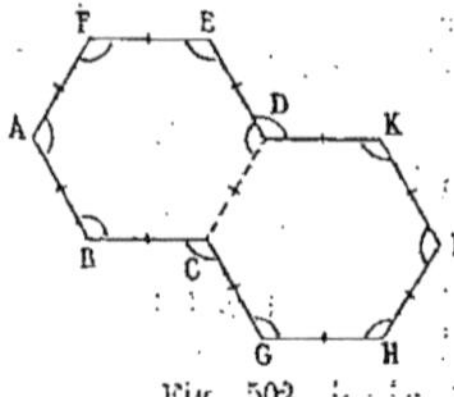

Fig. 502.

1. Si on définissait simplement les polygones réguliers des polygones où les côtés et les angles sont égaux, cela serait inexact.

En effet si on considère deux hexagones convexes ABCDEF et CDKIHG accolés l'un à l'autre suivant CD, puis qu'on supprime CD, on aurait encore un polygone fermé unique ABCGHIKDEF à côtés et à angles égaux et qui pourtant ne serait pas régulier. Cela tiendrait à ce que les angles successifs comptés à partir du côté qui précède iraient les uns dans un sens, les autres dans l'autre sens.

En effet, supposons que, par la pensée et par n'importe quel procédé, on soit parvenu à diviser une circonférence en un nombre quelconque n de parties égales, et qu'on joigne les points successifs A, B, C, D, E..., 1° les cordes seront égales (comme sous-tendant des arcs égaux) ; 2° les arcs seront égaux (comme ayant pour mesure la moitié de $(n-2)$ divisions).

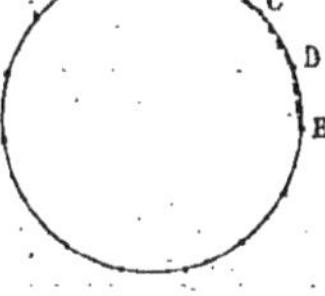

Fig. 503.

De plus, ces angles sont tous orientés de la même façon.

Donc le polygone de n côtés sera régulier et convexe.

Donc il en existe. C. Q. F. D.

Théorème II. — *B. S. — Quand on a partagé une circonférence en* n *parties égales et qu'on joint les points de division de* p *en* p, p *étant premier avec* n, *le polygone obtenu est régulier, concave (c'est-à-dire étoilé), et a* n *côtés.*

Pour démontrer ce théorème, remarquons que p étant premier avec n, on ne peut pas revenir au point de départ A sans l'avoir dépassé un certain nombre de fois (car sans cela, la circonférence valant n divisions, n serait un multiple de p, donc p diviserait n, et ne serait plus premier avec lui). Donc on obtient bien un polygone concave.

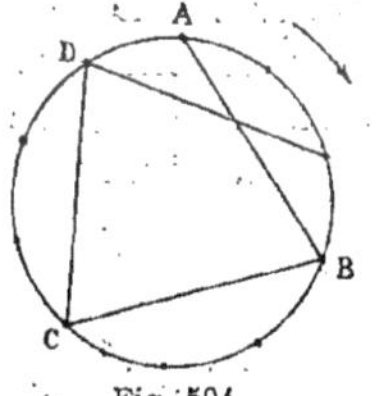

Fig. 504.

D'autre part, quand on reviendra pour la première fois au point de départ, le chemin parcouru sera un multiple de n divisions (puisque alors on aura parcouru un certain nombre entier de circonférences) ; mais il sera en même temps un multiple de p divisions (puisqu'on y est arrivé en joignant de p en p et qu'en procédant de la sorte on parcourt chaque fois p divisions). Donc, quand on revient en A, le chemin parcouru, évalué en divisions, est *un multiple commun de* n *et de* p.

Mais le plus petit multiple commun de deux nombres A et B est de la forme $\frac{AB}{D}$, D étant leur plus grand commun diviseur. Par conséquent, quand on revient pour la première fois en A, le chemin parcouru vaut $\frac{np}{D}$.

Or, ici il y a lieu de distinguer deux cas :

Premier cas. — D n'est pas égal à 1, ce qui revient à dire que les deux nombres n et p ne sont pas premiers entre eux. Alors quand on reviendra en A, le chemin parcouru valant $\left(\frac{n}{D}\times p\right)$, cela prouvera qu'on a joint de p en p, $\frac{n}{D}$ fois seulement. Donc le polygone obtenu n'aura pas n côtés et n'en aura que $\frac{n}{D}$. *

Deuxième cas. — D est égal à 1 (ce qui revient à dire que n et p sont premiers entre eux). Alors le chemin parcouru pour revenir en A étant $n\times p$, cela nous montre qu'on a dû joindre de p en p, n fois. Donc le polygone (étoilé toujours) ainsi obtenu aura n côtés.

Il résulte de là que toutes les fois que le nombre p sera premier avec n, on obtiendra un polygone, étoilé, de n côtés, en joignant les points de division de p en p. Donc il existe des polygones étoilés. C. Q. F. D.

Exemple. — Si on partage la circonférence en dix parties égales, les nombres 3 et 7 étant premiers avec 10, on obtiendra un décagone régulier étoilé en joignant les points de division de 3 en 3, ou de 7 en 7. — Mais, si on joint de 2 en 2, on obtiendra seulement un pentagone régulier.

Remarque. — Il peut même exister plusieurs polygones étoilés de n côtés. Pour cela nous allons démontrer le théorème suivant :

Théorème III (dit de Poinsot). — *Il y a autant de polygones étoilés de* n *côtés que de nombres premiers avec* n *et plus petits que sa moitié.*

Remarquons d'abord que, si p est premier avec n, $(n-p)$ est aussi premier avec n (car, si $(n-p)$ et n n'étaient pas premiers entre eux, ils auraient un diviseur commun α lequel divisant $n-p$ et n diviserait leur différence p. Donc n et p auraient un diviseur commun, ce qui n'est pas).

Il résulte de là que les nombres p et $(n-p)$ font tous deux partie du tableau des nombres premiers avec n.

Mais joindre de p en p dans le sens f ou de $(n-p)$, en $(n-p)$

---

* Le polygone obtenu pourra du reste être ou convexe ou concave.

dans le sens φ, nous donne absolument les mêmes sommets successifs A, B, C, D,.... (*fig*. 505).

Donc il est inutile de parler du polygone étoilé obtenu en joignant de $(n-p)$ en $(n-p)$.

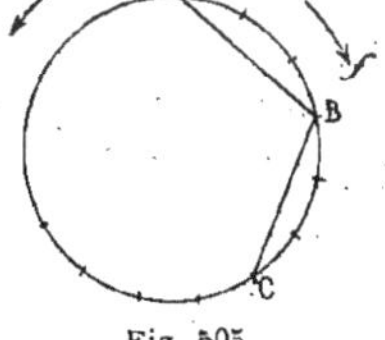

Fig. 505.

Et dès lors il n'y aura lieu que de s'occuper des polygones obtenus avec les nombres p premiers avec n *et plus petits que sa moitié*.

(Car, si p est plus petit que la moitié de n, $(n-p)$ sera plus grand que cette moitié.)

D'où le théorème énoncé. C. Q. F. D.

Exemple. — Dans le décagone, il suffira de joindre les sommets de 3 en 3, le nombre 7 étant plus grand que la moitié de 10.

Dans le dodécagone, les nombres premiers avec 12 étant 5 et 7, il suffira de joindre de 5 en 5.

Dans le pentédécagone, les nombres premiers avec 15 et plus petits que sa moitié étant 2, 4, 7, il y aura trois pentédécagones étoilés.

Nous venons d'indiquer un moyen pratique d'obtenir, à l'aide d'une circonférence partagée en n parties égales, un polygone régulier de n côtés, convexe ou concave.

Je dis que nous pouvons nous contenter de ce moyen de les obtenir, et ne pas en chercher d'autres. Et, à cet effet, nous allons démontrer la propriété suivante :

Théorème. — *Tout polygone régulier, convexe ou concave, est à la fois inscriptible et circonscriptible à un cercle.*

Soit ABCDEFG un polygone régulier, obtenu par n'importe quel procédé. Par trois sommets consécutifs A, B et C nous pouvons toujours faire passer une circonférence. Je dis qu'elle passe par le quatrième sommet.

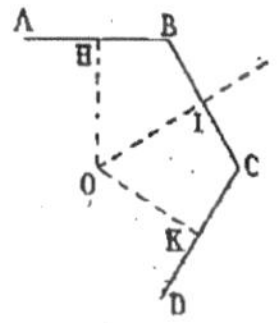

Fig. 506.

En effet, si nous replions la figure autour de la pp. OI comme charnière, IB vient en IC, et, comme les angles en C et B sont égaux, BA s'applique sur CD, et, comme BA = CD, A tombe en D. Mais alors, O n'ayant pas bougé, OA s'applique exactement sur OD. Donc OD = OA, ce qui prouve bien que la circonférence ABC passe par D.

Passant par BCD, elle passe par E, etc., etc. Donc 1° la circonférence du centre O et de rayon OA est bien circonscriptible au polygone considéré.

AB, BC, CD... dans cette circonférence sont des cordes égales. Donc elles sont à égale distance du centre. Donc la circonférence décrite du même point O comme centre avec un rayon égal à OI passera par les pieds H, I, K..., c'est-à-dire sera tangente aux côtés AB, BC, CD, etc...

Donc 2° la circonférence de même centre O et de rayon OI est bien inscriptible dans le polygone. C. Q. F. D.

Nota. — La démonstration précédente convient en tous points à un polygone étoilé, et aussi à une ligne brisée régulière convexe ou étoilée.

Corollaire. — Il résulte de la démonstration précédente que *tout polygone régulier peut être décomposé en Δ isocèles égaux*, ayant pour bases les divers côtés et pour sommet commun le centre du cercle circonscrit, Δ isocèles, où l'angle au sommet est la n^e partie de 360°. Il en résulte aussi que chaque rayon tel que OB est bissecteur de l'angle ABC du polygone.

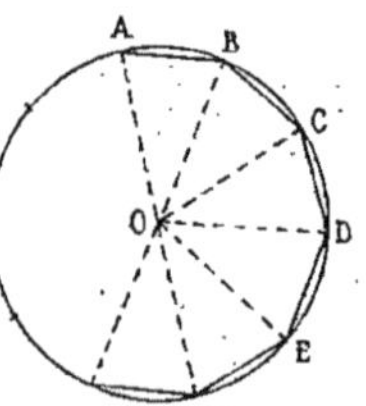

Fig. 507.

Théorème final. — *Deux polygones réguliers* ABCD... A'B'C'D'... *d'un même nombre de côtés sont semblables entre eux, et le rapport des périmètres est égal à celui des côtés ou des rayons des cercles inscrits ou circonscrits.*

D'abord les angles sont égaux, car ils valent tous $\left(\frac{N-2}{n}\right)$ droits. Ensuite les côtés sont proportionnels, puisque, si on considère les rapports $\frac{AB}{A'B'}, \frac{BC}{B'C'}, \frac{CD}{C'D'} \ldots$, les numérateurs sont pareils et les dénominateurs aussi. Enfin on aura, les Δ OAB, O'A'B', OBC et O'B'C'... étant semblables :

$$\frac{OA}{O'A'} = \frac{OH}{O'H'} = \frac{AB}{A'B'} = \frac{BC}{B'C'} = \frac{CD}{C'D'} = \ldots$$

Donc en appelant P et P′ les périmètres, R et R′ les rayons des cercles circonscrits, r et r' les rayons des cercles inscrits :

$$\frac{P}{P'} = \frac{R}{R'} = \frac{r}{r'}.$$

C. Q. F. D.

Construction des polygones réguliers circonscrits.

Théorème I. — *Si une circonférence est divisée en* n *parties égales, et que par les points de division on mène des tangentes, ces tangentes forment un polygone régulier circonscrit de* n *côtés.*

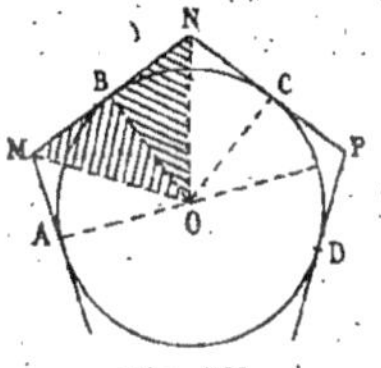

Fig. 508.

D'abord les angles M, N, P... sont tous égaux comme ayant même mesure. Ensuite les côtés le sont. Car MB = BN (les deux Δ ombrés MBO et NBO étant égaux comme ayant un côté de l'angle droit commun et un angle égal, puisque MO et NO sont bissectrices de deux angles égaux). Donc BN est la moitié du côté MN. Il en sera de même de NC qui sera la moitié du côté NP. Mais BN = NC. Donc tous les côtés du polygone formé sont égaux.

Donc le polygone circonscrit formé MNP, etc..., est régulier.

Et il y aura n côtés, car il y a autant de côtés tangents que de sommets au polygone intérieur. C. Q. F. D.

Théorème II. — *Si on mène des tangentes plles aux côtés d'un polygone régulier inscrit dans un cercle, ces tangentes forment un second polygone régulier circonscrit.*

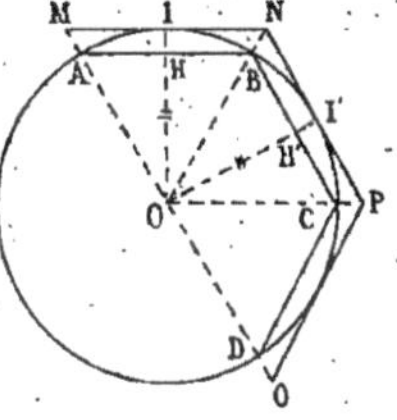

Fig. 509.

Soit en effet ABCD... un polygone régulier inscrit, N étant le point de rencontre des deux tangentes MN et NP plles à AB et à BC. Je dis que la droite ON passe par le sommet B. En effet, si on mène deux tangentes à un cercle, la droite ON qui joint le point N d'où elles partent au centre est bissectrice de l'angle IOI′. Donc ON passe par le milieu de l'arc II′, c'est-à-dire précisément par le sommet B.

Ce premier point démontré, le polygone MNPQ... est alors homothétique du polygone ABCD... Donc il est comme lui régulier. C. Q. F. D.

Remarque. — On pourrait encore le démontrer en repliant la figure autour de OBN et remarquant que, I venant en I', NI vient en NI'. Donc NI' est tangente.

Construction pratique, à l'aide de la règle et du compas, de quelques polygones réguliers convexes inscrits (en d'autres, termes partage rigoureux d'une circonférence en *n* divisions égales).

Par la pensée on peut toujours supposer une circonférence partagée en un nombre quelconque *n* donné de parties égales.

Par tâtonnement on peut toujours y arriver quel que soit *n*, mais seulement approximativement à un quart de millimètre près.

Mais quand on veut obtenir une construction ferme, rigoureuse, c'est-à-dire quand on veut faire ce partage sans tâtonnement à l'aide de constructions de points très nettes, en s'appuyant au préalable sur un raisonnement bien conduit, on ne peut le faire que dans un nombre de cas très restreint.

Nous allons montrer que cela n'a pu être fait, par les procédés élémentaires, que pour les nombres 4, 6, 10 et 15, c'est-à-dire pour le carré, l'hexagone, le décagone et le pentédécagone[1].

Bien entendu, quand nous aurons de la sorte pu rigoureusement partager une circonférence en 4, 6, 10 et 15 parties égales, il nous sera très facile de la partager en un nombre de divisions double ou moitié. (Car on sait partager, à l'aide du compas et de la règle, un arc AB en deux parties égales.) — On aura donc très facilement les polygones inscrits de 8, 12, 20 ou 30 côtés, ainsi que les polygones de 3 ou 5 côtés.

N. B. — Il serait inutile de songer à partager un arc en trois parties égales, car le problème de la *trisection de l'angle* n'a pas encore pu être résolu.

---

1. Le mathématicien Gauss a toutefois prouvé (mais nous pouvons dire ici comment) que ce partage était encore possible, à l'aide de la règle et du compas, pour les nombres premiers absolus quand ils étaient de la forme $(2^k + 1)$; par exemple pour le nombre 17 qui est en effet premier et de sa forme $(2^4 + 1)$.

Règle I. — *Pour inscrire un carré dans un cercle, on mène deux diamètres pp. et on joint les deux extrémités.*

En effet, les quatre angles sont égaux comme droits (inscrits dans une demi-circonférence) et les quatre côtés sont égaux (comme obliques s'écartant également du pied de la pp.).

Règle II. — *Pour inscrire un hexagone dans un cercle, on*

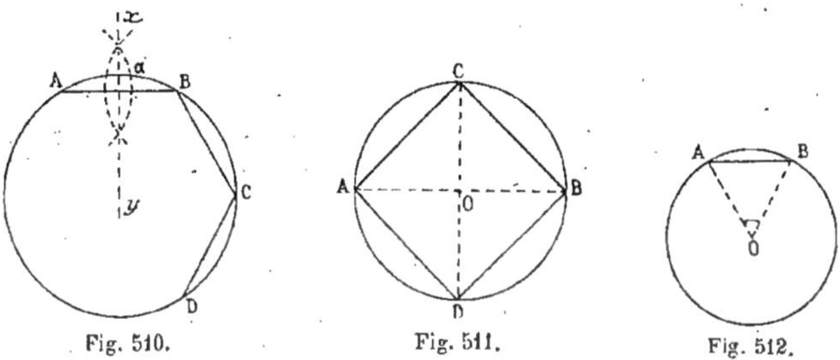

Fig. 510. Fig. 511. Fig. 512.

prend une ouverture de compas égale au rayon, et on la porte six fois sur la circonférence.

Pour justifier cette façon de diviser une circonférence en six parties égales, remarquons que, si une corde AB est égale au rayon, le Δ ABO est équilatéral, donc l'angle au centre O vaut 60°. Donc l'arc intercepté vaut 60°. Mais le nombre 60 est le $\frac{1}{6}$ du nombre 360. Donc l'arc AB est le $\frac{1}{6}$ de la circonférence. Donc cette circonférence renferme juste six arcs égaux à l'arc AB.

Par conséquent, quand on aura porté cinq fois le rayon en AB, en BC, CD, DE et EF, l'arc restant FA, valant $\frac{1}{6}$ de circonférence, sera égal à l'arc AB. Donc la corde FA sera forcément égale à la corde AB, c'est-à-dire au rayon.

Donc le rayon pourra bien être porté juste six fois sur la circonférence, ce qui justifie la règle.

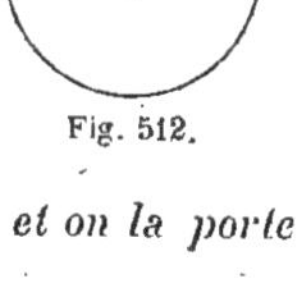

Fig. 513.

Remarque. — Il est aisé de montrer comment cette règle a été découverte. — En effet, soit AB la sixième partie de la circonférence. Il en résultera que l'angle au centre AOB sera mesuré par le nombre 60, donc vaudra 60°. Mais alors le Δ AOB, ayant un angle de 60°, est équilatéral, donc la corde AB est égale au rayon[1].

Règle III. — *Pour inscrire un décagone convexe dans un cercle, autrement dit pour partager une circonférence en dix parties égales, il suffit de construire deux longueurs dont la différence soit égale au rayon* R *et le produit égal au carré de ce rayon et de porter la plus petite longueur trouvée dix fois sur la circonférence.*

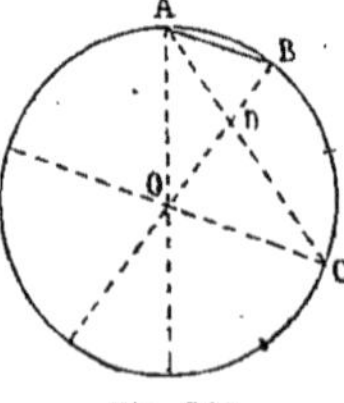

Fig. 514.

Soit AB la dixième partie de la circonférence. On sait (d'après le théorème de Poinsot) que, si on joint de trois en trois les sommets du décagone convexe, on obtient le côté du décagone étoilé. AC sera donc le décagone étoilé. Je dis que $AC - AB = R$ et que $AC \times AB = R^2$.

Pour cela remarquons que AB = AD (les

1. Remarques. — Dans tout hexagone régulier inscrit :

1° Si on joint de deux en deux les sommets, on obtient une droite BD pp. à AB (car l'angle inscrit ABC sous-entend trois divisions, donc vaut $\frac{1}{2}$ 180, c'est-à-dire 90 degrés ou 100 grades).

2° Si on joint de trois en trois, on obtient un diamètre AD (car cette corde AD laisse d'un côté trois divisions, de l'autre aussi trois.

3° Chaque côté est plle à un diamètre (car les angles alternes-internes ADB et DBC sont égaux).

4° L'hexagone se compose de quatre losanges ABOC, OCDE et OEFA.

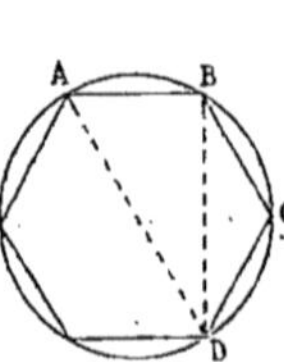

Fig. 515.

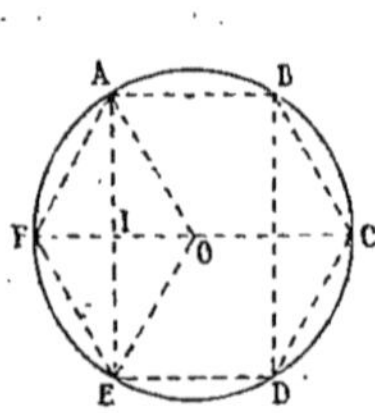

Fig. 516.

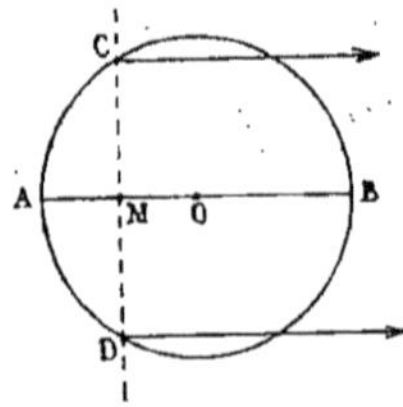

Fig. 517.

5° La corde AE étant pp. au rayon OF en son milieu I, on déduit de là un moyen très commode d'inscrire vite et bien un hexagone dans un cercle : On mène un diamètre AOB, on prend le milieu M du rayon OA, on mène la pp. CD, et par les extrémités on mène des plles au diamètre. Il n'y a plus qu'à joindre.

Nota. — Ce procédé permet de construire aussi très vite et bien le Δ équilatéral inscrit dans un cercle. Il suffirait, dans la figure précédente, de oindre CB et DB. D'où le Δ équilatéral CBD cherché.

angles en B et en D valant chacun la moitié de quatre divisions). On aura donc :

$$AC - AB = AC - AD = DC.$$

Mais DC = OC (cela se montre par la méthode du Δ isocèle en mesurant les angles D et O à l'aide des divisions interceptées).

Donc AC — AB = R.

Ensuite OD est antiparallèle à OC (puisque les angles AOB et OCA ont même mesure). On aura donc :

$$AC \times AD = \overline{AO^2} = R^2.$$

Donc AC et AD sont bien deux droites dont on connaît la différence et le produit ; et en particulier AC est la plus petite de ces deux droites. — D'où le moyen pratique indiqué dans la règle ci-dessus pour diviser une circonférence en dix parties égales. C. Q. F. D.

Remarque. — On peut dire (voir page 318) que le côté du décagone convexe est le plus grand segment additif du rayon partagé en moyenne et extrême raison, — le côté du décagone étoilé étant du reste le plus petit des deux rayons soustractifs du rayon partagé en moyenne et extrême raison.

Règle IV. — *Pour partager une circonférence en quinze parties égales (autrement dit, pour y inscrire un pentédécagone convexe), on prend à partir du même point deux arcs égaux au* $\frac{1}{6}$ *et au* $\frac{1}{10}$ *de la circonférence.*

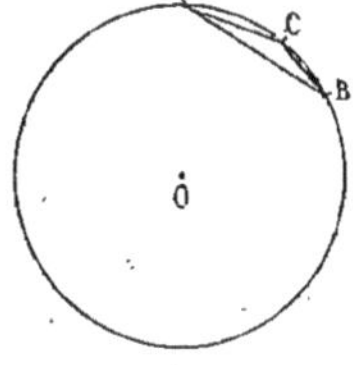

Fig. 518.

En effet, on a : $\frac{1}{6} - \frac{1}{10} = \frac{10-6}{60} = \frac{4}{60} = \frac{1}{15}$,

donc l'arc BC est le $\frac{1}{15}$ de la circonférence.

Calcul des longueurs des côtés des polygones de 4, 6, 3, 10, 5 et 15 côtés (convexes ou étoilés selon les cas), et calcul des apothèmes.

On voit immédiatement en se reportant aux règles de constructions précédentes :

1° *Que le côté du carré inscrit dans un cercle est égal à* $R\sqrt{2}$, R étant la valeur du rayon. (Il suffit d'appliquer la méthode du Δ rectangle et d'écrire :

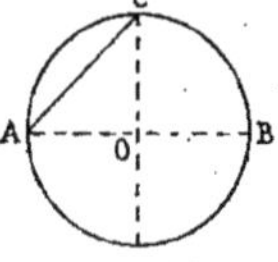

Fig. 519.

$$AC^2 = R^2 + R^2 = 2R^2,$$

donc $$AC = \sqrt{2R^2} = R\sqrt{2}).$$

2° *Que le côté de l'hexagone inscrit a pour valeur* R.

3° *Que le côté du Δ équilatéral inscrit dans un cercle* (côté obtenu en joignant de deux en deux les sommets de l'hexagone) *a pour valeur* $R\sqrt{3}$.

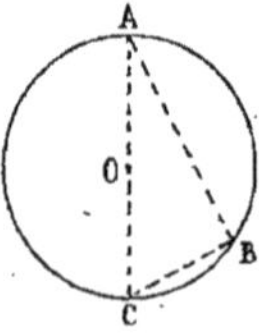

Fig. 520.

En effet, soit AB le côté du Δ équilatéral inscrit. Pour en calculer la valeur, employons la méthode du Δ rectangle, et pour cela joignons A au centre O et prolongeons. Dans le Δ rectangle formé ABC, l'arc AB valant le $\frac{1}{3}$ de la circonférence, c'est-à-dire 120°, l'arc BC en vaudra (180 — 120), c'est-à-dire 60. Donc BC sera le côté de l'hexagone régulier. On aura dès lors :

$$\overline{AB}^2 = \overline{AC}^2 - \overline{BC}^2 = (2R)^2 - R^2 = 4R^2 - R^2 = 3R^2.$$

Donc $AB = R\sqrt{3}$.

4° *Que les côtés des deux décagones réguliers inscrits valent* $\frac{R}{2}(\sqrt{5} - 1)$ et $\frac{R}{2}(\sqrt{5} + 1)$ (voir page 320).

5° *Que les côtés des deux pentagones réguliers, ordinaire et étoilé, valent* $\frac{R}{2}\sqrt{10 - 2\sqrt{5}}$ et $\frac{R}{2}\sqrt{10 + 2\sqrt{5}}$.

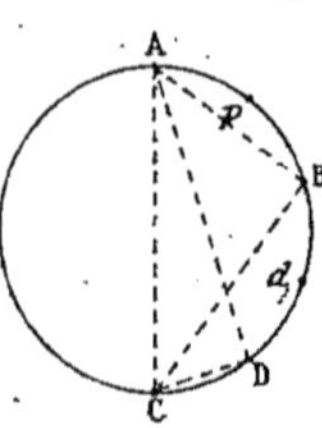

Fig. 521.

En effet, si nous joignons de deux en deux les sommets du décagone, on aura le pentagone régulier convexe. Appelons sa valeur p. Dans le Δ rectangle ABC nous aurons :

$p^2 = 4R^2 - d_1^2$ (car BC est le côté d_1 du décagone étoilé). On en tirera aisément par le calcul la valeur de p.

Pour avoir le pentagone étoilé p_1, il suffit de joindre de deux en deux les sommets du pentagone convexe (théorème de Poinsot), c'est-à-dire de joindre AD. Mais alors le Δ rectangle ADC nous donnera :

$$\overline{AD}^2 = (2R)^2 - d^2,$$

Donc : $$p_1{}^2 = 4R^2 - d^2,$$

d'où la valeur ci-dessus trouvée pour p_1 *.

Remarque. — On aurait pu facilement tirer la valeur de p de la formule établie plus haut (page 263).

$$x = \sqrt{2R\left(R - \sqrt{R^2 - \frac{a^2}{4}}\right)},$$

en y supposant $x = d$ et $a = p$.

6° Pour avoir la valeur du côté du pentédécagone régulier convexe, on appliquera le théorème de Ptolémée, ce qui est assez naturel, puisqu'on a à calculer la longueur de la corde sous-tendant la différence de deux arcs dont on connaît les cordes correspondantes (voir page 278). On écrira donc, en appelant x la valeur du côté du pentédécagone, d et d_1, les valeurs des deux décagones, et p_1 le côté du pentagone étoilé :

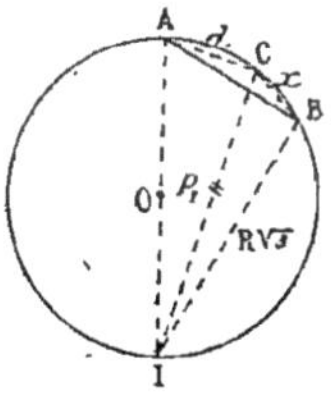

Fig. 522.

$$x \times 2R + d \times R\sqrt{3} = p_1 \times R,$$

égalité d'où on tirera x.

---

* On peut très facilement construire à la fois d, d_1, p, p_1. Il suffit de tracer deux rayons pp. OA et OB, et du milieu I de OA avec un rayon égal à IB, de décrire une circonférence qui coupe OA en C et C'. On a :

$$OC = d,$$
$$CB = p,$$
$$OC' = d_1,$$
$$C'B = p_1.$$

(Facile à vérifier par le calcul).

Il résulte de là que l'on a les deux relations suivantes qu'on pourrait du reste démontrer directement :

$$p^2 = R^2 + d^2$$
$$p_1{}^2 = R^2 + d_1{}^2.$$

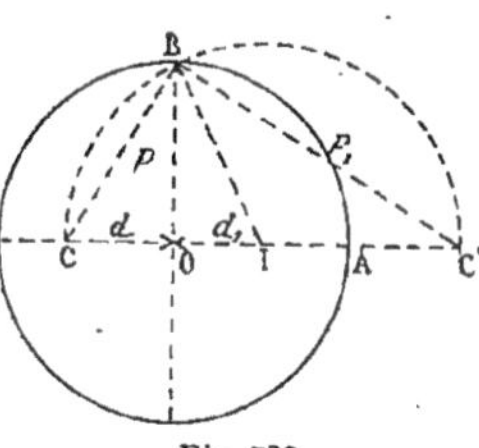

Fig. 523.

Pour avoir les valeurs des côtés des pentédécagones étoilés obtenus en joignant de deux en deux, de quatre en quatre, de sept en sept (voir page 324), nous ramènerons encore la question à celle-ci : calculer la longueur de la corde qui sous-tend un arc égal à la différence ou à la somme de deux arcs dont on connaît les cordes correspondantes, problème connu (page 278) et qui se traitera par le théorème de Ptolémée, en menant toujours le diamètre AD par l'origine :

En effet : $\frac{2}{15} = 2\left(\frac{1}{6} - \frac{1}{10}\right) = \frac{2}{6} - \frac{2}{10} = \frac{1}{3} - \frac{1}{5}$

$$\frac{4}{15} = 4\left(\frac{1}{6} - \frac{1}{10}\right) = \frac{2}{3} - \frac{4}{10}$$

$$\frac{7}{15} = 7\left(\frac{1}{6} - \frac{1}{10}\right) = \frac{7}{6} - \frac{7}{10} = 1 + \frac{1}{6} - \frac{7}{10} = \frac{1}{6} + \frac{3}{10}.$$

Par conséquent, dans le premier cas du pentédécagone étoilé,

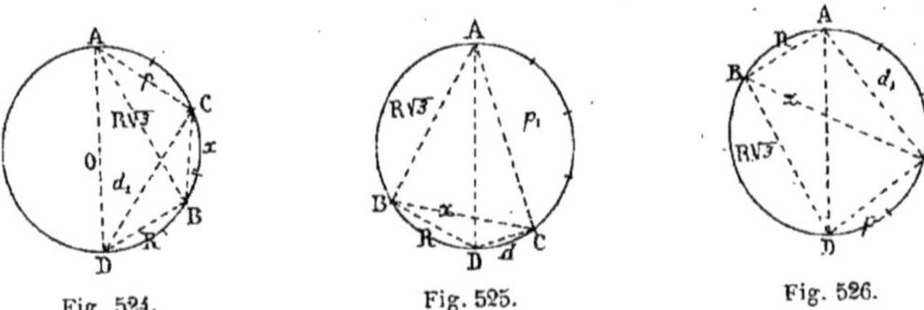

Fig. 524. Fig. 525. Fig. 526.

on considérera le quadrilatère ACBD inscrit dans la demi-circonférence, et on aura :

$$x \times 2R + pR = R\sqrt{3} \times d_1.$$

Dans le deuxième cas, on considérera le quadrilatère ABCD et on aura :

$$x \times 2R = R\sqrt{3} \times d + p_1 R.$$

Dans le troisième cas, on portera les arcs $\frac{1}{6}$ et $\frac{3}{10}$ de part et d'autre de A et on aura :

$$x \times 2R = R\sqrt{3} \times d_1 + Rp.$$

Il serait facile de déduire de ce qui précède la longueur des côtés des polygones d'un nombre double de côtés à l'aide de la formule établie page 263. On trouverait de la sorte pour les côtés des deux octogones et des deux dodécagones réguliers :

$$C_8 = R\sqrt{2-\sqrt{2}} \qquad C_{12} = R\sqrt{2-\sqrt{3}}$$

$$C'_8 = R\sqrt{2+\sqrt{2}} \qquad C'_{12} = R\sqrt{2+\sqrt{3}}$$

Calcul des apothèmes des divers polygones réguliers.

Les apothèmes[1] des polygones réguliers dont on connaît la valeur c du côté s'obtiennent aisément, soit par la méthode du Δ rectangle en disant que

$$a = \sqrt{R^2 - \frac{c^2}{4}},$$

soit par la méthode des Δ semblables, en remarquant que l'apothème OH est toujours la moitié de la *corde* BC *supplémentaire* de la corde AB*.

On trouvera de la sorte en appelant a_3, a_6, a_4, a_{10}, a_5 les apothèmes correspondant aux polygones de 3, 6, 4, 10, 5 côtés :

$$\left\{\begin{aligned} a_3 &= \frac{R}{2} \\ a_6 &= \frac{R\sqrt{3}}{2} \\ a_4 &= \frac{R\sqrt{2}}{2} \end{aligned}\right. \qquad \left\{\begin{aligned} a_{10} &= \frac{p_1}{2} \\ a_5 &= \frac{d_1}{2}. \end{aligned}\right.$$

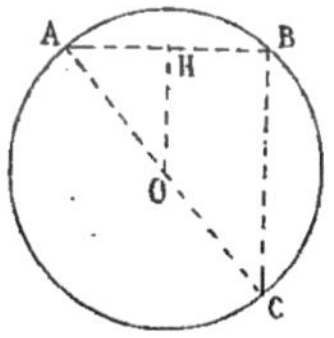

Fig. 527.

N. B. — La connaissance des apothèmes permettra de calculer aisément par la méthode connue des Δ semblables les côtés des polygones réguliers circonscrits, en fonction du rayon.

Remarque finale. — Dans la plupart des résultats numériques qui précèdent, on trouve des racines carrées, exemple :

$$R\sqrt{2}, \qquad R\sqrt{3}, \qquad \frac{R}{2}\left(\sqrt{5}\pm 1\right), \qquad R\sqrt{2-\sqrt{2}}.$$

---

1. On appelle *apothème* (des mots grecs ἀπό, τίθημι, je place dessus) la pp. OH menée du centre du polygone régulier sur le côté.

* On dit que *deux cordes* sont *supplémentaires* quand elles sous-tendent des arcs supplémentaires adjacents.

Donc on peut dire que, jamais, on ne peut calculer exactement ni le côté du carré ni le côté du Δ équilatéral inscrit dans un cercle de rayon connu R....., et on ne peut les connaître qu'approximativement.

Seulement alors combien faudra-t-il par exemple prendre de décimales au nombre $\sqrt{2}$ pour connaître à un centimètre près par exemple le côté du carré inscrit dans un cercle d'un rayon de 6 mètres?

Je dis qu'il en faudra prendre trois, c'est-à-dire que l'on devra prendre pour valeur de $\sqrt{2}$: 1,414.

En effet, l'erreur commise sur $\sqrt{2}$ est alors moindre que $\frac{1}{1\,000}$. Donc puisque $c_4 = 6\sqrt{2}$, l'erreur commise sur $6\sqrt{2}$ sera moindre que $\frac{6}{1\,000}$, donc *a fortiori* sera moindre que $\frac{10}{1\,000}$ ou que $\frac{1}{100}$. Par conséquent, le produit $6 \times 1,414$, c'est-à-dire 8,484, sera la valeur du côté du carré inscrit à $\frac{1}{100}$ près par défaut. On sera donc sûr que, si on prend 8^{m},48, ce nombre mesurera le côté du carré à un centimètre près par défaut.

---

§ 14. — Notions sur les limites (en géométrie).

Définition. — On appelle *limite supérieure d'une quantité variable une quantité fixe de laquelle s'approche constamment cette quantité variable, par des valeurs inférieures, sans jamais y arriver du reste, mais de façon à en différer d'aussi peu qu'on voudra, et toujours de moins en moins.*

Il existe de pareilles quantités. Supposons pour fixer les idées qu'on prenne une longueur limitée, une petite règle par exemple, et qu'on en prenne la moitié, puis la moitié de cette moitié, et ainsi de suite. Sans doute, à un moment donné, on arrivera à une longueur très petite, imperceptible à l'œil nu, un quart ou un huitième de millimètre par exemple, et même moins encore. Mais l'esprit conçoit nettement qu'on peut encore prendre la moitié de cette quantité si petite et cela indéfiniment, sans qu'on puisse jamais être arrêté.

Ce premier point établi, supposons que, gardant à la main la moitié de la règle, on donne l'autre moitié à quelqu'un, qu'on lui donne de nouveau la moitié de cette moitié, et ainsi de suite. On gardera évidemment toujours en main une petite moitié, si minime qu'elle soit. Mais alors, si l'autre personne ajoute les moitiés qu'on lui a données, il est clair que la somme de ces moitiés ira toujours en augmentant, mais que jamais elle n'arrivera à reconstituer la règle puisqu'il en manquera toujours une parcelle, la petite moitié que j'ai dans la main.

Donc on a bien ici une grandeur variable (c'est la somme des morceaux), et 1° cette grandeur croît constamment;

2° Elle reste toujours moindre que la longueur de la règle primitive;

3° Elle en diffère d'aussi peu qu'on voudra.

Donc cette grandeur variable a bien, d'après la définition du mot, une *limite* qui est la longueur de la règle.

Prenons un second exemple :

Imaginons un homme distant de 2 mètres d'un mur.

S'il fait un pas de 1 mètre vers le mur, puis un second pas de un demi-mètre, puis un troisième pas qui soit la moitié du précédent, et ainsi de suite, il marchera toujours en se rapprochant du mur ; sa distance à ce mur pourra devenir plus petite que tout nombre donné à l'avance, si petit qu'il soit, mais il n'arrivera jamais au mur. (Cela résulte évidemment de ce que nous avons dit dans l'exemple précédent.) — La distance de 2 mètres est donc ici encore une limite du chemin parcouru, c'est-à-dire une limite de la somme des pas.

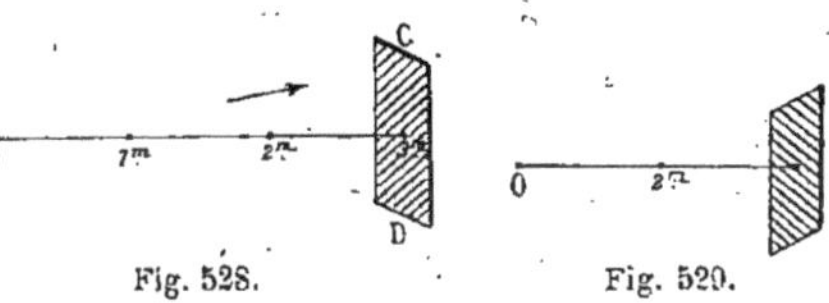

Fig. 528. Fig. 529.

Bien entendu, il faut que ces pas soient faits comme nous l'avons dit, et pas autrement.

Cela posé, si nous considérons un mur distant, non plus de 2 mètres, mais de 3 mètres par exemple, du point de départ O, on voit clairement que, si on se dirige vers ce mur distant de

3 mètres en marchant d'après la même loi que tout à l'heure, la distance 3 mètres ne sera plus la limite vers laquelle tend la somme des chemins parcourus, puisque cette limite est 2 mètres.

Il résulte de ce qui précède qu'il y a trois choses à démontrer pour prouver qu'une quantité fixe donnée est la limite supérieure d'une quantité variable. Il faut prouver :

1° *Que la quantité variable croît constamment;*

2° *Qu'elle reste toujours inférieure à la quantité fixe;*

3° *Que sa différence avec cette quantité fixe peut devenir plus petite que toute quantité donnée, si petite qu'elle soit.*

Quand toutes ces trois conditions sont démontrées, on sera alors, mais alors seulement, autorisé à dire que la quantité fixe est la limite de la quantité variable.

La figure suivante, où OA, OA′, OA″, OA‴... sont les diverses valeurs successives de la quantité variable, et où OL est la limite, constitue une image exacte de ce que nous venons de dire.

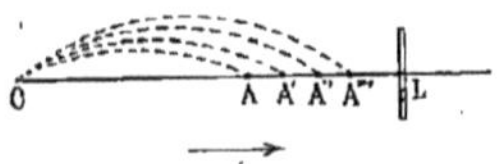

Fig. 530.

Quand, dans une question, on n'a pu prouver que les deux choses suivantes :

1° Que la quantité variable croît constamment;

2° Qu'elle est toujours inférieure à une quantité fixe, on en déduit que la quantité variable a une limite, mais on ne sait pas quelle est cette limite.

Tout ce qu'on peut affirmer, c'est que cette limite est ou la quantité fixe elle-même ou une quantité plus petite.

(Pour bien s'en rendre compte, on n'a qu'à songer à l'exemple donné plus haut du mur distant de 3 mètres et non pas de 2.)

On appelle *limite inférieure d'une quantité variable* OB une grandeur fixe OL telle que toutes les valeurs de la variable :

1° Vont constamment en diminuant;

2° Sont toujours supérieures à la quantité fixe OL;

3° En diffèrent d'aussi peu qu'on voudra, et de moins en moins.

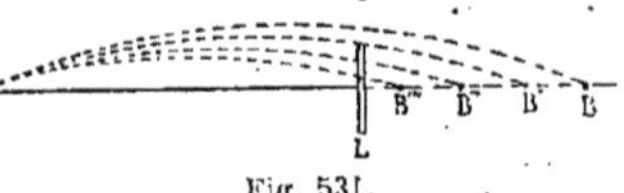

Fig. 531.

Nota. — Il résulte de ce que nous venons de dire que, quand une grandeur variable A a pour limite L, cette grandeur A est forcée de se rapprocher de L, et cela (comme on dit) indéfiniment, mais elle n'y arrive jamais.

Pour démontrer qu'il existe en géométrie des limites, nous allons établir le théorème important suivant :

Théorème. — 1° *Quand on inscrit dans un cercle un polygone régulier, et qu'on double sans cesse, c'est-à-dire indéfiniment le nombre de ses côtés, les périmètres de ces polygones successifs ont une limite ;*

2° *Les périmètres des polygones réguliers circonscrits correspondants ont eux aussi, quand on double indéfiniment le nombre des côtés, une limite;*

3° *Ces deux limites sont les mêmes.*

1° Considérons une circonférence O de rayon R, si nous y inscrivons un polygone régulier, un hexagone par exemple, chacun des côtés étant moindre que la somme des deux tangentes AA′ et A′B, il est clair que le périmètre ABCDEF a une longueur moindre que l'hexagone circonscrit. Par conséquent, la ligne droite p_6 qui représenterait le périmètre sera moindre que la ligne droite représentant le périmètre rectifié P_6 de l'hexagone circonscrit.

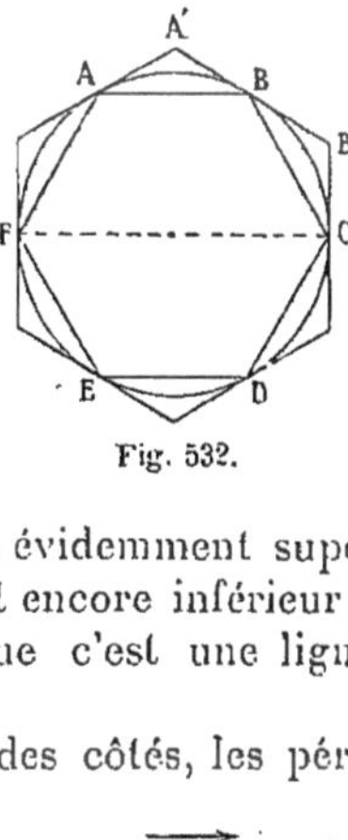

Fig. 532.

Si nous doublons le nombre des côtés, le périmètre p_{12} du dodécagone formé est évidemment supérieur à celui p_6 de l'hexagone, tout en restant encore inférieur à celui P_6 de l'hexagone circonscrit, puisque c'est une ligne brisée convexe enveloppée.

Si nous continuons à doubler le nombre des côtés, les périmètres p_{24}, p_{48}, p_{96}... iront toujours en croissant, tout en restant inférieurs à P_6. Donc, d'après ce que nous avons dit tout à l'heure, tous ces périmètres successifs p_6, p_{12}, p_{24}... tendent vers une longueur limite (limite inconnue, il est vrai, mais certaine).

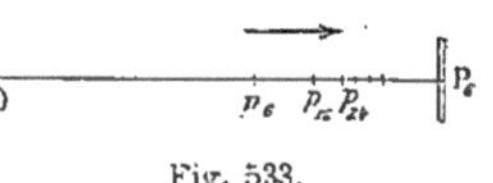

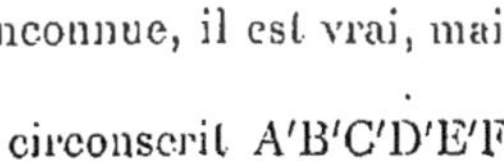

Fig. 533.

2° Si nous considérons l'hexagone circonscrit A′B′C′D′E′F′

obtenu en menant des tangentes aux sommets de l'hexagone inscrit, son périmètre rectifié P_6 sera supérieur évidemment au périmètre inscrit p_6.

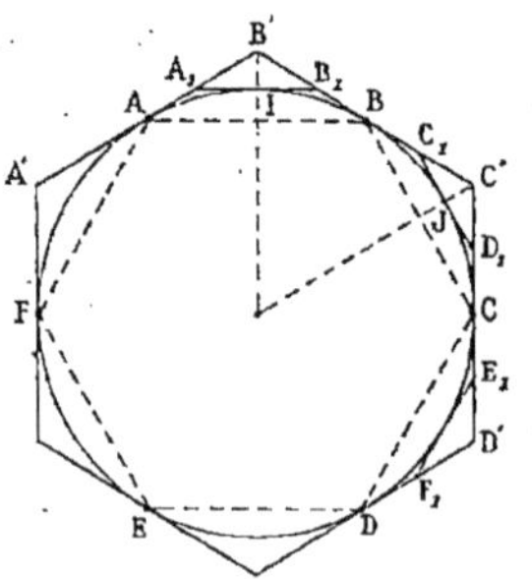

Fig. 534.

Doublons maintenant le nombre des côtés du polygone circonscrit, en menant les tangentes plles à AB, BC, CD..., d'où le polygone régulier de douze côtés $A_1B_1C_1D_1E_1F_1$..., car il correspond au polygone intérieur de douze côtés AIBJC... (Voir page 327, th. 1).

Mais on a :

$$A_1B' + B'B_1 > A_1B_1$$
$$B_1C_1 = B_1C_1$$
$$C_1C' + C'D_1 > C_1D_1 \ldots\ldots\ldots$$

Donc : $(A_1B' + B'B_1) + (B_1C_1) + (C_1C' + C'D_1) + \ldots$
$$> (A_1B_1) + (B_1C_1) + (C_1D_1) + \ldots$$

Donc on aura : $P_6 > P_{12}$ et inversement $P_{12} < P_6$.

Si on continue à doubler de la sorte le nombre des côtés, on aura donc des polygones circonscrits dont les périmètres P_6, P_{12}, P_{24}, P_{48}... *iront constamment en diminuant, tout en restant supérieurs au polygone intérieur* p_6.

Donc, d'après ce que nous avons dit plus haut, ces périmètres des polygones circonscrits tendent eux aussi vers une longueur limite, limite inconnue il est vrai, mais certaine.

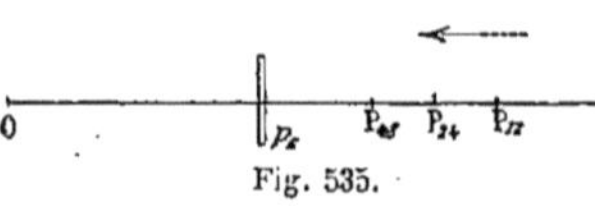

Fig. 535.

3° Je dis maintenant que les deux longueurs limites OI et OC, précédemment obtenues d'une part pour les périmètres inscrits, d'autre part pour les périmètres circonscrits (longueurs inconnues mais qui existent) sont les mêmes.

Supposons un instant ces deux longueurs limites OI et OC différentes entre elles. La première limite OI laisse à sa gauche toutes les longueurs rectifiées des périmètres inscrits, et la deuxième

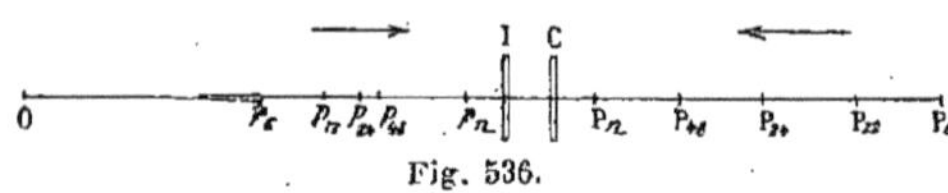

Fig. 536.

limite OC laisse à sa droite toutes les longueurs rectifiées des périmètres circonscrits. De plus, tous les périmètres inscrits étant plus petits que n'importe quel périmètre circonscrit, le point limite I doit être à la gauche du second point limite C, ainsi que l'indique la figure symbolique ci-contre.

Cela posé, je vais démontrer que les deux points I et C doivent être confondus.

En effet, si nous considérons deux polygones correspondants d'un même nombre quelconque n de côtés, l'un inscrit, l'autre circonscrit, ces polygones réguliers étant semblables, le rapport de leurs périmètres p_n et P_n est égal au rapport de leurs apothèmes a et R (théorème connu) (page 326).

On aura donc :

$$\frac{p_n}{P_n}=\frac{a}{R}.$$

Or, plus on double le nombre des côtés, plus a tend vers le rayon R. $\left(\text{Car } a^2=R^2-\frac{c^2}{4}\right.$, c étant la valeur du côté, et c tend vers 0 évidemment[1].)

Le rapport de a à R tend donc vers le nombre 1.

Donc il en sera de même du rapport de p_n à P_n.

Ce qui montre que la différence des *deux périmètres* p_n *et* P_n *doit tendre vers* 0.

Fig. 537.

Or, cette différence est marquée sur la figure symbolique par la distance p_nP_n, et on voit clairement que si les deux points I et C n'étaient pas confondus, en d'autres termes si les limites OI et OC n'étaient pas égales, cette différence, ne pouvant jamais devenir moindre que IC, ne pourrait devenir plus petite que toute quantité donnée.

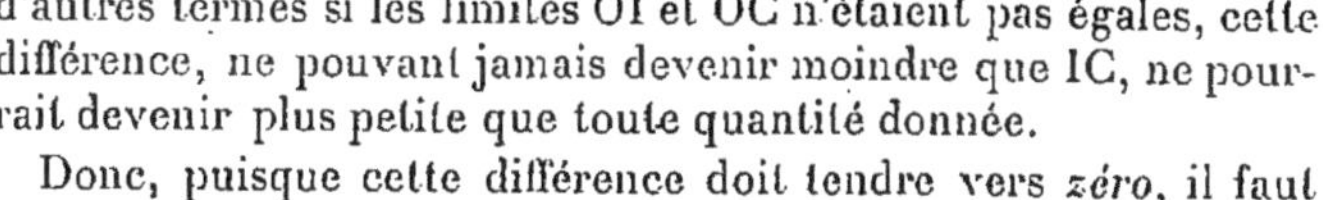

Donc, puisque cette différence doit tendre vers *zéro*, il faut absolument que les deux limites OI et OC soient égales.

C. Q. F. D.

N. B. — Il résulte de là qu'il ne peut y avoir qu'un point de démarcation entre les deux séries, de droite et de gauche, ces deux séries tendant toutes deux vers une même longueur OL.

---

1. c tend vers *zéro*, car l'arc AB tend vers *zéro* puisque I se rapproche indéfiniment de A.

§ 15. — Définition de la longueur d'une circonférence et définition du nombre π.

Étant donné un arc rigide, quelque petit qu'il soit, il est évidemment impossible de le faire coïncider avec un segment de droite. Il est donc impossible de le mesurer même approximativement avec le décimètre. — Pourtant ces arcs rigides ont évidemment une certaine longueur. Car si on enroule soigneusement sur cet arc un fil flexible, puis qu'on tende ce fil le long d'une règle, la longueur du fil sera la longueur de l'arc.

Il en sera de même pour une circonférence. Elle a une longueur. Et nous pouvons dire, en toute rigueur, que c'est celle du fil enroulé dessus, puis rectifié après.

Mais cela ne nous avance guère.

Il est bien évident, en effet, que la longueur de ce fil pourra fort bien ne pas être calculable exactement, en fonction d'une certaine unité de longueur, que cette unité soit le mètre ou une longueur quelconque; car il existe une infinité de longueurs qu'on démontre par le calcul ou le raisonnement être incommensurables avec une autre longueur. Témoin : la diagonale du carré qui est incommensurable avec son côté, le côté du carré inscrit dans un cercle qui est incommensurable avec le rayon, la hauteur du Δ équilatéral qui est incommensurable avec le côté du Δ. Telle serait encore la diagonale d'un carré de 3 mètres de côté, laquelle, étant incommensurable avec ce côté, l'est aussi avec le mètre, donc ne saurait être évaluée exactement en mètres, ou en fraction quelconque du mètre. — Or, c'est précisément ce qui arrive ici. Car le géomètre français Lambert (en 1770) a prouvé que la longueur de toute circonférence est incommensurable avec son rayon.

Donc il faut renoncer absolument à l'espoir de pouvoir jamais calculer *exactement* la longueur d'une circonférence dont le rayon R est connu (numériquement[1]).

1. On objectera peut-être qu'une circonférence peut fort bien être égale à un nombre entier juste, par exemple à 18. D'accord. Seulement alors le rayon devra être incommensurable. Donc encore dans ce cas le rapport de la circonférence au rayon sera un nombre incommensurable.

Ce premier point bien établi, il est naturel de se demander comment on pourrait bien calculer approximativement, et avec une approximation toujours croissante, la longueur de la droite figurative de la longueur d'une circonférence de rayon connu quelconque R.

Les géomètres ont résolu la question en convenant tous de dire avec Archimède que, par définition, *la longueur d'une circonférence*[1] *est la longueur limite vers laquelle tendent les périmètres des polygones réguliers inscrits dans cette ciconférence quand le nombre des côtés double indéfiniment.*

Il est clair, en effet, une fois cette définition admise, que par exemple les valeurs successives p_6, p_{12}, p_{24}, p_{48}... sont *des valeurs de plus en plus approchées de la longueur de la circonférence de rayon* R, valeurs qui sont :

$$6R, \quad 12R\sqrt{2-\sqrt{3}}.\ \ldots\ldots\ldots$$

La question de la mesure de plus en plus approchée d'une circonférence est donc résolue.

Et même, comme la limite des périmètres des polygones réguliers circonscrits est la même que pour les périmètres inscrits, on voit que : si on calcule chaque fois p_6 et P_6, puis p_{12} et P_{12}, p_{24} et P_{24}... (ces valeurs étant les premières supérieures, les secondes inférieures à la droite figurative de la longueur de la circonférence), en prenant les *décimales communes*, on saura exactement sur combien de chiffres décimaux exacts on peut compter.

Par exemple, si on a trouvé $p_6 = 4{,}725$ et $P_6 = 4{,}729$, on dira que la circonférence, étant comprise entre 4,725 et 4,729, sera certainement 4,72 à $\frac{1}{100}$ près par défaut.

En résumé, la circonférence est comme la diagonale du carré, comme la hauteur du Δ équilatéral : jamais on ne peut la mesurer juste en fonction de son rayon (ni par conséquent non plus en fonction du mètre si le rayon a été mesuré en mètres).

---

1. Ou, si on veut, la longueur du fil qui mesurerait la circonférence.

Définition du rapport π et application de ce nombre π au calcul de la longueur d'une circonférence ou d'un arc de cercle.

Nous venons d'indiquer un moyen d'évaluer avec une approximation croissante la valeur d'une circonférence de rayon donné. Mais ce procédé serait long, s'il fallait chaque fois, pour construire la longueur d'une circonférence, calculer des périmètres de polygones réguliers successifs.

Aussi a-t-on cherché un moyen plus simple et on y est arrivé en s'appuyant sur le théorème suivant, dû à Archimède[1].

Théorème d'Archimède.

Le rapport d'une circonférence à son diamètre est un nombre constant.

Pour le démontrer, prenons deux circonférences, une grande de rayon R et une petite de rayon R'. Si nous y inscrivons deux polygones réguliers d'un même nombre n de côtés, on sait qu'ils sont semblables et que l'on a, en désignant par p et p' leurs périmètres :

$$\frac{p}{p'}=\frac{R}{R'},$$

c'est-à-dire :

$$\frac{p}{R}=\frac{p'}{R'},$$

et cela a lieu quand n double indéfiniment.

Mais, quand une quantité variable a toujours la même propriété, cette propriété subsiste encore à la limite (on l'admet comme évident). Donc on aura encore :

$$\frac{\text{Limite de } p}{R}=\frac{\text{limite de } p'}{R'},$$

c'est-à-dire :

$$\frac{\text{Longueur de la circonférence O}}{\text{Longueur du rayon R}}=\frac{\text{Longueur de la circonférence O}'}{\text{Longueur du rayon R}'},$$

1. Archimède, célèbre géomètre grec, qui vivait 200 ans environ avant Jésus-Christ.

ce qui montre que le rapport entre la longueur d'une circonférence et le rayon a toujours la même valeur, c'est-à-dire est ce qu'on appelle constant.

Il résulte évidemment de là que *le rapport de la circonférence au diamètre est lui aussi un nombre constant.*

Car de la relation $\frac{C}{R}=\frac{C'}{R'}$, on déduit évidemment :

$\frac{C}{2R}=\frac{C'}{2R'}$, c'est-à-dire : $\frac{C}{D}=\frac{C'}{D'}$ (puisque les moitiés de deux rapports égaux sont encore égaux). C. Q. F. D.

Conclusions.

Archimède a appelé π le rapport constant qui précède et il en a donné comme valeur $\frac{22}{7}$. Ainsi, d'après Archimède, chaque circonférence vaudrait 22 fois la septième partie du diamètre, c'est-à-dire 3 fois et $\frac{1}{7}$ de fois le diamètre. De telle sorte qu'une ligne droite pourrait, d'après cela, être égale à la circonférence rectifiée. Mais ce chiffre n'est pas exact. Il est impossible de mesurer exactement ce rapport π, puisque, en 1770, le géomètre français Lambert a prouvé que ce rapport π n'est ni un nombre entier, ni un nombre fractionnaire, donc est un nombre incommensurable.

Il faut donc nous contenter de connaître ce rapport π *approximativement*. Ses premiers chiffres sont les suivants :

$$3,1415926535...$$

Le nombre d'Archimède $\frac{22}{7}$ n'en est qu'une valeur approchée (une valeur approchée par excès à $\frac{1}{100}$ près).

Le nombre $\frac{355}{113}$, indiqué au dix-septième siècle par le géomètre hollandais Adrien Métius, n'est lui aussi qu'approché [1].

---

1. On le retrouve en écrivant deux fois les trois premiers nombres impairs, d'où 113355 et coupant par le milieu.

Le nombre 3,1416 qu'on emploie souvent dans la pratique est enfin évidemment lui aussi inexact. Il est approché par excès.

On a souvent dans les calculs besoin de connaître approximativement la valeur du nombre $\frac{1}{\pi}$. Il est égal à 0,31 830989*.

Nota. — Le problème jadis proposé de la *quadrature du cercle* consistait à construire, à l'aide de la règle et du compas, un carré rigoureusement égal à la longueur c d'une circonférence, c'est-à-dire à la longueur du fil qu'on y aurait enroulé.

De ce que, en considérant les périmètres des polygones réguliers successifs, on n'arrive jamais à trouver cette longueur c (puisque jamais on ne peut arriver à une limite), il n'en résultait pas que la quadrature du cercle était un problème impossible, car par d'autres considérations on aurait peut-être pu y arriver.

Cette impossibilité ne résulte pas non plus de ce fait que c est incommensurable avec R. Car la diagonale d'un carré est incommensurable avec son côté et pourtant on peut construire aisément cette diagonale.

Aussi n'est-ce que depuis les travaux du géomètre Lindemann, travaux déduits en 1884 de ceux du célèbre mathématicien français Hermite, que le problème de la quadrature du cercle a été reconnu impossible.

Formule $C = 2\pi R$.

Il est facile de voir qu'en nous appuyant sur le théorème d'Archimède, on a un moyen simple et rapide de connaître par le calcul la longueur de toute circonférence (sinon avec une rigueur absolue, du moins avec une approximation aussi grande qu'on voudra, non seulement à 1 millimètre ou à $\frac{1}{4}$ de millimètre près, mais à $\frac{1}{10}, \frac{1}{100}, \frac{1}{1000}$ de millimètre, et même davantage).

En effet, puisque l'on a en appelant D le diamètre : $\frac{C}{D} = \pi$,

* Ce nombre peut se retrouver comme il suit : les 3 journées de 1830 furent un nouveau 89.

et que ce nombre π est approximativement connu, on en déduit $C = D\pi$, c'est-à-dire $C = 2R \times \pi$, ce qui donne la formule [1] suivante :

$$\boxed{C = 2\pi R.}$$

Donc : C désigne la valeur numérique de la circonférence de rayon R, c'est-à-dire sa longueur ; on peut énoncer la règle suivante :

RÈGLE. — *Toute circonférence se calcule en multipliant son diamètre par le nombre*.*

Exemple. — *Quelle est la longueur d'une circonférence dont le rayon est de 5 mètres ?*

Réponse. — Le diamètre valant 10 mètres, et π valant 3,14159253..., on a : $C = 10\pi$. Donc la circonférence vaudra 31 mètres à 1 mètre près par défaut, c'est-à-dire avec une erreur moindre que 1 mètre,

ou 314 décimètres à 1^{dm} près par défaut,
ou 3141 centimètres à 1^{cm} —
ou 31415 millimètres à 1^{mm} —
ou 314159 dixièmes de ^{mm} à $\frac{1}{10}^{mm}$ —
etc., etc.

Longueur des arcs de cercle.

En nous appuyant sur le théorème d'Archimède, c'est-à-dire sur la connaissance du nombre π, il est très facile de *calculer la longueur d'un arc de cercle* (longueur qui est, elle aussi, une limite).

En effet, si cet arc de cercle renferme *n* degrés et a un rayon représenté par le nombre R, on dira :

1. On appelle *formule*, une égalité où dans le second membre on indique la série des opérations d'arithmétique à faire sur des nombres connus ou approchés pour trouver exactement ou approximativement la valeur numérique de l'expression contenue dans le premier membre.

* De même que la diagonale d'un carré se calcule immédiatement en multipliant son côté par le nombre $\sqrt{2}$.

la circonférence valant $2\pi R$ et renfermant 360 degrés, 1 degré aura une longueur égale à $\frac{2\pi R}{360}$ ou, en simplifiant, $\frac{\pi R}{180}$, donc

n degrés auront une longueur égale à $\frac{\pi R n}{180}$.

n minutes auraient une longueur égale à $\frac{\pi R n}{180 \times 60}$,

et *n secondes* — — $\frac{\pi R n}{180 \times 60 \times 60}$,

d'où les formules :

$$l = \frac{\pi R n}{180} \quad l = \frac{\pi R n}{180 \times 60} \quad l = \frac{\pi R n}{180 \times 60 \times 60}.$$

Exercices. — *A la surface de la Terre, sur un méridien, il y a environ* 25 *lieues au degré; l'arc d'une minute vaut environ* 1852 *mètres* (mille marin), *l'arc d'une seconde vaut environ* 30 *mètres* (la moitié est le nœud marin, qui par conséquent vaut 15 mètres); *enfin, sur le parallèle de* 45° *la longueur de l'arc d'un degré vaut environ* 17 *lieues.*

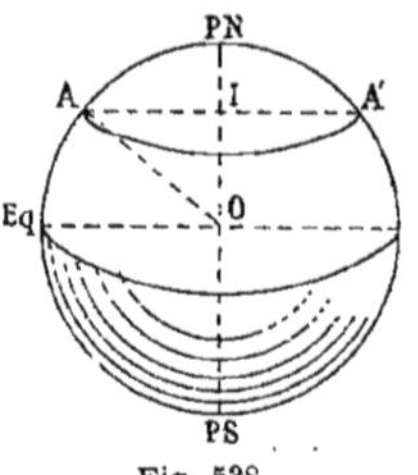

Fig. 538.

En effet, le rayon terrestre valant environ 1500 lieues, on a pour l'arc d'un degré sur le méridien $\frac{\pi \times 1500}{180}$, ou en prenant π égal à 3 : $\frac{3 \times 1500^l}{180} = 25^l$.

Quant au parallèle de 45°, à savoir AA', son rayon AI se calcule aisément en remarquant que le Δ AIO est isocèle, et donne $2\overline{AI}^2 = R^2$, d'où $AI = \frac{R}{\sqrt{2}}$. Mais $\sqrt{2}$ est sensiblement égal à 1,5, c'est-à-dire à $\frac{3}{2}$. Donc $AI = \frac{R}{3/2} = \frac{2R}{3}$.

Par conséquent, en appliquant la formule $l = \frac{\pi R n}{180}$, on aura :

$l = \frac{\pi . 2R}{3 . 180}$ ou en faisant $\pi = 3$, $l = \frac{R}{90} = \frac{1500}{90} = 16,66 = 17^l$ environ.

N. B. — Ces nombres permettent d'évaluer assez rapidement sur une carte les dimensions des différents pays.

Évaluation numérique du rapport π.

Pour finir, il est assez naturel de se demander comment les géomètres s'y sont pris pour évaluer (toujours approximativement, bien entendu) ce nombre si important qu'ils ont appelé π.

Puisque l'on a par définition pour toute circonférence :

$$\pi = \frac{C}{D} \text{ ou } \pi = \frac{C}{2R},$$

il y a évidemment deux façons de procéder. La première consiste à se donner à volonté numériquement un rayon R et de calculer C. La seconde consiste à se donner numériquement la longueur C et à calculer R.

La première constitue la *méthode des périmètres;* la seconde, la *méthode des isopérimètres.*

Méthode des périmètres.

Puisqu'il est entendu que C ne peut pas être calculé juste et que C est une limite (la limite des périmètres des polygones inscrits), il est bien évident que, par exemple, les périmètres des polygones inscrits de 6, 12, 24, 48 côtés sont des valeurs approchées de ce nombre cherché C. En se reportant à ce que nous avons dit plus haut, on pourra aisément voir les chiffres certains qu'il faudra garder en recourant aux polygones circonscrits correspondants et prenant les décimales communes.

Il n'y aura plus alors qu'à diviser les valeurs approchées ainsi trouvées par le nombre 2R, pour avoir des valeurs de plus en plus approchées du nombre cherché π. Par exemple si $R = 1$, le nombre π sera figuré approximativement par les nombres

$$\frac{1}{2}p_6, \frac{1}{2}p_{12}, \frac{1}{2}p_{24}, \frac{1}{2}p_{48} \ldots,$$

et l'on aura de la sorte des valeurs approchées par défaut de ce nombre π.

(C'est la méthode qu'a employée Archimède.)

Remarque. — Il y a deux formules très commodes pour déduire rapidement des périmètres p et P des polygones inscrit et circonscrit les périmètres P' et p' des polygones circonscrit et inscrit d'un nombre double de côtés.

Ces formules sont :
$$\frac{1}{P'}=\frac{\frac{1}{P}+\frac{1}{p}}{2} \qquad (1)$$

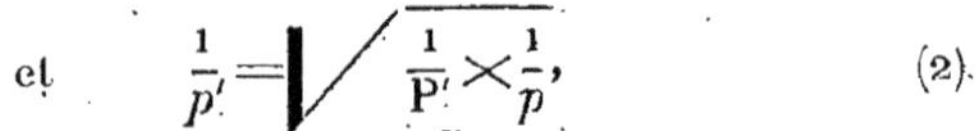

et
$$\frac{1}{p'}=\sqrt{\frac{1}{P'}\times\frac{1}{p}}, \qquad (2).$$

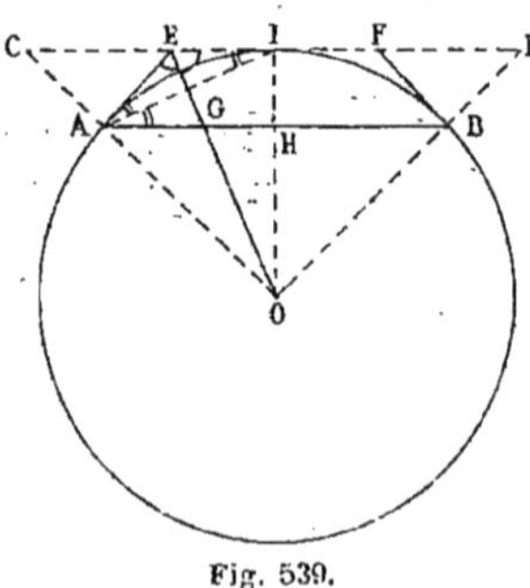

Fig. 539.

les inverses des périmètres nouveaux étant, de la sorte, l'un une moyenne arithmétique, l'autre une moyenne géométrique.

La figure nous montre, en effet, que l'on a :

$p=n\text{AB}=2n.\text{AH} \quad p'=2n.\text{AI}$
$\text{P}=n\text{CD}=2n.\text{CI} \quad \text{P}'=2n.\text{EF}$

c'est-à-dire : $p'=4n.\text{AG}$
$\text{P}'=4n.\text{EI}$.

Pour établir la formule (1) il faut donc établir une relation entre AH, CI, AG et EI ou AE. Or, cela peut se faire en remarquant que OE est bissectrice. Car on a :

$$\frac{\text{EI}}{\text{CE}}=\frac{\text{OI}}{\text{OC}}=\frac{\text{R}}{\text{OC}}=\frac{\text{OA}}{\text{OC}},=\frac{\text{AH}}{\text{CI}}=\frac{2n.\text{AH}}{2n.\text{CI}}=\frac{p}{\text{P}}. \qquad (3)$$

Mais la formule (1) pouvant s'écrire :

$$\frac{1}{\text{P}'}=\frac{\text{P}+p}{2\text{P}p},$$

il est naturel, puisqu'on y parle de $\text{P}+p$, de déduire de (3) la proportion suivante :

$$\frac{p}{\text{P}+p}=\frac{\text{EI}}{\text{EI}+\text{CE}}=\frac{\text{EI}}{\text{CI}}.$$

Mais on doit avoir $\frac{\text{P}+p}{p}=\frac{2\text{P}}{\text{P}'}$. Il est donc naturel de prouver que $\frac{\text{EI}}{\text{CI}}=\frac{\text{P}'}{2\text{P}}$, c'est-à-dire $=\frac{4n\text{EI}}{4n\text{CI}}$, ce qui est évident. On a donc bien la relation (1).

Pour établir la relation (2) qu'on peut écrire : $p'^2 = pP'$,

c'est-à-dire : $16n^2\overline{AG}^2 = 2nAH \times 4nEI,$

c'est-à-dire : $2\overline{AG}^2 = AH \times EI,$

c'est-à-dire : $AG \times 2AG = AH \times EI,$

ou enfin : $AG \times AI = AH \times EI\,;$

il est naturel de considérer les Δ semblables AHI et AGE. Ils nous donnent $\frac{AH}{AG} = \frac{AI}{AE} = \frac{AI}{EI}$, donc la relation (2) est démontrée.

Méthode des isopérimètres.

Lemme fondamental I. — *Etant donné un polygone régulier convexe isopérimètre d'une circonférence* C *(c'est-à-dire ayant un périmètre égal à la longueur de la circonférence), son rayon et son apothème sont l'un plus grand, l'autre plus petit que le rayon de la circonférence* C.

Supposons, pour fixer les idées, que nous ayons pris un carré isopérimètre de la circonférence. Puisque celle ci a par hypothèse une longueur connue l, le côté du carré sera $\frac{l}{4}$. Si nous menons les deux cercles inscrit et circonscrit, nous aurons, en désignant par r l'apothème, par R le rayon du cercle circonscrit, par x le rayon inconnu de la circonférence :

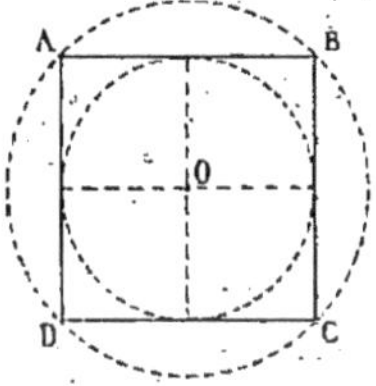

Fig. 540.

$$2\pi r < ABCD < 2\pi R.$$

Mais le carré ABCD ayant un périmètre égal à l, c'est-à-dire à $2\pi x$, on en déduit :

$$2\pi r < 2\pi x < 2\pi R,$$

c'est-à-dire : $$r < x < R.$$

Donc le rayon x est bien compris entre r et R.

C. Q. F. D.

Lemme fondamental II. — *Quand dans des polygones isopérimètres on double indéfiniment le nombre des côtés :*

1° *Les apothèmes* r *vont en croissant;*

2° *Les rayons* R *des cercles circonscrits vont en décroissant;*

3° *La différence* (R — r) *tend vers zéro*[1].

Soit AB le côté d'un polygone de n côtés, OH étant égal à r et OA à R. Dans un polygone isopérimètre de vingt-quatre côtés, l'angle au centre doit être moitié moindre. Par conséquent, si on prolonge la pp. OH en C, puis qu'on mène la pp. OM sur AC et la plle MN à AB, non seulement MN, qui est la moitié de AB, sera le côté du polygone isopérimètre de $2n$ côtés, mais encore O sera le centre du cercle circonscrit à ce nouveau polygone (puisque l'angle MON est évidemment la moitié de l'angle AOB).

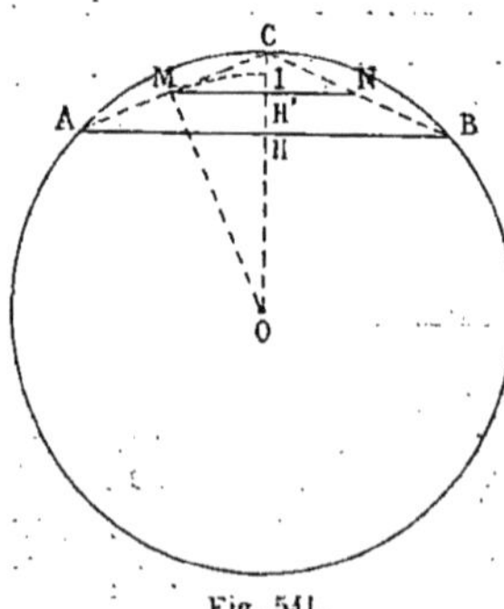

Fig. 541.

Par conséquent, l'apothème r' dans ce nouveau polygone sera OH' et le rayon R' en sera OM.

Cela posé, la figure nous montre que l'on a :

$r' > r$ puisque OH' est plus grand que OH).

R' < R (..... la pp. OM est plus courte que OA).

Donc les r vont bien en croissant et les R en décroissant.

Mais la différence (R — r) est égale à CH.

— (R' — r') — H'I, I étant le point où l'arc de cercle de rayon OM coupe OC.

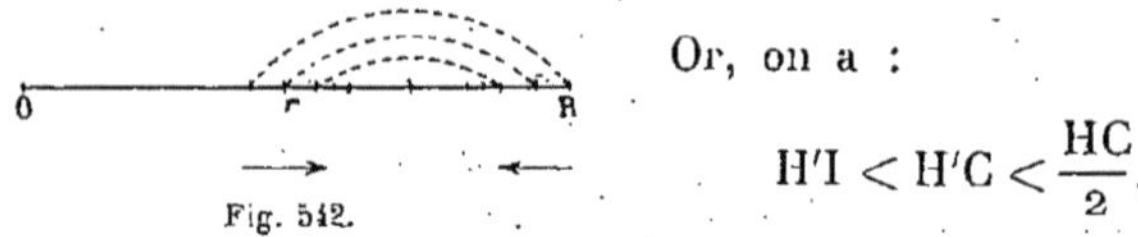

Fig. 542.

Or, on a :

$$H'I < H'C < \frac{HC}{2},$$

1. Cela se représente symboliquement par la figure 542 ci-dessus.

donc,
$$R' - r' < \frac{R - r}{2}.$$

En continuant, on aurait :

$$R'' - r'' < \frac{1}{2}(R' - r'),$$

donc,
$$R'' - r'' < \frac{1}{4}(R - r),$$

$$R''' - r''' < \frac{1}{2^3}(R - r), \text{etc.}$$

$$R_n - r_n < \frac{1}{2^n}(R - r).$$

Ce qui montre bien que plus le nombre n est grand, plus la différence $(R_n - r_n)$ est petite ; ce qui montre encore que la différence peut devenir plus petite que toute quantité donnée si petite qu'elle soit — en d'autres termes, qu'elle tend vers o.

C. Q. F. D.

Il résulte des deux lemmes qui précèdent que l'on peut aisément calculer, avec un nombre de décimales croissant, le rayon x d'une circonférence dont on s'est donné la longueur l.

Il suffira pour cela de partir d'un polygone isopérimètre quelconque, le carré par exemple, puis de faire deux tableaux analogues aux tableaux ci-contre, et de prendre les décimales communes à r et à R, à r' et à R', à r'' et à R'', etc., etc.

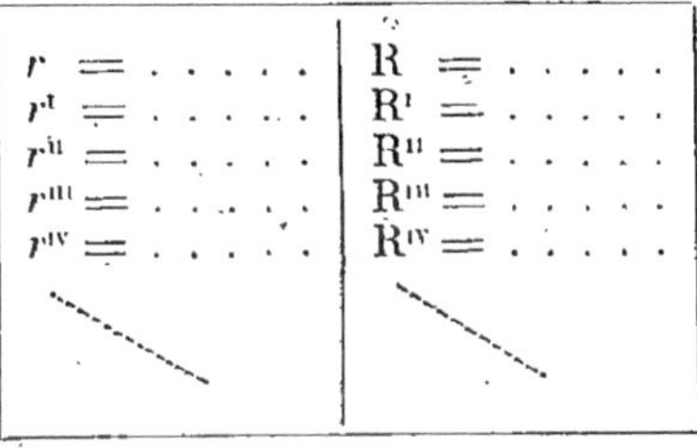

r = ...	R = ...
r^{I} = ...	R^{I} = ...
r^{II} = ...	R^{II} = ...
r^{III} = ...	R^{III} = ...
r^{IV} = ...	R^{IV} = ...

Si nous appelons x, x^{I}, x^{II}, x^{III}, x^{IV}... les valeurs ainsi obtenues, on aura des valeurs de plus en plus rapprochées du nombre π, à savoir :

$$\frac{l}{2x}, \frac{l}{2x^{\text{I}}}, \frac{l}{2x^{\text{II}}}, \frac{l}{2x^{\text{III}}}, \ldots$$

Pour finir, il nous reste à montrer qu'on peut chaque fois, à l'aide d'une moyenne arithmétique et d'une moyenne géométrique, calculer r' et R', r'' et R'', etc...

La figure précédente nous montre, H' étant le milieu de CH, que l'on a :

$$OH' = \frac{OC + OH}{2} \text{ (égalité facile à démontrer).}$$

Donc,
$$\boxed{r' = \frac{R + r}{2}} \qquad (1).$$

Ensuite le Δ OMC étant rectangle en M, on voit que l'on a :

$$OM^2 = OC \times OH',$$

c'est-à-dire :
$$R'^2 = R \times r'.$$

Donc,
$$\boxed{R' = \sqrt{Rr'}} \qquad (2).$$

Les calculs précédents sont donc très faciles à faire.

Résumé des méthodes contenues dans le troisième livre de géométrie.

Pour démontrer que dans une figure des longueurs forment des rapports égaux, on emploie :

Où le théorème de Thalès,

Ou les Δ semblables.

Pour démontrer que des longueurs forment des produits égaux, on emploie la méthode des Δ semblables;

Ou la méthode des antiparallèles.

Pour calculer une longueur, on a trois méthodes principales à sa disposition :

Celle du Δ rectangle;

Celle des Δ semblables;

Celle du carré du côté opposé à un angle aigu ou obtus;

Et d'autres méthodes secondaires, telles que le théorème de Stewart et le théorème de Ptolémée.

Pour prouver que trois points sont en ligne droite, on peut employer, outre les méthodes indiquées dans les deux premiers livres, le théorème de Ménélaüs.

Pour prouver que des droites sont concourantes, on peut employer la méthode des segments proportionnels placés sur deux droites parallèles, ou le théorème de Céva, ou encore prouver que ces droites sont les axes radicaux de trois cercles.

Pour déterminer un point à l'aide de la règle et du compas, on construit ordinairement deux lieux géométriques dont l'intersection donne le point cherché.

Pour construire un Δ,

ou bien on en détermine directement les trois sommets chaque fois par l'intersection de deux lignes;

ou bien on construit un Δ auxiliaire, naturellement indiqué par la figure, duquel on déduit le Δ cherché;

ou bien enfin on construit un Δ auxiliaire semblable au Δ cherché[1].

---

1. Voir le *Guide méthodique de résolution des problèmes de géométrie*, par P. Simon (Belin, éditeur), où l'on trouvera de nombreux exemples nettement appropriés aux méthodes précédentes.

Compléments du troisième livre (ou géométrie segmentaire).

Sommaire :

I. — **Des segments et vecteurs** (Théorème de Chasles).
II. — **Division harmonique et faisceaux harmoniques.**
III. — **Pôles et polaires** (par rapport à un angle ou à un cercle).
IV. — **Figures inverses.**
V. — **Construction de circonférences.**

I. — Segments et vecteurs.

Quand on part d'un point A pris sur une droite indéfinie xy, on peut y parcourir une longueur donnée, 7 mètres par exemple, en allant ou vers la droite ou vers la gauche, c'est-à-dire en marchant dans le sens f ou dans le sens opposé φ.

Nous ne serons donc renseignés qu'incomplètement quand, ayant intérêt à savoir dans quel sens on a marché, on nous dit que le chemin parcouru est de 7 mètres.

Mais si on convient d'appeler chemin *positif* le chemin parcouru à partir de A dans le sens f par exemple, le chemin parcouru dans le sens φ étant alors *négatif*, il est clair que, grâce à ce signe, quand on nous dira que le chemin parcouru est (— 7^m), on connaîtra à la fois et *la longueur* et *le sens* du chemin parcouru.

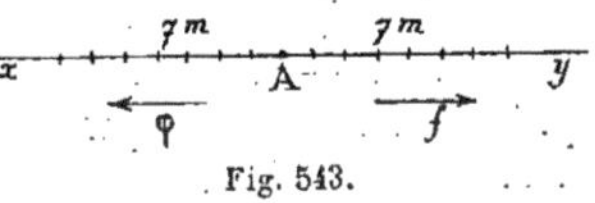

Fig. 543.

Les diverses droites d'une figure géométrique pouvant ainsi être assimilées à des chemins parcourus, on pourra donc dire que les nombres qui les mesurent seront ou positifs ou négatifs. Ce nombre sera ou + AB ou — AB, AB désignant en géométrie, nous l'avons déjà dit souvent, un nombre arithmétique (le nombre qui mesure la longueur AB). Et ces droites ou portions de droites ainsi mesurées par des nombres tantôt positifs tantôt négatifs, on les appellera des *segments*.

Convention. — *Une fois le sens positif adopté sur une droite* xy, *on convient que dans la désignation du segment la lettre écrite la première désignera le point de départ, c'est-à-dire l'origine du segment; la seconde lettre désignant le point d'arrivée, c'est-à-dire l'extrémité du segment.*

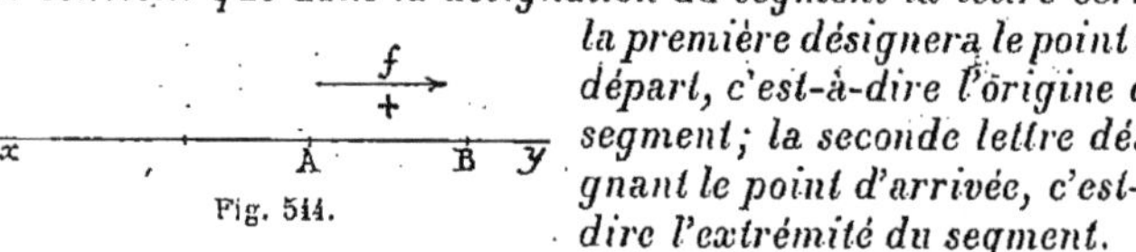

Fig. 514.

D'après cela, quand on dira « *le segment* AB », cela voudra dire que le chemin a été parcouru de A vers B, donc dans le sens positif; par conséquent « *le segment* AB » est positif. — Au contraire, quand on dira « *le segment* BA », cela indiquera que le chemin a été parcouru de B vers A; par conséquent « *le segment* BA » est, sur la figure, négatif.

En géométrie ordinaire, dans le Ier et le IIe livre, on dit indifféremment la droite AB ou la droite BA; l'ordre des lettres n'importe pas. Mais quand on fait de la *géométrie segmentaire*, et qu'on prononce ce mot double « *le segment* AB », le segment AB n'est pas du tout la même chose que le segment BA. L'un étant mesuré par exemple par le nombre 6, l'autre le sera par le nombre — 6. De telle sorte que la somme des nombres qui mesurent les deux segments AB et BA est égale à zéro.

Le signe à affecter à la mesure d'un segment sera toujours très facile à établir en regardant l'orientation de la droite, et voyant si le mobile marche sur la droite qui porte le segment dans le sens convenu positif ou en sens contraire.

Notation. — Dans la *géométrie ordinaire*, on convient de représenter le nombre qui mesure une longueur AB simplement par AB. (AB désigne donc à volonté ou une ligne ou un nombre, le nombre arithmétique qui la mesure.)

En algèbre, une lettre telle que *a* désigne à volonté, selon le cas, ou un nombre positif ou un nombre négatif. Le signe n'y est donc pas apparent.

En géométrie segmentaire, on convient de représenter le nombre qui mesure le segment AB, qu'il soit positif ou négatif, par la notation $\overline{AB}$, la barre horizontale placée sur AB nous apprenant que l'on doit se préoccuper du signe.

Par conséquent toutes les fois qu'on verra écrit $\overline{AB}$, il faudra se rappeler : 1° que $\overline{AB}$ désigne un nombre positif ou négatif, suivant que le mobile, allant de A vers B, marche dans le sens conventionnel positif ou en sens inverse ; 2° que la valeur arithmétique de ce nombre ainsi écrit est la mesure ordinaire de la longueur AB.

En résumé, les segments sont mesurés par des nombres qu'on écrit toujours en mettant des traits horizontaux sur l'ensemble des deux lettres qui sont l'origine et l'extrémité.

Il résulte de cette notation symbolique que l'on aura évidemment :

$$\overline{AB} + \overline{BA} \equiv o,$$

$$\text{ainsi que } \overline{AB} \equiv -\overline{BA},$$

puisque $\overline{AB}$ et $\overline{BA}$ désignent deux nombres égaux et de signes contraires.

Nous appellerons *géométrie segmentaire* cette partie de la géométrie où on donne des signes aux nombres mesurant les lignes, selon le sens suivant lequel ces lignes sont parcourues.

Raison d'être et utilité de cette façon nouvelle de mesurer les segments.

Dans les théorèmes de la géométrie ordinaire, on ne s'occupe jamais que de la valeur absolue des lignes de la figure donnée. Mais quelquefois, quand on fait une nouvelle figure, en portant certaines droites dans le sens opposé au sens qu'elles ont dans la première, le théorème ou est encore vrai ou devient faux.

Il faut donc de toute nécessité, afin que l'énoncé soit irréprochable, dire dans cette géométrie ordinaire, à l'aide d'une phrase complémentaire, ou que le théorème n'est plus vrai quand les droites sont portées en sens contraire, ou qu'il l'est encore (auquel cas le théorème sera vrai, quel que soit le sens où sont portées les droites).

Dans la géométrie segmentaire, ces longs énoncés ou ces énoncés doubles sont immédiatement supprimés, sans compter que les démonstrations des théorèmes prennent en général, du coup et assez facilement, un grand caractère de généralité.

Exemple 1. — En géométrie ordinaire, on a les deux théorèmes suivants : 1° Si sur les deux côtés d'un angle O d'un même côté du sommet on prend deux points A et B sur le premier côté, et deux points C et D sur le second, ces quatre points A, B, C, D sont sur une même circonférence si on a la relation numérique :

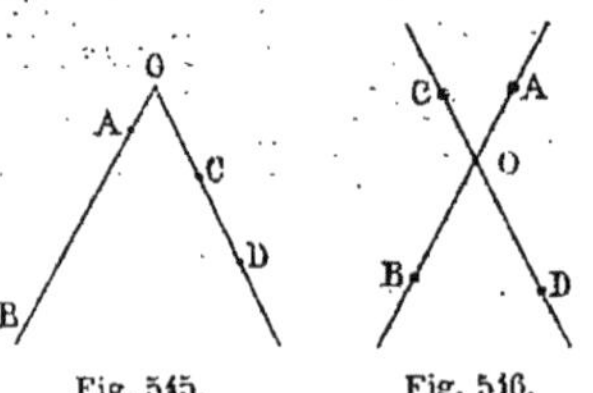

Fig. 545. Fig. 546.

$$OA \times OB = OC \times OD.$$

2° Deux droites se coupant en O, si sur la première droite on prend deux points A et B, de part et d'autre de O, puis sur la deuxième droite, de part et d'autre aussi de O, deux points C et D, tels que l'on ait :

$$OA \times OB = OC \times OD,$$

ces quatre points A, B, C, D sont sur une même circonférence.

Ces deux énoncés sont exacts, mais quelque peu laborieux.

Or, avec la géométrie segmentaire, on pourrait se contenter de donner un seul théorème et de dire ceci :

Étant données deux droites qui se coupent en O, *si sur la première on prend deux points* A *et* B, *et sur la seconde deux autres points* C *et* D, *ces quatre points seront sur une même circonférence, si l'on a la relation segmentaire suivante :*

$$\overline{OA} \times \overline{OB} = \overline{OC} \times \overline{OD}.$$

En effet, dire que $\overline{OA} \times \overline{OB} = \overline{OC} \times \overline{OD}$, c'est dire que si $\overline{OA}$ et $\overline{OB}$ (segments ayant, d'après la convention fondamentale, pour origine le point O) sont comptés en sens contraires, auquel cas leur produit est négatif, le produit $\overline{OC} \times \overline{OD}$ doit lui aussi être négatif; donc C et D doivent être eux aussi de part et d'autre de O. Si au contraire $\overline{OA} \times \overline{OB}$ est positif, $\overline{OC} \times \overline{OD}$ devant être aussi positif, les points C et D sont tous deux, de même que A et B, d'un même côté de O.

Donc, grâce à ce seul mot « relation segmentaire », et grâce à ce seul signe « la barre placée sur les lettres », ce seul énoncé remplace les deux autres.

Exemple 2. — Dans un Δ, on a pour l'évaluation du carré du nombre mesurant le côté BC opposé à un angle A, deux cas à distinguer, selon que l'angle A est aigu ou obtus, d'où deux formules.

Avec les segments, il n'y aura plus qu'une seule relation numérique, la suivante :

$$\overline{BC}^2 = \overline{AB}^2 + \overline{BC}^2 - 2\overline{AC} \times \overline{AH}.$$

Car si l'angle A est aigu, AC et la projection de AB sur AC partant tous les deux de A dans la même direction, les segments $\overline{AC}$ et $\overline{AH}$ sont de mêmes signes, c'est-à-dire sont mesurés par des nombres de mêmes signes. — Tandis que, si A est obtus, $\overline{AC}$ et $\overline{AH}$ sont de signes contraires. Donc $\overline{BC}^2$ est égal à $\overline{AB}^2 + \overline{BC}^2$, augmenté d'un certain nombre.

Exemple 3. — Dans les figures homothétiques, on peut traiter à la fois l'homothétie directe et l'homothétie inverse, en donnant des signes aux rayons vecteurs SA, SA', les droites parallèles AB, A'B' étant par convention mesurées elles aussi par des nombres de mêmes signes quand les segments sont comptés dans le même sens sur les droites parallèles, AB et A'B' étant de signes contraires quand AB et A'B' marchent en sens contraire.

En effet, selon que le rapport K d'homothétie est positif ou négatif, si on écrit segmentairement :

$$\frac{\overline{SA'}}{\overline{SA}} = \frac{\overline{A'B'}}{\overline{AB}} = K,$$

cela prouvera que les deux termes doivent avoir le même signe ou des signes contraires. — Donc SA et SA' seront de même sens ou de sens contraire, — AB et A'B' aussi.

Exemple 4. — Reprenons le théorème des transversales et sa réciproque. Je dis d'abord que le théorème de Ménélaüs donne, en géométrie segmentaire, la relation :

$$\frac{\overline{MA}}{\overline{MB}} \times \frac{\overline{NB}}{\overline{NC}} \times \frac{\overline{PC}}{\overline{PA}} = +1. \qquad (1)$$

En effet, dans le premier cas de figure, celui où la transversale coupe le Δ ABC extérieurement, on a géométriquement, ainsi que cela a été établi, la relation numérique suivante :

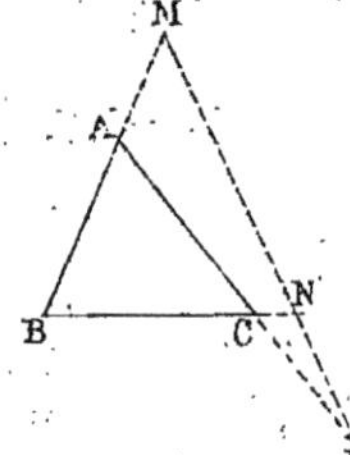

Fig. 547.

$$\frac{MA}{MB} \times \frac{NB}{NC} \times \frac{PC}{PA} = 1.$$

Or, si nous substituons aux longueurs les segments, ces segments étant toujours, selon la convention adoptée par les géomètres, comptés à partir des points de rencontre M, N, P, les rapports

$$\frac{\overline{MA}}{\overline{MB}}, \frac{\overline{NB}}{\overline{NC}}, \frac{\overline{PC}}{\overline{PA}}$$

sont tous positifs. Donc leur produit est positif et on a la relation (1). Dans le second cas, celui où la transversale coupe le Δ ABC intérieurement, les rapports $\frac{\overline{MA}}{\overline{MB}}$ et $\frac{\overline{PC}}{\overline{PA}}$

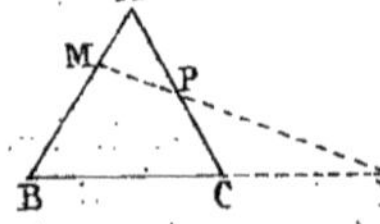

Fig. 548.

sont négatifs, mais leur produit est positif. Donc, comme $\frac{\overline{NB}}{\overline{NC}}$ est positif, le produit des trois rapports segmentaires est encore positif et égal à 1.

La relation (1) est donc générale, c'est-à-dire vraie dans tous les cas.

Considérons ensuite le théorème réciproque.

Si, en géométrie ordinaire, on énonçait le théorème réciproque comme il suit :

Dans un Δ, si on prend sur les trois côtés ou leurs prolongements trois points M, N, P satisfaisant à la relation géométrique :

$$\frac{MA}{MB} \times \frac{BN}{NC} \times \frac{CP}{PA} = 1,$$

ces trois points M, N, P sont en ligne droite, le théorème ainsi énoncé serait inexact. Car, en géométrie ordinaire, sur chacun des côtés il y a deux points, l'un intérieur, l'autre extérieur, à savoir, M et M′, N et N′, P et P′, tels que :

$$\frac{MA}{MB} = \frac{M'A}{M'B}, \quad \frac{NB}{NC} = \frac{N'B}{N'C}, \quad \frac{PC}{PA} = \frac{P'C}{P'A}.$$

Or les points M′, N′, P′ ne sont pas en ligne droite, non plus que les points M, N, P, etc., etc.

L'énoncé a donc besoin d'être complété, et il faudra dire ceci : que les trois points doivent être tous trois extérieurs, à moins que deux ne soient intérieurs et le troisième extérieur.

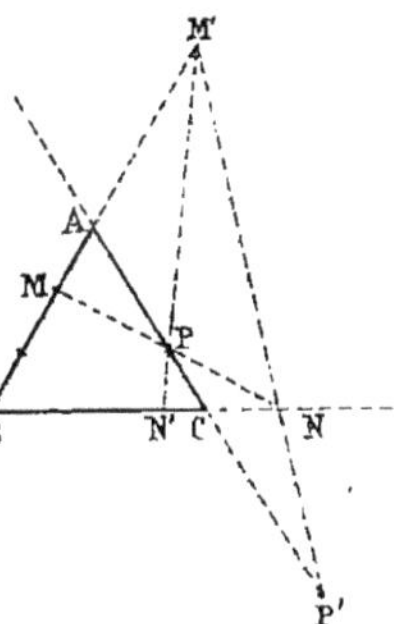

Fig. 519.

Et encore faudra-t-il le justifier, en le démontrant l'un après l'autre dans les deux cas de figure.

Avec la géométrie segmentaire, rien de tout cela. Comme sur une droite il n'y a qu'un seul point — ou intérieur, ou extérieur — tel que $\frac{\overline{MA}}{\overline{MB}}$ soit égal à un nombre donné, il suffira d'énoncer le théorème suivant :

Théorème. — *Dans un* Δ, ABC *si trois points* M, N, P, *situés sur les trois côtés (prolongés ou non) satisfont à la relation segmentaire suivante :*

$$\frac{\overline{MA}}{\overline{MB}} \times \frac{\overline{NB}}{\overline{NC}} \times \frac{\overline{PC}}{\overline{PA}} = +1,$$

ces trois points M, N, P *sont en ligne droite.*

Et la démonstration générale sera très rapide. On dira : Prenons deux de ces points, M et N par exemple. Supposons que la droite MN coupe AC en P_1, on aura, d'après le théorème précédemment démontré de Ménélaüs (qui est vrai, quelle que soit la position de M et de N), la relation segmentaire suivante :

$$\frac{\overline{MA}}{\overline{MB}} \cdot \frac{\overline{NB}}{\overline{NC}} \cdot \frac{\overline{P_1C}}{\overline{P_1A}} = +1.$$

Il en résulte donc que :

$$\frac{\overline{P_1C}}{\overline{P_1A}} = \frac{\overline{PC}}{\overline{PA}}.$$

Mais il n'y a qu'un seul point sur AC, tel que le rapport des segments aboutissant aux points C et A soit égal à un nombre donné (positif ou négatif du reste). Donc P est confondu avec P_1. Donc M, N, P sont en ligne droite. C. Q. F. D.

Exemple 5. — On prouverait en raisonnant comme pour Ménélaüs : 1° que le théorème de Céva peut s'écrire dans les deux cas (que le point de concours soit extérieur ou intérieur) :

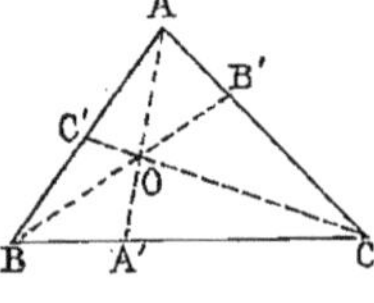

Fig. 550.

$$\frac{\overline{A'B}}{\overline{A'C}} \times \frac{\overline{B'C}}{\overline{B'A}} \times \frac{\overline{C'A}}{\overline{C'B}} = -1.$$

2° Que si on a la relation segmentaire qui précède, les trois droites AA', BB' et CC' sont concourantes.

Exemple 6. — On a vu plus haut que le théorème de Stewart est double, selon que la droite AD, issue du sommet A du Δ ABC, est intérieure ou extérieure au Δ.

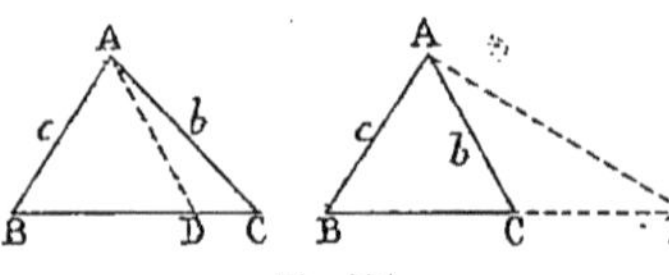

Fig. 551.

A l'aide des segments on peut fondre ces deux théorèmes en un seul. Il suffit, en effet, de convenir que les segments déterminés sur BC par la droite AD sont comptés à partir du point D, et sont positifs dans un certain sens, négatifs en sens contraire.

Il suffira alors de dire que l'on a la relation générale qui suit :

$$b^2 \times \overline{DB} - c^2 \times \overline{DC} = l^2 (\overline{DB} - \overline{DC}) - DB \times DC (\overline{DB} - \overline{DC}),$$

ce qui serait facile à vérifier.

On pourrait multiplier les exemples. Mais nous nous contenterons, pour finir, d'établir quatre théorèmes généraux d'une très grande importance (dans les problèmes où on traite, c'est-à-dire où on analyse les questions de géométrie par l'algèbre, autrement dit dans ce qu'on appelle la géométrie analytique).

Théorème *fondamental* (dit Théorème de Chasles[1]). *Si sur une droite orientée*[2] *on place au hasard trois points* A, B, C,

1. Chasles (géomètre français, de 1793 à 1880).
2. On dit qu'une droite est orientée quand le sens positif y est indiqué, et on l'appelle un *axe*.

on a entre les segments consécutifs ainsi formés, c'est-à-dire entre les nombres positifs ou négatifs qui les mesurent, l'une quelconque des relations segmentaires suivantes :

$$\overline{BC}+\overline{CA}+\overline{AB}=0$$

ou $$\overline{BA}+\overline{AC}+\overline{CB}=0$$

ou $$\overline{CB}+\overline{BA}+\overline{AC}=0$$

ou $$\overline{CA}+\overline{AB}+\overline{BC}=0$$

ou $$\overline{AB}+\overline{BC}+\overline{CP}=0$$

ou $$\overline{AC}+\overline{CB}+\overline{BA}=0$$ [1]

Pour démontrer ce théorème, fixons les idées. f étant le sens positif, supposons B à gauche de A.

1° Si C est entre B et A, on a, d'après la figure, géométriquement, sans barres par conséquent :

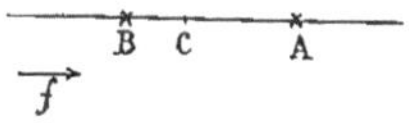

Fig. 552.

$$BA \equiv BC + CA,$$

ce qui peut s'écrire, segmentairement (les segments étant ici tous parcourus dans le sens positif, donc mesurés par les valeurs absolues elles-mêmes :

$$\overline{BA} \equiv \overline{BC}+\overline{CA}.$$

Mais nous pouvons évidemment faire passer les segments d'un membre de l'égalité dans l'autre en changeant les signes (puisque $\overline{BA}$, $\overline{BC}$, $\overline{CA}$ sont des nombres algébriques). On aura donc encore :

$$\overline{BA}-\overline{BC}-\overline{CA} \equiv 0.$$

Or, algébriquement, on a :

$$-\overline{BC} \equiv +\overline{CB}, \text{ et } -\overline{CA} \equiv +\overline{AC}.$$

Donc on aura :

$$\overline{BA}+\overline{AC}+\overline{CB} \equiv 0.$$ C. Q. F. D.

1. On voit qu'on peut commencer par n'importe quelle lettre, continuer ensuite par l'une quelconque des deux autres qui restent, pourvu que dans le troisième terme on prenne le segment qui a pour extrémité la lettre point de départ.

2° Si c'est à droite de A, on a géométriquement :

$$BA = BC - AC,$$

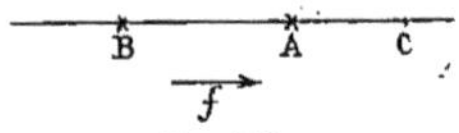

ou en remplaçant par les segments, tous positifs :

$$\overline{BA} = \overline{BC} - \overline{AC}.$$

Fig. 553.

Ce qui peut s'écrire :

$$\overline{BA} - \overline{BC} + \overline{AC} = 0.$$

Mais $\overline{CB} = -\overline{BC}.$

Donc on aura : $\overline{BA} + \overline{CB} + \overline{AC} = 0,$

c'est-à-dire encore : $\overline{BA} + \overline{AC} + \overline{CB} \equiv 0.$ C. Q. F. D.

On ferait la même série de raisonnements si C était à gauche de B.

Si le sens positif adopté était le sens contraire à f, on arriverait aux mêmes conclusions.

Donc les relations segmentaires proposées sont toutes exactes.

C. Q. F. D.

Remarque. — On aurait pu démontrer comme il suit ce théorème de Chasles.

Prenons par exemple le deuxième cas de figure et proposons-nous de prouver que :

$$\overline{BA} + \overline{AC} + \overline{CB} = 0.$$

Quand on écrit $\overline{BA}$, cela prouve que l'on parcourt un chemin BA dans le sens positif f. Quand on y ajoute le chemin écrit $\overline{AC}$, cela prouve qu'on continue à marcher de A vers C encore dans le sens positif. Quand maintenant on ajoute le segment écrit $\overline{CB}$, cela prouve que l'on va de C vers B, donc dans le sens négatif. Mais alors d'un seul coup on parcourt un chemin négatif qui à lui seul vaut les deux chemins parcourus positivement BA et AC. Donc, au point de vue algébrique, cela prouve que CB détruit cette somme BA + AC, ce qui revient à dire que la somme algébrique $\overline{BA} + \overline{AC} + \overline{CB}$ est nulle.

Le théorème de Chasles, établi pour trois points, peut s'étendre à un nombre quelconque de points pris sur un Axe. Supposons en effet que ce théorème soit vrai pour $(n - 1)$ points A, B, C, D,...H, c'est-à-dire supposons que l'on ait (G étant la lettre prise en dernier lieu) :

$$\overline{AC} + \overline{CB} + \overline{BD} + \overline{DH} + \overline{HE} + \ldots + \overline{GA} = 0.$$

Introduisant une lettre de plus K, on a pour les trois lettres A, G, K, la relation :

$$\overline{AG} + \overline{GK} + \overline{KA} = 0.$$

Ajoutons maintenant membre à membre ces deux relations, il viendra :

$$\overline{AC} + \overline{CB} + \overline{BD} + \overline{DH} + \overline{HE} + \ldots + \overline{GA} + \overline{AG} + \overline{GK} + \overline{KA} = 0,$$

ou en remarquant que $\overline{GA} + \overline{AG} \equiv 0$:

$$\overline{AE} + \overline{CB} + \overline{BD} + \overline{DH} + \overline{HE} + \ldots \times \overline{GK} + \overline{KA} \equiv 0.$$

Donc le théorème est vrai pour les n points.

Dès lors, étant vrai pour trois points, il l'est pour quatre.
— — quatre — — cinq.

Il est donc général. C. Q. F. D.

Théorème II. — *Étant donnée sur une droite* L *orientée, c'est-à-dire sur un axe, deux points* A *et* B *et un troisième point quelconque* C, *on a les relations segmentaires suivantes :*

$$\overline{BA} = \overline{CA} - \overline{CB},$$

ou :

$$\overline{AB} = \overline{CB} - \overline{CA},$$

(le premier des segments du second membre finissant par la

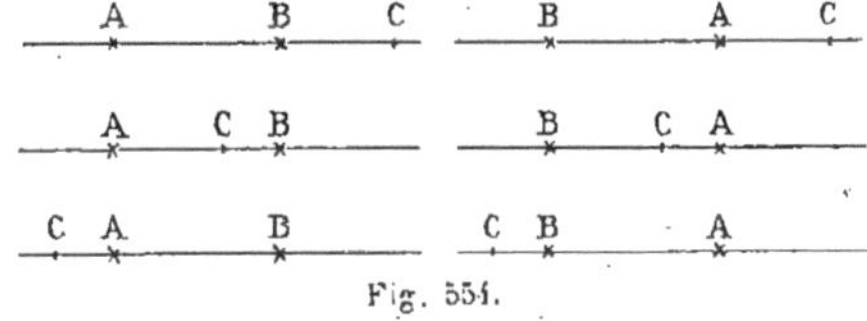

Fig. 551.

deuxième lettre, et le second segment finissant par la première).

En effet, on a six positions possibles qui, dans la géométrie ordinaire, nous donneraient trois relations distinctes :

$$AB = CA - CB,$$
$$AB = CA + CB,$$
$$AB = CB - CA.$$

Je dis que, en géométrie segmentaire, il n'y en a qu'une seule :

$$\overline{AB} = \overline{CB} - \overline{CA}.$$

En effet, d'après le théorème de Chasles, on a pour tous les cas de figure :

$$\overline{AB} + \overline{BC} + \overline{CA} \equiv 0,$$

et on en tire, en transposant, ce qui est permis (vu en algèbre) :

$$\overline{AB} \equiv - \overline{BC} - \overline{CA},$$

c'est-à-dire : $\overline{AB} \equiv \overline{CB} - \overline{CA}$. C. Q. F. D.

Théorème III. — M *étant le milieu d'une droite limitée* AB, *et* O *un point quelconque pris n'importe où sur la droite* AMB, *en dedans ou en dehors, on a la relation segmentaire générale qui suit :*

$$\overline{OM} = \frac{\overline{OA} + \overline{OB}}{2}.$$

En effet, quelle que soit la place de O, on a pour les trois points O, A, M :

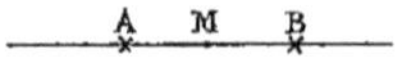

A M B

Fig. 555.

$$\overline{OA} + \overline{AM} + \overline{MO} \equiv 0.$$

On a de même pour les trois points O, M, B :

$$\overline{OB} + \overline{BM} + \overline{MO} \equiv 0.$$

Ajoutons, il viendra :

$$\overline{OA} + \overline{OB} + \overline{AM} + \overline{BM} + 2\overline{MO} \equiv 0.$$

Mais AM et BM se détruisent, étant des segments opposés. On aura donc :

$$\overline{OA} + \overline{OB} + 2\overline{MO} \equiv 0,$$

ou : $\overline{OA} + \overline{OB} \equiv - 2\overline{MO} \equiv 2\overline{OM},$

d'où : $\overline{OM} \equiv \frac{\overline{OA} + \overline{OB}}{2}$ C. Q. F. D.

Remarque. — Étant donné un axe (c'est-à-dire une droite sur laquelle le sens positif est marqué) et sur cet axe un point O appelé *origine*, on appelle *abcisse d'un point* A pris sur cet axe le nombre algébrique qui mesure le segment $\overline{OA}$. Il résulte évidemment du théorème II qui précède que *le nombre algébrique qui mesure un segment* AB *est égal, en grandeur et en signe, à la différence entre l'abcisse de son extrémité et l'abcisse de son origine.*

On aura donc, en désignant par $\overline{AB}$ le nombre qui mesure le segment AB : $\overline{AB} = x' - x''$, x' étant l'abcisse du point B et x'' l'abcisse de son origine A, quelle que soit la position de l'origine O des abcisses sur l'axe.

Il résulte également du théorème III que, quelle que soit la position de l'origine O des abcisses, l'abcisse x_1 du milieu M d'un segment est toujours égale à la demi-somme des abcisses x' et x'' des deux extrémités, ce qui peut s'écrire :

$$x_1 = \frac{x' + x''}{2}.$$

Théorème IV. — *La projection d'un contour polygonal quelconque fermé sur un axe* xy *(où le sens positif est déterminé) est nulle.*

En géométrie segmentaire, les projections des longueurs sur un axe sont des segments mesurés par conséquent par des nombres pourvus d'un signe.

Pour déterminer ce signe, il suffit de projeter sur l'axe xy les divers points A, M, B du vecteur* $\overline{AB}$ considéré, puis de concevoir un mobile, dit *mobile projection*, qui parcoure successivement ces diverses projections a, m, b; le mouvement de ce mobile sur xy dépendra évidemment du sens suivant lequel on parcourt les vecteurs cons-

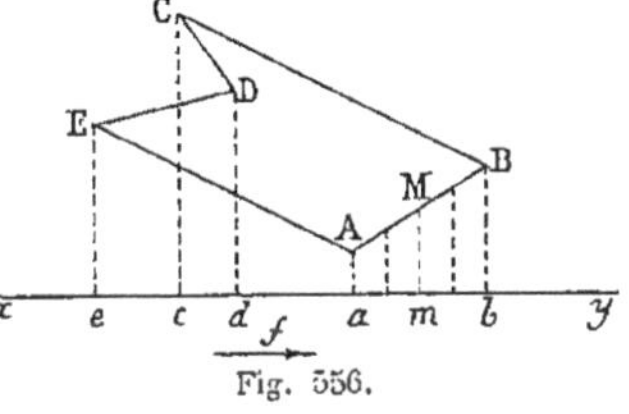

Fig. 556.

* **Définition.** — Quand dans un plan on considère des droites telles que AB, BC, CD.... droites parcourues chacune dans un sens très net, on appelle assez volontiers, non plus segments, mais vecteurs, ces chemins parcourus AB, BC, CD.... Les vecteurs sont donc encore des segments ;

titutifs du polygone ABCDEA. Quand sur xy le mobile projection marche dans le sens adopté comme positif, la projection du vecteur sera dite positive ; sinon, négative.

Cela posé, considérons un contour polygonal fermé ABCDEA, et imaginons qu'on parte du point A dans le sens alphabétique. Le mobile projection ira de a en b, décrivant un chemin positif, puis de b en c, décrivant un chemin négatif dont une partie ba détruira le chemin positif primitif ab; par suite, quand le mobile projection sera venu en c, il se trouvera avoir parcouru simplement le chemin négatif ac. Maintenant, quand il ira de c en d, décrivant un chemin positif qui détruit une partie de ac, il se trouvera avoir parcouru en fin de compte un chemin négatif ad, mais il va ensuite de d en e. Il décrit par conséquent un nouveau chemin négatif de qui, s'ajoutant au précédent, donnera un chemin négatif $ad + de$, soit ae. Seulement, quand il ira de e en a, le chemin positif ainsi parcouru de e en a détruisant ce chemin négatif ae, on voit clairement qu'il ne restera rien.

C. Q. F. D.

Remarque I. — La démonstration qui précède peut être faite plus simplement en remarquant que l'on a en projection trois chemins positifs, à savoir ab, cd et ea, et deux chemins négatifs, à savoir bc et de. Mais la somme des premiers chemins est égale rigoureusement à la somme des derniers. Donc leur différence est nulle, en d'autres termes la somme algébrique de toutes les projections est nulle.

Remarque II. — La démonstration peut enfin être présentée d'une façon rapide et tout à fait générale, en s'appuyant sur le théorème de Chasles. Il suffit en effet de remarquer que les projections sur xy des sommets du contour ABCDE forment une série de points a, b, c, d, e. Or on a, d'après le théorème de Chasles sur les nombres mesurant des segments consécutifs :

$$\overline{ab} + \overline{bc} + \overline{cd} + \overline{de} + \overline{ea} = 0.$$

Donc, comme ces nombres mesurent en grandeurs et en signes les projections des côtés du polygone, la somme des projections de tout contour fermé sur un axe quelconque (qui traverse ou non le polygone) est nulle. C. Q. F. D.

---

mais avec un élément de plus. Car dans un segment il y a la *grandeur* et le *sens*, tandis que dans un vecteur il y a l'*inclinaison* de la droite indéfinie sur laquelle se meut le mobile, le *sens* et la *grandeur*.

On dit que deux vecteurs sont *équipollents* quand ils sont parallèles, de même sens et de même longueur.

Pour finir, il nous reste maintenant à définir ce qu'on appelle *somme de plusieurs segments consécutifs* situés sur une droite orientée.

On appelle ainsi le segment ayant pour origine le point de départ et pour extrémité le point final d'arrivée, ce segment somme indiquant de la sorte à la fois et à quelle distance est arrivé le mobile et s'il est à droite ou à gauche du point de départ.

En raisonnant comme nous venons de le faire, à propos du théorème IV (qu'on emploie ou non le théorème de Chasles), on a la règle suivante :

Règle. — *Le segment somme de plusieurs segments consécutifs situés sur un axe a pour mesure la somme des mesures algébriques des segments consécutifs.*

II. — Des divisions harmoniques et des faisceaux harmoniques.

Si nous prenons sur un axe deux points A et B, nous avons vu que, dans la géométrie segmentaire, il y a un point C et un seul tel que le rapport des deux segments $\overline{CA}$ et $\overline{CB}$ est égal à un nombre donné K ; seulement, comme il y a aussi un point D, et un seul, tel que le rapport segmentaire $\frac{\overline{DA}}{\overline{DB}}$ est égal au nombre — K, on voit que l'on trouvera toujours sur la droite deux points C et D pour lesquels on aura la proportion segmentaire :

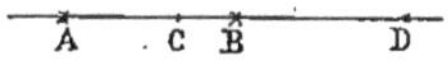

A C B D

Fig. 557.

$$\frac{\overline{CA}}{\overline{CB}} = -\frac{\overline{DA}}{\overline{DB}}. \quad (1)$$

Les deux points C et D ainsi obtenus sont dits les *points conjugués* des points A et B, et les quatre points A, B, C, D forment ce qu'on appelle une *division harmonique*.

1re Propriété d'une division harmonique. — *Si* C *et* D *sont conjugués de* A *et* B, *inversement* A *et* B *sont conjugués de* C *et* D.

Il suffit pour cela de prouver que l'on a :

$$\frac{\overline{AC}}{\overline{AD}} = -\frac{\overline{BC}}{\overline{BD}}.$$

Or cela est évident. Car l'algèbre nous apprend qu'on peut écrire une proportion horizontalement ou verticalement. La relation (1) peut donc s'écrire :

$$\frac{\overline{AC}}{\overline{BC}} = -\frac{\overline{AD}}{\overline{BD}}$$

ou encore : $$\frac{\overline{AC}}{\overline{AD}} = -\frac{\overline{BC}}{\overline{BD}}.$$ C. Q. F. D.

2° Propriété. — *Si l'on prend pour origine des segments l'un quelconque des points* A, B, C, D, *par exemple le point* A, *on aura la relation segmentaire :*

$$\frac{1}{\overline{AC}} + \frac{1}{\overline{AD}} = \frac{2}{\overline{AB}}.$$

En effet, la relation $\frac{\overline{CA}}{\overline{CB}} = -\frac{\overline{DA}}{\overline{DB}}$ peut s'écrire, en appliquant le théorème II précédent :

$$\frac{\overline{CA}}{\overline{AB} - \overline{AC}} = -\frac{\overline{DA}}{\overline{AB} - \overline{AD}},$$

ou en multipliant en croix, et changeant simultanément les signes de $\overline{CA}$ et de $\overline{DA}$, afin d'avoir des vecteurs[1] commençant par A :

$$\overline{AC}(\overline{AB} - \overline{AD}) = -\overline{AD}(\overline{AB} - \overline{AC}).$$

c'est-à-dire : $$\overline{AC} \times \overline{AB} - \overline{AC} \times \overline{AD} = -\overline{AD}.\overline{AB} + \overline{AD}.\overline{AC},$$

c'est-à-dire : $$\overline{AC} \times \overline{AB} + \overline{AD}.\overline{AB} = 2\overline{AC} \times \overline{AD}.$$

Il suffit maintenant de diviser partout par $\overline{AC}.\overline{AD}.\overline{AB}$ et on aura la relation algébrique cherchée

$$\frac{1}{\overline{AD}} + \frac{1}{\overline{AC}} = \frac{2}{\overline{AB}}.$$ C. Q. F. D.

---

1. On emploie quelquefois le mot *vecteur* aussi bien que le mot *segment*.

3e Propriété. — *Si on prend pour origine le milieu de la droite* AB, *on a la relation segmentaire :*

$$\overline{OA}^2 = \overline{OC} \times \overline{OD}.$$

En effet, $\frac{\overline{CA}}{\overline{CB}} = -\frac{\overline{DA}}{\overline{DB}}$ peut s'écrire, en appliquant le théorème II :

$$\frac{\overline{OA}-\overline{OC}}{\overline{OB}-\overline{OC}} = -\frac{\overline{OA}-\overline{OD}}{\overline{OB}-\overline{OD}},$$

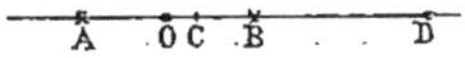

Fig. 558.

ou en multipliant en croix :

$$\overline{OA}\,.\,\overline{OB} - \overline{OA}\,.\,\overline{OD} - \overline{OC}\,.\,\overline{OB} + \overline{OC}\,.\,\overline{OD}$$
$$= -\left[\overline{OB}\,.\,\overline{OA} - \overline{OB}\,.\,\overline{OD} - \overline{OC}\,.\,\overline{OA} + \overline{OC}\,.\,\overline{OD}.\right]$$

Mais $\overline{OB} = -\overline{OA}$. Donc on aura :

$$-\overline{OA}^2 - \overline{OA}\,.\,\overline{OD} + \overline{OC}\,.\,\overline{OA} + \overline{OC}\,.\,\overline{OD}$$
$$= -\left[-\overline{OA}^2 + \overline{OA}\,.\,\overline{OD} - \overline{OC}\,.\,\overline{OA} + \overline{OC}.\,\overline{OD},\right]$$

ou en simplifiant :

$$2\overline{OC}\,.\,\overline{OD} = 2\overline{OA}^2,$$

c'est-à-dire : $\overline{OA}^2 = \overline{OC}\,.\,\overline{OD}.$ C. Q. F. D.

N. B. — Cette dernière relation nous montre que si $\overline{OC}$ tend vers o, $\overline{OD}$ tend vers l'infini. Donc le point conjugué du milieu d'une droite est rejeté à l'infini.

On appelle *faisceau harmonique* l'ensemble des quatre droites obtenues en joignant les quatre points A, B, C, D d'une division harmonique à un point quelconque extérieur O. OA et OB s'appellent les deux *rayons conjugués* par rapport aux deux autres rayons OC et OD. Tout faisceau harmonique se représente par la notation (OABCD).

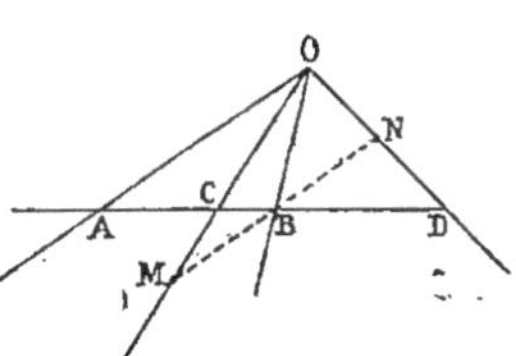

Fig. 559.

Propriété 1. — *Si par l'extrémité* B *d'un rayon* OB *on mène une plle au rayon conjugué* OA, *cette plle rencontre les deux autres rayons en deux points symétriques par rapport au point* B.

Pour prouver que BM = BN, calculons séparément BM et BN par la méthode des Δ semblables. On a géométriquement :

$$\frac{BM}{OA}=\frac{BC}{CA} \text{ et } \frac{BN}{OA}=\frac{DB}{DA}.$$

Mais les deuxièmes membres sont égaux par hypothèse. Donc B est le milieu de MN. C. Q. F. D.

Propriété 2. — *Une sécante quelconque coupe un faisceau harmonique suivant une division harmonique.*

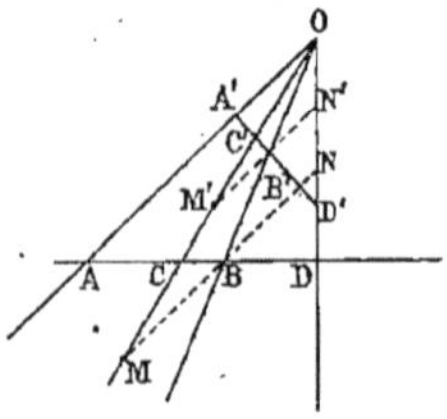

Fig. 560.

Soit (OABCD) un faisceau harmonique et A′C′B′D′ une sécante quelconque. Je dis que l'on a, géométriquement :

$$\frac{C'B'}{C'A'}=\frac{D'B'}{D'A'}. \qquad (1)$$

En effet, M′B′N′ étant plle à MBN, c'est-à-dire à OA, le premier rapport est égal à $\frac{B'M'}{A'O}$.

Le second rapport est égal à $\frac{B'N'}{A'O}$. Mais, à cause de la propriété 1, B′ est le milieu de M′N′, donc la proportion (1) est démontrée.

Comme d'ailleurs C′ est intérieur et D′ extérieur à A′B′, on a, segmentairement (puisque le premier rapport est négatif et le second positif) :

$$\frac{\overline{C'B'}}{\overline{C'A'}}=-\frac{\overline{D'B'}}{\overline{D'A'}}.$$

Donc A′B′C′D′ est une division harmonique. C. Q. F. D.

Remarque I. — Toute sécante coupe évidemment encore les quatre prolongements des quatre rayons harmoniques suivant une division harmonique, de même qu'on en aura encore une avec une sécante qui rencontrerait trois rayons et le prolongement du quatrième.

Remarque II. — Cette propriété 2 permet aisément de construire le quatrième rayon d'un faisceau harmonique quand on en connaît trois, OA, OM et OB. Il suffit de mener par un point I de OB une plle à AO et de prendre IN = IM, puis de joindre ON qui sera le quatrième rayon.

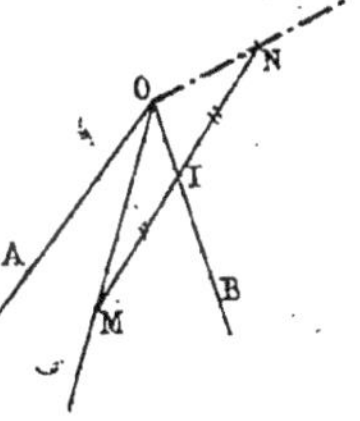

Fig. 561.

III. — Notions sur les pôles et polaires.

I. — Polaire d'un point par rapport à un angle.

Problème. — *Etant données deux droites* Ox et Oy *et un point* P *pris dans leur plan, par ce point* P *on mène une infinité de sécantes et on prend sur chacune d'elles le point* M *conjugué de* P *par rapport aux points* A *et* B *où la sécante coupe les deux droites* Ox *et* Oy. *Prouver que le lieu géométrique de ces points conjugués* M *est une droite issue du sommet* O.

Soit le point P extérieur. Menons une sécante PBA, soit M le conjugué de P par rapport aux points B et A ; si nous joignons OM et OP, on a le faisceau harmonique (OPBMA).

Mais d'après la propriété 2 de ces faisceaux, pour toute autre sécante PB'A' issue de P, le conjugué de P est le point M' où OM est coupé par la sécante. Donc, comme sur PA' il n'y a qu'un seul point conjugué de P par rapport à A' et B', on voit que tous les points conjugués de P sont sur la droite indéfinie OM et nulle part ailleurs.

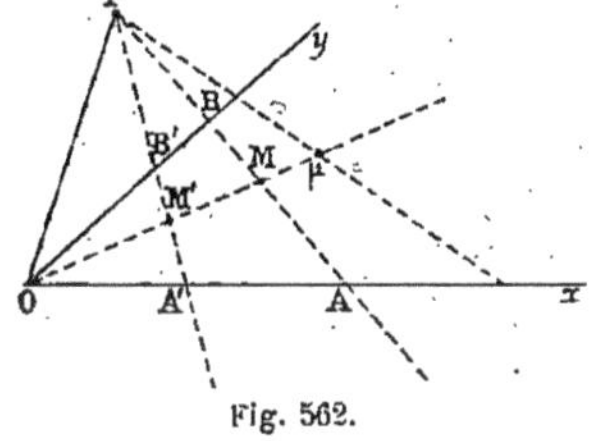

Fig. 562.

D'ailleurs, un point quelconque μ, pris sur cette droite indéfinie OM, est un point du lieu. Car, si nous joignons le point μ pris dans l'intérieur de l'angle O au point extérieur P, cette droite coupe évidemment Oy et Ox. Donc sur cette droite Pμ il y a forcément un point du lieu qui devant être sur OM ne peut qu'être en μ.

La droite indéfinie OM est donc le lieu cherché.

Si le point P était intérieur à l'angle xOy, même résultat et même démonstration ; la polaire du point P sera la droite extérieure OM.

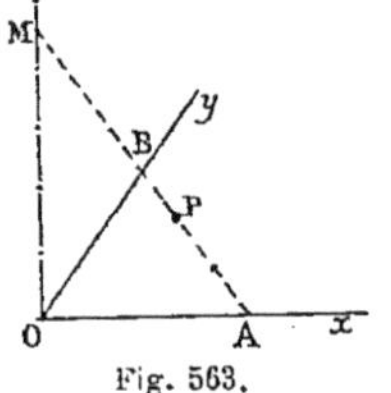

Fig. 563.

Le lieu géométrique précédent s'appelle **la polaire du point P par rapport à l'angle** xOy, et inversement *le point* P s'appelle le **pôle** de la droite OM. On voit que les polaires passent toujours par le sommet de l'angle. Elles peuvent du reste être prolongées au delà du sommet.

Théorème. — *Etant données deux droites concourantes* Ox *et* Oy, *si d'un point donné* P *on mène une sécante fixe* PAB *et une sécante mobile* PA'B', *puis qu'on joigne en croix* AB' *et* BA', *le lieu des points* M *d'intersection est la polaire du point* P *par rapport à* Ox *et* Oy.

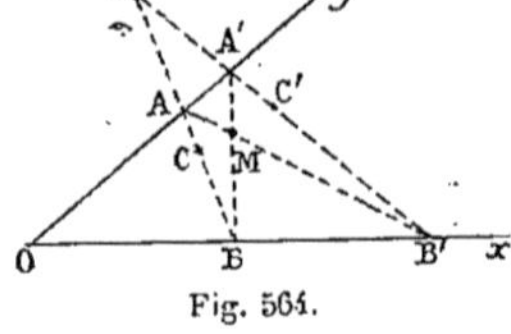

Fig. 564.

Figurons en effet sur la droite AB le point C conjugué de P par rapport aux points A et B et soit également C' le conjugué de P par rapport aux points A' et B'.

Si d'une part nous cherchons la polaire du point P par rapport à l'angle O, cette polaire est la droite CC' ou mieux OCC'.

Si d'autre part nous cherchons la polaire du point P par rapport à l'angle A'MB', cette polaire est encore la droite CC' ou mieux CMC'.

Donc les deux droites OCC' et MCC' ayant deux points communs C et C' sont confondues.

Donc le point M est bien sur la droite OCC', c'est-à-dire sur la polaire de P par rapport à xy. Le lieu des points M est donc la polaire de P par rapport à l'angle xoy.

C. Q. F. D.

Remarque. — Ce théorème nous permet de construire très vite la polaire d'un point P par rapport à un angle.

Il suffit de mener deux sécantes, ou d'un même côté du sommet O, ou de part et d'autre de ce sommet, et de joindre en croix, d'où la polaire OM (*figures* 565).

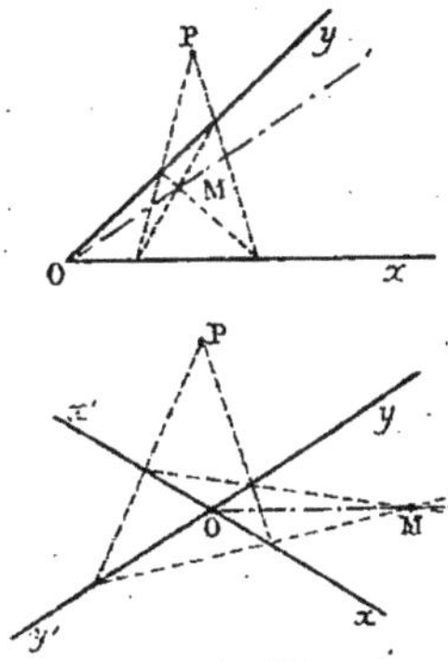

Fig. 565.

Application. — *Dans un quadrilatère complet chaque diagonale est coupée harmoniquement par les deux autres.*

On appelle *quadrilatère complet* la figure formée par quatre droites indéfinies xx' yy' zz' uu'. Ces quatre droites se coupent en six points. xx' est coupé par y, z et u en D, B et C. yy' est coupé par z et u en A et E. zz' est coupé par u en F.

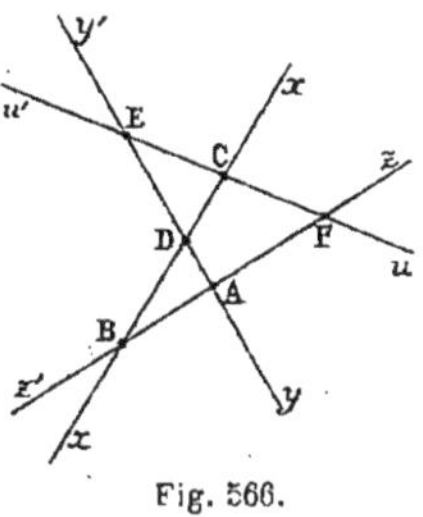

Fig. 566.

Ces six points D, B, C, A, E, F s'appellent les *six sommets* du quadrilatère complet;

Les quatre droites x, y, z, u en sont les *quatre côtés.*

Par définition, *deux sommets sont dits opposés* quand, le premier étant à l'intersection de deux des quatre droites, le second est à l'intersection des deux autres droites. Ainsi A, intersection de y et de z, a pour sommet opposé le point C (intersection de x et de u), de même B et E sont opposés ainsi que D et F.

On appelle *diagonales* d'un quadrilatère complet les droites qui joignent les sommets opposés. Il y en a donc trois, à savoir : AC, BE et DF*.

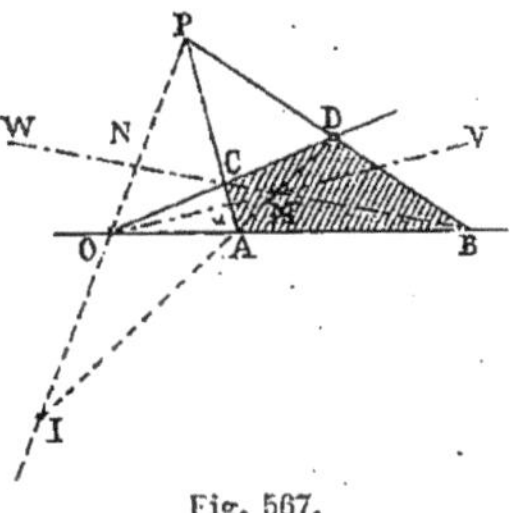

Fig. 567.

Théorème. — *Dans un quadrilatère complet, chaque diagonale est coupée harmoniquement par les deux autres.*

Je dis que la diagonale BC est coupée harmoniquement par AD et PO. En effet, la polaire du point P par rapport à l'angle O est, à cause

* En résumé, un quadrilatère complet peut être regardé comme constitué par un quadrilatère convexe ordinaire ABCD où on a prolongé les côtés opposés.

du théorème précédent des sécantes croisées, la droite V qui joint OM. Donc, les points P, C, α, A formant une division harmonique, on a le faisceau harmonique (OP, OD, OM, OB).

Par conséquent, la diagonale BC sera coupée harmoniquement par ce faisceau (propriété 2 des faisceaux harmoniques).

Ce même faisceau OPDMB est coupé harmoniquement par AD.

Reste à prouver le théorème pour la troisième diagonale extérieure PO.

A cet effet, il suffit de remarquer que la polaire du point I par rapport à l'angle B est la droite W qui joint le sommet B au point C de croisement des deux sécantes IAD et IOP. Donc d'après la définition de la polaire de I par rapport à l'angle B, sur la sécante IONP, N sera le conjugué harmonique de I par rapport aux points O et P. Ce qui prouve que la troisième diagonale PO est coupée harmoniquement par les deux autres diagonales BC et AD. C. Q. F. D.

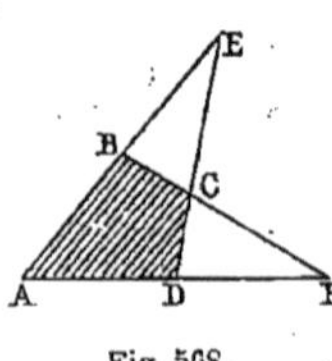

Fig. 568.

II. — Pôles et polaires dans le cercle.

Problème. — *Etant donnés un cercle O et un point P (intérieur ou extérieur), par ce point P on mène une sécante qui coupe le cercle en A et B. Trouver le lieu géométrique du point M conjugué de P par rapport aux points A et B, quand la sécante tourne autour du point P.*

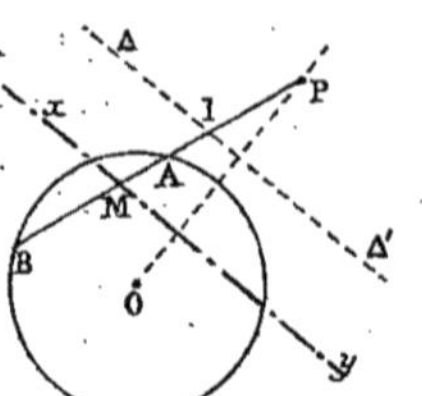

Fig. 569.

Je dis que ce lieu est une droite pp. à la ligne qui joint le centre du cercle au point donné P*.

En effet, 1° supposons P extérieur. Puisque les quatre points A, B, P, M forment une division harmonique, si on prend le milieu I de la droite mobile PM, on doit avoir (voir page 373) :

$$\overline{IP}^2 = \overline{IA} \times \overline{IB}.$$

Mais $\overline{IP}^2$ est la puissance du point I par rapport au cercle-point P, — et, d'autre part, le produit $\overline{IA} \times \overline{IB}$ mesure la puissance

* Cette première partie de la démonstration est empruntée à la géométrie de M. Hadamard (A. Colin, éditeur).

du point I par rapport au cercle O. Donc on voit que le point auxiliaire I a cette nouvelle propriété, qui rend le lieu des points I évident :

Il a même puissance par rapport au cercle O et au cercle-point P. Donc, d'après ce que nous avons dit, page 299, le lieu des points I est leur axe radical, c'est-à-dire une droite $\Delta\Delta'$ pp. à OP.

Ce premier point bien établi, le lieu cherché des points M sera connu, car c'est la droite xy homothétique de $\Delta\Delta'$, le point P étant le centre d'homothétie et le rapport d'homothétie étant 2. Donc tous les points M conjugués du point extérieur P par rapport au cercle O sont sur une droite xy pp. à la droite allant du centre au point P et nulle part ailleurs.

2° Si le point P est intérieur (*fig.* 570), le raisonnement serait analogue, M étant le point conjugué de P par rapport aux points A et B, si on prend le milieu I de PM, et qu'on mène la pp. IΔ, cette droite est l'axe radical du cercle O et du cercle-point P — et de plus, cette droite Δ est extérieure au cercle O (car l'axe radical de deux cercles intérieurs est une droite extérieure aux deux cercles). — Dès lors, les points M sont sur une droite extérieure xy pp., elle aussi, à la droite OP.

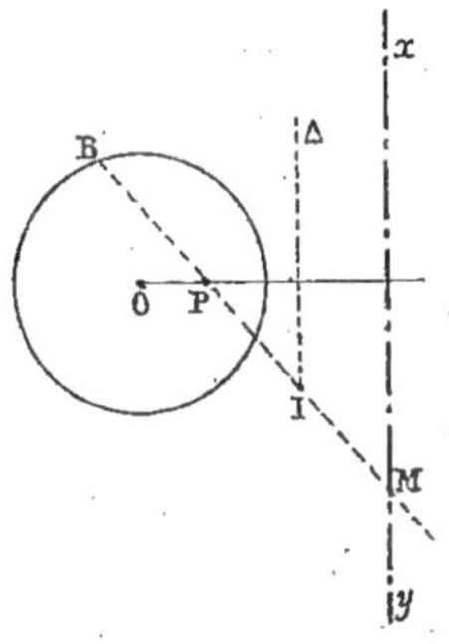

Fig. 570.

Il ne nous reste plus qu'à voir, comme d'ordinaire, si un point quelconque μ de la droite précédente xy est ou non un point du lieu.

Distinguons pour cela deux cas :

1° Si le point P est intérieur au cercle O, (*fig.* 571), la première droite Δ étant extérieure au cercle O, la deuxième droite xy l'est *a fortiori*. Tout point μ de xy, étant joint au point P, donne dès lors naissance à une droite qui coupe évidemment le cercle en α et β. Donc sur cette droite Pμ se trouve forcément un point du lieu, point qui ne peut être alors que le point μ.

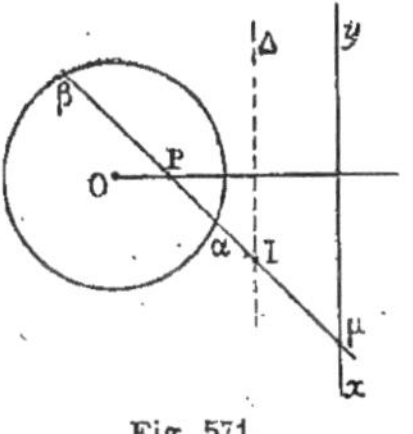

Fig. 571.

Donc, *dans le cas du point intérieur, le lieu se compose de la droite* xy *tout entière.*

2° Soit le point P extérieur au cercle O (*fig.* 572), la droite

xy coupe alors nécessairement le cercle O*. Un point μ pris sur xy dans l'intérieur du cercle O donnant naissance à une droite μP qui coupe le cercle O, μ est un point du lieu. Seulement tout point extérieur au cercle O n'est évidemment plus un point du lieu.

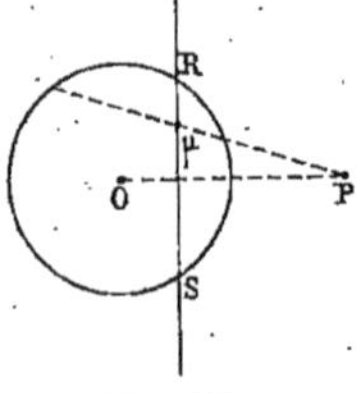

Fig. 572.

Donc, *dans le cas du point* P *extérieur, le lieu ne se compose que de la portion* RS *de la droite* xy *comprise à l'intérieur du cercle.*

En résumé, le lieu cherché se compose *d'une droite indéfinie si le point* P *est intérieur et d'une portion de droite si le point* P *est extérieur.*

Le lieu précédent xy a un nom : il s'appelle *la polaire du point* P *par rapport au cercle*, et inversement *le point* P *s'appelle le pôle* de la droite xy.

Propriétés de la polaire d'un point.

Première propriété. — **Théorème.** — P *étant le pôle et* H *étant le pied de la pp. menée de ce point sur la polaire par rapport au cercle* O, *on a la relation :*

$$OP \times OH = R^2.$$

En effet, si on considère la droite OPH qui coupe le cercle en C et D, que le point P soit intérieur au cercle ou extérieur, les deux points P et H sont conjugués harmoniques des points C et D. Par conséquent, en vertu de la relation connue sur les divisions harmoniques, on a la relation :

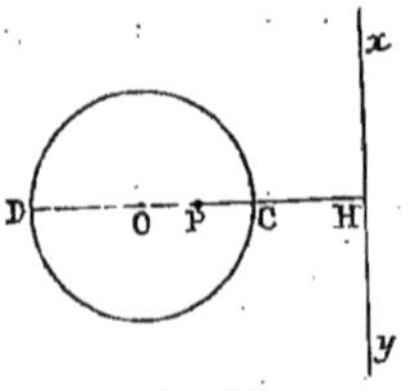

$$OP \times OH = R^2.$$

Fig. 574.

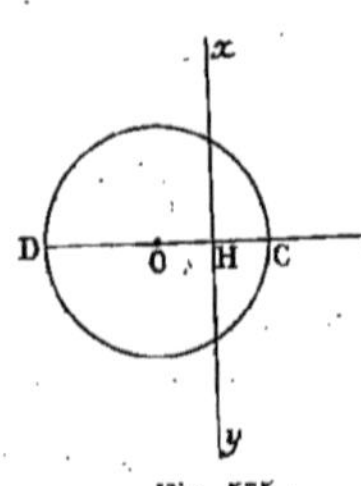

Fig. 575.

Réciproquement, si on a entre quatre points situés sur le diamètre CD la relation $OP . OH = R^2$, la pp. menée au diamètre par le point H est la polaire du point P.

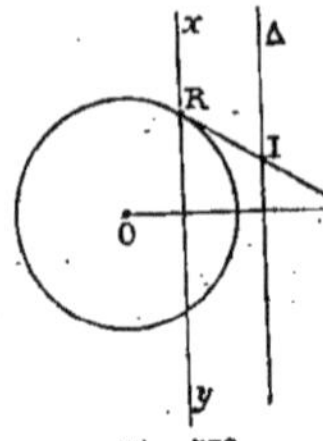

Fig. 573.

* Car l'axe radical Δ du cercle O et du point P passe par le milieu de la tangente PR. Donc la plle xy passe par le point O et par conséquent coupe le cercle O (*fig.* 573).

(En effet, on sait que la polaire de ce point P est une droite pp. au diamètre OP, et on en connaît un point, le point H conjugué de P par rapport aux extrémités C et D de la sécante CD, passant par P.)

Cette propriété permet de construire le pôle d'une droite donnée $\Delta\Delta'$.

Car 1° si la droite $\Delta\Delta'$ coupe le cercle (*fig.* 576), il suffira de mener la tangente en S à son point de rencontre jusqu'au point où elle coupe la pp. menée de O sur Δ.

En effet on a : $\overline{OS}^2 = OH \cdot OP$.

Donc P a pour polaire Δ, donc Δ a pour pôle le point P.

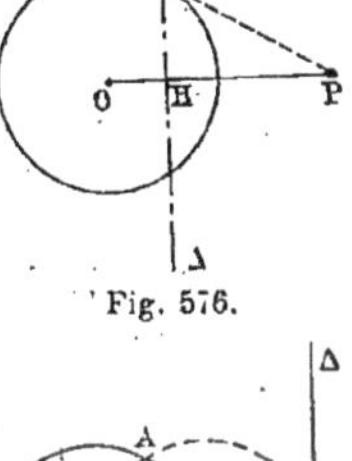

Fig. 576.

2° Si la droite $\Delta\Delta'$ est extérieure au cercle, il suffira (*fig.* 577) de mener la pp. OH sur Δ, puis sur OH comme diamètre, de placer une $\frac{1}{2}$ circonférence, et du point d'intersection A de mener la pp. AP. P sera le pôle de $\Delta\Delta'$. Car on a :

$$OP \times OH = \overline{OA}^2.$$

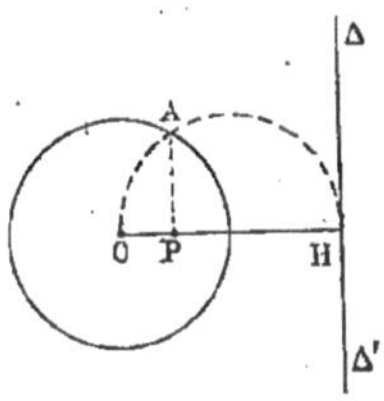

Fig. 577.

Cette propriété permet aussi de *construire facilement la polaire d'un point.*

En effet : 1° Si le point P est sur le cercle, sa polaire est la tangente en ce point au cercle, car, si $OP = R$, la relation $OP . OH = R^2$ entraîne $OH = R$;

2° Si le point P est intérieur (*fig.* 578), en menant la pp. PS au diamètre, puis la tangente SH, la pp. menée à OP par H sera la polaire de P.

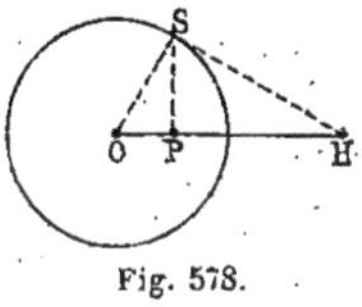

Fig. 578.

(Car on a :

$\overline{OS}^2 = OP \cdot OH$, c.-à-d. $OP . OH = R^2$.)

3° Si le point P est extérieur (*fig.* 579), en menant la tangente du point P, puis, par le point de contact S, la pp. SH, on aura :

$$OP \cdot OH = \overline{OS}^2 = R^2.$$

Donc SH est la polaire de P*.

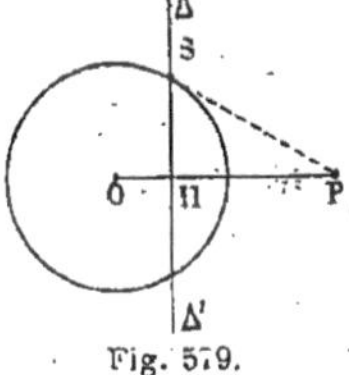

Fig. 579.

---

* On voit que la polaire d'un point extérieur est la corde de contact des deux tangentes menées.

Deuxième propriété. — **Théorème.** — *Si, d'un point* P *pris dans le plan d'un cercle, on mène au hasard deux sécantes* AB *et* CD, *les sécantes* AC *et* BD (*dérivées des deux premières*) *se coupent sur la polaire du point* P, *ainsi du reste que les deux diagonales* AD *et* BC.

En effet, 1° soit le point P extérieur. Si nous considérons l'angle AIB des deux sécantes dérivées, la droite IJ est la polaire de P, par rapport à l'angle AIB (voir p. 136). Donc les deux points M et N où IJ coupe les deux sécantes directes DC et AB sont les points conjugués de P par rapport aux deux points d'intersection avec le cercle des sécantes PAB et PCD. Et dès lors MN est la polaire de P par rapport au cercle.

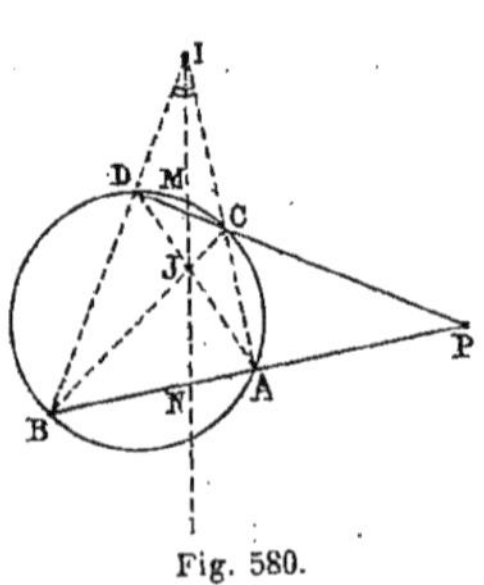

Fig. 580.

Donc la polaire par rapport au cercle passe par les points I et J.

2° Si le point P est intérieur, même démonstration.

N. B. — De cette deuxième propriété des pôles et polaires, on déduit un *deuxième moyen de construire la polaire* d'un point à l'aide de deux sécantes et des sécantes dérivées.

Troisième propriété. — **Théorème.** — *Si d'un point* P *on mène une sécante, puis les deux tangentes à ses extrémités, ces deux tangentes se coupent en un point de la polaire du point* P.

Il suffit en effet de considérer une deuxième sécante PAB puis de supposer qu'elle se rapproche de PCD. Les sécantes dérivées AC et BD finiront par devenir les tangentes en C et D. Donc leur point de rencontre I' appartiendra à la polaire du point P. — Et cela aura lieu, que le point P soit intérieur ou extérieur.

N. B. — On déduit de cette troisième propriété un *troisième moyen de construire la polaire* d'un point P intérieur ou extérieur au cercle : on mènera par P deux sécantes et les quatre tangentes.

Quatrième propriété. — **Théorème.** — *Quand des points*

sont en ligne droite, leurs polaires concourent en un même point, point qui est le pôle de la droite.

Supposons que la droite xy, sur laquelle sont les points A considérés, coupe le cercle et soit P son pôle, on a la relation :

$$OH \times OP = R^2.$$

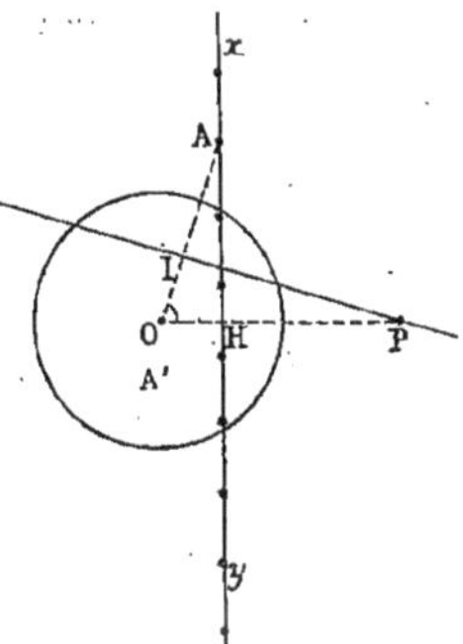

Fig. 581.

A étant un point pris sur la droite xy, sa polaire est une droite pp. à OA passant par le point I satisfaisant à la relation :

$$OI \times OA = R^2.$$

Joignons ce point I au pôle P.
On aura :

$$OH . OP = OI . OA.$$

Ce qui prouve que AH est antiparallèle à IP, donc les angles en H et I sont égaux. Mais H est droit, donc I l'est. Donc cette droite IP est pp. à OA. Donc étant pp. au point I conjugué de A, cette droite IP est la polaire du point A. On voit donc clairement que la polaire de A passe par le pôle P de la droite xy, et il en sera de même pour tous les autres points de la droite.

C. Q. F. D.

(Même démonstration si les points étaient sur une droite extérieure au cercle.)

Remarque. — Ce théorème nous fournit une méthode souvent utile pour prouver que des droites sont concourantes. Il suffit de regarder ces droites comme des polaires et de prouver cette autre chose que leurs pôles sont en ligne droite.

N. B. — Ce théorème permet aussi de construire le pôle d'une droite donnée Δ extérieure au cercle. D'un point de la droite Δ, il suffira de mener les deux tangentes et de prendre l'intersection P de la corde de contact avec le diamètre pp. à la droite Δ. En effet cette corde de contact étant la polaire d'un point de la droite Δ doit passer par le pôle Δ.

Cinquième propriété. — **Théorème.** — *Quand des droites sont concourantes, leurs pôles sont en ligne droite, cette droite* *étant la polaire du point autour duquel pivotent ces droites.*

Soit P le point autour duquel pivotent les droites telles que AB, et soit xy la polaire de ce point P.

Je dis que le pôle de AB se trouve sur xy.

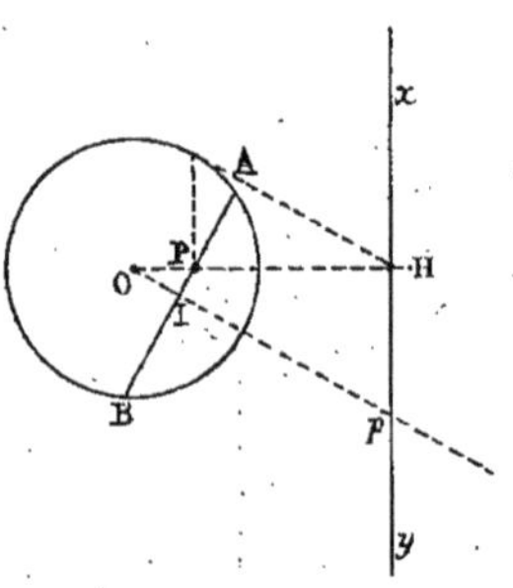

Fig. 582.

Ce pôle se trouve en effet sur la pp. menée du centre sur AB. Menons donc la pp. OI qui rencontre xy en p. Les antiparallèles nous donnent :

$$OI \times Op = OP \cdot OH.$$

Mais on a :

$$OP \times OH = R^2.$$

Donc on a aussi :

$$OI \times Op = R^2.$$

Le pôle de la droite quelconque AB se trouvant en p, sur xy, le théorème est donc démontré.

(Même démonstration si le point fixe P était en dehors du cercle.)

Remarque. — Ce théorème nous fournit une nouvelle méthode souvent utile pour prouver que des points donnés sont en ligne droite. Il suffit de chercher leurs polaires et de montrer que ces polaires sont concourantes.

Méthode des polaires réciproques.

Etant données une figure F composée des points A, B, C,... et des droites Δ, Δ'... et un cercle O appelé *cercle directeur*, il est clair que l'on peut prendre, d'une part les polaires L, L', L''... des points A, B, C..., et d'autre part les pôles α, β, γ... de ces droites Δ, Δ', Δ''... On aura de la sorte une deuxième figure F', dont les points α, β, γ... seront les pôles de Δ, Δ', Δ''.., les côtés L, L', L''... ayant pour pôles A, B, C...

Et cette figure sera évidemment telle que si on part de la figure F', et qu'on cherche par rapport au cercle O les pôles des droites L, L', L''..., on trouvera les points A, B, C... eux-mêmes, de même que les polaires des points α, β, γ... seront les droites Δ, Δ', Δ''... elles-mêmes.

Donc, dans ces deux figures F et F', chaque point de l'une est le pôle d'une droite de l'autre.

On les appelle pour cette raison *figures polaires réciproques*, par rapport au cercle directeur O.

En particulier, s'il y a dans la figure F un polygone inscrit dans le cercle O, dans la figure F' les polaires des sommets A de la figure F seront les tangentes en A au cercle O (puisque la polaire d'un point d'un cercle est la tangente en ce point). La figure polaire réciproque d'un polygone F inscrit est donc le polygone circonscrit F' dont les points de contact sont les sommets du polygone lui-même.

Ce premier point bien établi, partons de la figure F. Il est clair que si dans la figure F il y a par exemple trois points, A, B, C, en ligne droite, leurs polaires étant concourantes, dans la figure F' on pourra affirmer que les droites L, L', L'' doivent concourir.

De même que si, ne sachant rien sur A, B, C..., on sait que L, L', L'' sont trois droites concourantes, on pourra affirmer que A, B, C sont trois points en ligne droite.

Par conséquent à un théorème concernant dans une figure soit n points en ligne droite soit n droites concourantes, correspondra forcément un autre théorème d'un énoncé facile, où il y aura n droites concourantes, ou n points en ligne droite.

Exemple. — On a l'hexagone de Pascal (théorème démontré à l'aide des transversales). On en déduira immédiatement sans grande démonstration (les polaires des sommets étant les tangentes en ces sommets) le théorème suivant, dit théorème de l'hexagone de Brianchon :

Théorème. — *Dans tout hexagone (convexe ou non) circonscrit à un cercle, si on numérote les sommets* 1, 2, 3, 4, 5, 6, *les droites* (1,4), (2,5), (3,6) *sont concourantes.*

Remarque. — On pourra s'appuyer sur ce théorème de Brianchon pour en déduire très vite quelques théorèmes sur les pentagones, quadrilatères ou triangles circonscrits à un cercle. Il suffit pour cela de considérer certaines droites ABC tangentes en B au cercle comme constituant deux droites différentes AB et BC.

Exemple. — Un Δ ABC circonscrit au cercle en γ, α, β pourra être assimilé à un hexagone circonscrit de côtés Aγ, γB, Bα, αC, Cβ, βA, de telle sorte que les trois droites Aα, Bβ, Cγ doivent être concourantes.

Exemple.— Si on dédouble un côté d'un pentagone circonscrit ABCDE, par exemple si le côté AB est remplacé par Aα et αB, et si les sommets A, α, B, C, D, E sont numérotés 1, 2, 3, 4, 5, 6, on verra que les droites (14), (25), (36) qui joignent les points de contact aux sommets opposés sont concourantes.

Et de même un quadrilatère circonscrit à un cercle pouvant être assimilé à un hexagone circonscrit, on aura le théorème suivant : Dans tout quadrilatère circonscrit à un cercle, les droites joignant les points de contact des côtés opposés passent par le point de rencontre des diagonales, etc., etc.

Des figures inverses.

Définition. — Etant donné un point O et un nombre K (positif ou négatif), on peut toujours à un point donné A faire

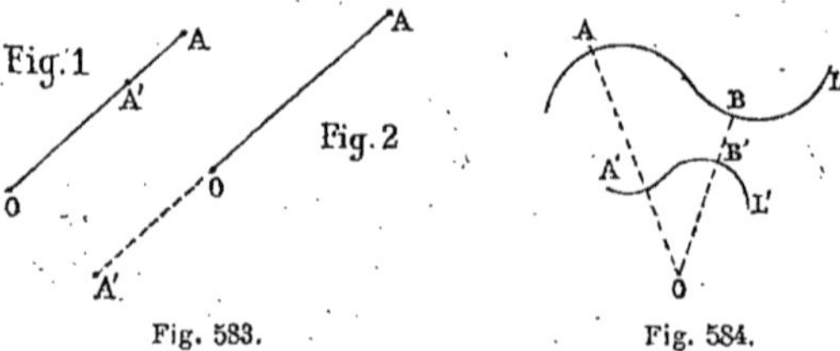

Fig. 583. Fig. 584.

correspondre un second point A′ situé sur la droite OA, tel que l'on ait la relation segmentaire :

$$\overline{OA'} \times \overline{OA} = K.$$

Si K est positif, le point A′ devra être du même côté de O que le point A (*fig.* 1).

Si K est négatif, A′ et A seront de part et d'autre du point O (*fig.* 2).

Ce second point A′ s'appelle le *point inverse de* A, O s'appelle le *pôle* ou le *centre d'inversion*, et le nombre K s'appelle la *puissance d'inversion*.

Si le point A se déplace le long d'une certaine ligne L, il est clair que son inverse A′ se déplacera le long d'une autre ligne L′.

Ces deux lignes L et L′ s'appelleront naturellement encore des *figures inverses l'une de l'autre*[1].

Propriété I. — *Deux points quelconques* A, B *et leurs inverses* A′, B′ *sont sur une même circonférence.*

En effet, quelle que soit la position du point O, quand on a (segmentairement) :

$$\overline{OA} \times \overline{OA'} = \overline{OB} \times \overline{OB'},$$

ces quatre points sont sur une même circonférence.

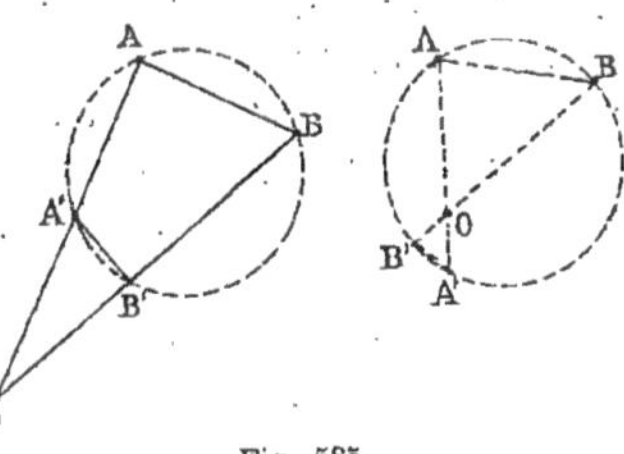

Fig. 585.

Propriété II. — *La longueur de la droite inverse d'une droite donnée s'obtient en multipliant celle-ci par la valeur absolue de la puissance d'inversion et divisant par le produit des rayons vecteurs allant aux deux extrémités de la droite donnée*[2].

En effet les Δ OAB, OA′B′ étant semblables à cause des antiparallèles AB et A′B′, on a (géométriquement) :

$$\frac{A'B'}{AB} = \frac{OA'}{OB},$$

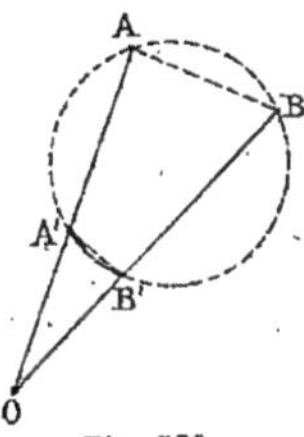

Fig. 586.

---

1. Deux figures inverses sont toujours réciproques. Car, dans la relation $\overline{OA} \times \overline{OA'} = K$, on peut à volonté se donner ou OA ou OA′. Si donc L′ est l'inverse de L, L sera aussi l'inverse de L′.

2. Remarquons que, pour pouvoir dessiner exactement les deux points inverses des points A et B, il suffit de dessiner un cercle passant par A et B, et de joindre les points A et B au pôle d'inversion O.

ce qui peut s'écrire :

$$\frac{A'B'}{AB}=\frac{OA'\times OA}{OB\times OA}=\frac{|K|}{OB\times OA},$$

$|K|$ désignant la valeur absolue de la puissance d'inversion. Donc on a (géométriquement) :

$$A'B'=AB\times\frac{|K|}{OA\times OB}.$$

Propriété III. — *Deux figures* F' *et* F'' *inverses d'une troisième* F *par rapport à un même pôle d'inversion* O *sont homothétiques entre elles, le pôle étant le centre d'homothétie.*

Soit en effet A' et A'' les inverses de A correspondant aux puissances d'inversion K' et K'', O étant le pôle d'inversion commun.

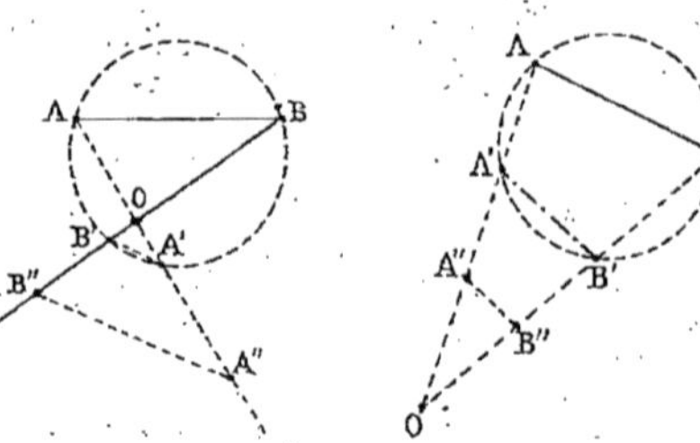

Fig. 587. Fig. 588.

On a géométriquement dans les deux cas de figures :

$$OA\times OA'=|K'|,$$
$$OA\times OA''=|K''|,$$

($|K'|$ et $|K''|$ étant alors les valeurs absolues des deux puissances d'inversion),

d'où $$\frac{OA'}{OA''}=\frac{|K'|}{|K''|}.$$

On aurait de même $$\frac{OB'}{OB''}=\frac{|K'|}{|K''|}.$$

Par conséquent $$\frac{OA'}{OA''}=\frac{OB'}{OB''}.$$

Donc les deux figures F' et F'' sont homothétiques entre elles.

C. Q. F. D.

Remarque. — A'B' et A''B'' sont plles.

N. B. — A cause de ce théorème, on appelle souvent le point A′ inverse d'un point A, le point *antihomologue de A.*

Propriété IV. — *L'angle d'une droite* AB *avec le premier rayon vecteur* OA *est égal, mais de sens contraire, à l'angle que fait son inverse* A′B′ *sur le deuxième rayon vecteur* OB′.

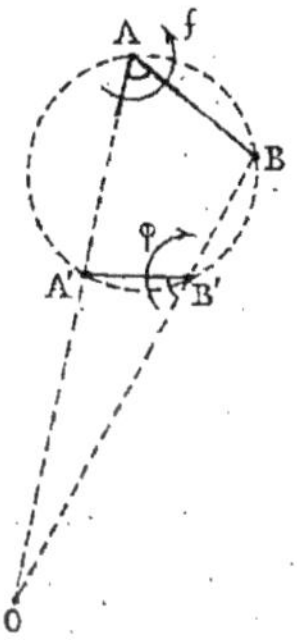

En effet, la figure nous montre que l'angle de AB avec OA compté à partir du rayon vecteur OA va dans le sens *f* inverse des aiguilles d'une montre, tandis que l'angle que A′B′ fait avec OB′ (angle égal au premier à cause des Δ semblables), si on le compte lui aussi à partir du rayon vecteur OB′, marche dans le sens φ des aiguilles.

Fig. 589.

Propriété V. — *Les tangentes en deux points antihomologues de deux courbes inverses forment respectivement avec le rayon vecteur qui les relie, et de part et d'autre de ce rayon vecteur, des angles égaux, donc des angles orientés en sens contraire.*

En effet, si nous considérons sur les deux courbes inverses S et S′ deux points B et B′ voisins des points A et A′, les cordes AB et A′B′ (cordes qui sont antiparallèles par rapport à l'angle AOB) forment, l'une avec le rayon OA, l'autre avec le rayon OB′, des angles égaux, mais de sens contraire, à savoir OAB et OB′A′.

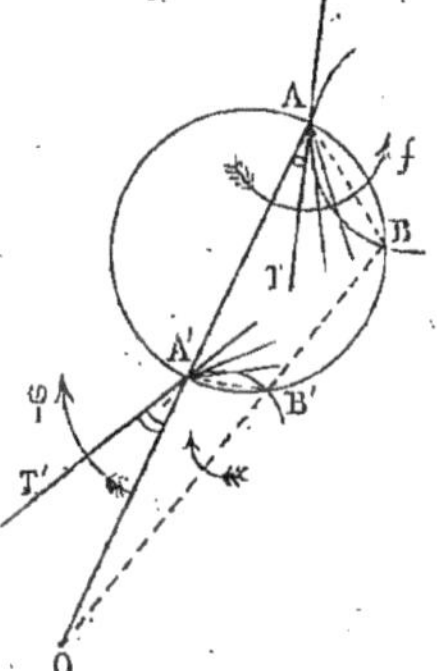

Fig. 590.

Mais quand le point B est venu en A, le point B′ est venu en A′ et les cordes sont alors devenues les $\frac{1}{2}$ tangentes AT et A′T′. Donc il faut que l'angle de OA avec AT (compté dans le sens *f* à partir de OA, donc vers la droite) soit encore égal à l'angle de OA′ avec A′T′ (angle compté dans le sens φ à partir de OA′, donc vers la gauche, angle qui sera par conséquent l'angle de OA′ avec la portion de tangente A′T′).

Ce qui prouve donc bien que l'angle de OA avec la portion

AT de tangente située à droite du rayon OA est égal à l'angle de OA′ avec la portion A′T′ de tangente située à gauche de OA′.

C. Q. F. D.

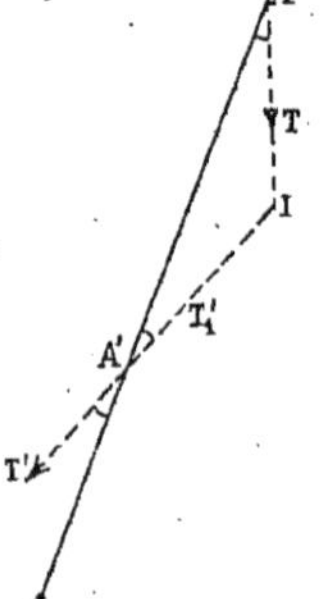

Fig. 591.

Remarque. — Comme les deux angles T′A′O et T_1'A′A sont égaux comme opposés par le sommet, on peut, pour se résumer, énoncer commodément le théorème précédent comme il suit :

En deux points inverses, les tangentes aux deux courbes doivent toujours donner naissance à un Δ isocèle (tel : AA′I).

Propriété VI. — *L'angle de deux courbes est égal à l'angle de leurs inverses.*

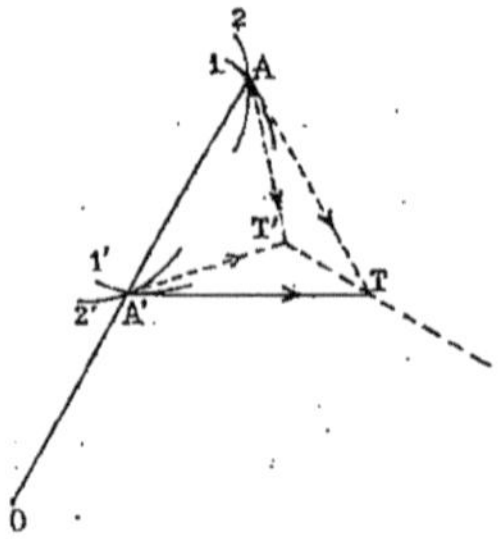

Fig. 592.

Cela tient à ce que les deux Δ formés d'une part par les tangentes AT et A′T aux courbes 1 et 1′, d'autre part par les tangentes AT′ et A′T′ aux courbes 2 et 2′, sont tous deux isocèles.

Donc les angles TAT′ et TA′T′ sont égaux, mais orientés en sens contraire, allant les uns dans le sens des aiguilles d'une montre, les autres en sens contraire, quand on les compte à partir du rayon vecteur commun OA′A.

Il résulte de là que *l'inversion n'altère pas les angles.*

Si donc deux courbes sont tangentes (c'est-à-dire si leurs tangentes font un angle nul), leurs figures inverses sont aussi tangentes entre elles.

Et si deux courbes sont orthogonales, leurs figures inverses sont aussi orthogonales.

Nature et position relative de la figure inverse d'une figure donnée.

I. — *La figure inverse d'une droite* xy *est une circonférence passant par le pôle d'inversion* P.

Soit K la puissance d'inversion, que je suppose d'abord positive.

Pour trouver le lieu des points A′ inverses des points A pris sur xy, projetons le pôle P sur la droite xy en H et prenons sur cette pp. OH un point H′ tel que :

$$OH' \times OH = K.$$

H′ sera l'inverse de H.

Mais, comme on doit avoir $OA' \times OA = K$, il en résultera :

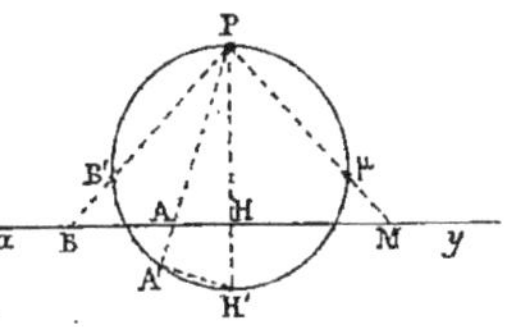

Fig. 593.

$$OA' \times OA = OH \times OH',$$

donc les deux droites A′H′ et AH sont antiparallèles, donc les angles PA′H′ et PHA sont égaux, donc PA′H′ est droit.

Pour un point B de xy plus éloigné du pied H, même résultat : l'angle PB′H′ est droit.

Donc, de tous les points inverses de xy, on voit la droite fixe PH′ sous un angle droit. Donc tous les points inverses sont sur la circonférence décrite sur PH′ comme diamètre, et nulle part ailleurs.

Du reste un point quelconque μ, pris sur cette circonférence, est un point du lieu. Car la droite $P\mu$ coupe forcément la droite xy en un point M. Or, sur cette droite PM se trouve un point du lieu. Mais les points du lieu ne peuvent se trouver que sur la circonférence PH′. Donc le point du lieu qui est sur PM ne peut être qu'en μ. Donc μ est bien un point du lieu. Donc :

Le lieu des inverses d'une droite est le cercle PH′ *tout entier.*

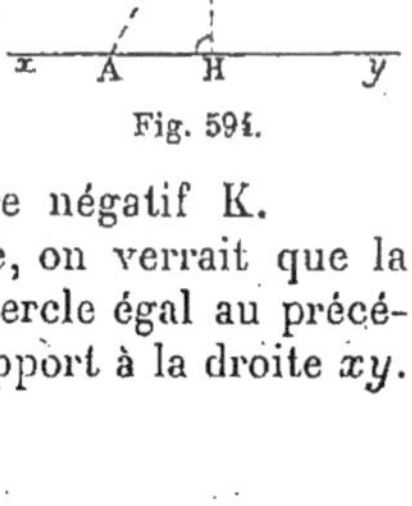

Remarque. — Si la puissance d'inversion K, gardant la même valeur absolue, était négative, à la pp. PH correspondrait une longueur PH″, mais dirigée en sens contraire et telle que l'on aurait la relation géométrique :

$$PH \times PH'' = |K|,$$

Fig. 594.

$|K|$ désignant la valeur absolue du nombre négatif K.

Et, en raisonnant comme tout à l'heure, on verrait que la figure inverse de xy serait le cercle PH″, cercle égal au précédent, mais placé de l'autre côté de P par rapport à la droite xy.

Nota. — Dans le cas où la puissance d'inversion K est un nombre positif, pour savoir si l'inverse d'une droite coupe ou non la droite, il suffit de remarquer que, si d désigne la distance connue PH du pôle à la droite xy, on peut avoir :

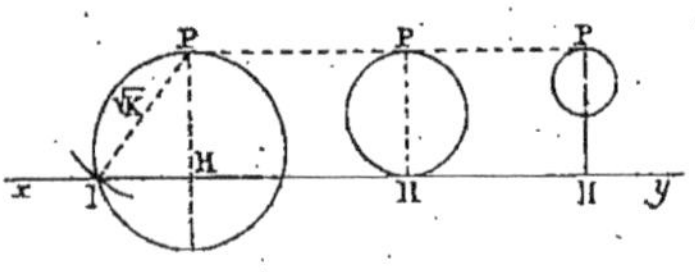

Fig. 595.

$$K > d^2,$$

ou

$$K = d^2,$$

ou

$$K < d^2.$$

1° Si on a $K > d^2$, c'est-à-dire $d < \sqrt{K}$, en décrivant un cercle de P comme centre avec $\sqrt{K}$ comme rayon, le point I est à lui-même son inverse. Par conséquent le cercle coupera la droite.

2° Si $K = d^2$, l'inverse de la droite xy lui sera tangente.

3° Si $K < d^2$, l'inverse de la droite xy lui sera extérieure[1].

II. — *La figure inverse d'une circonférence est ou une droite ou une circonférence.*

Premier cas. — *Le pôle d'inversion P est sur la circonférence O.*

Soit K la puissance d'inversion, et supposons-la d'abord positive. Si K est inférieur au carré du diamètre PA, en décrivant un cercle de P comme centre avec $\sqrt{K}$ comme rayon, ce cercle coupera la circonférence O en B et B sera un point du lieu.

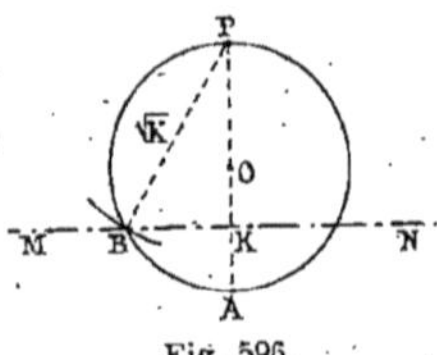

Fig. 596.

Car $$PB \times PB = \sqrt{K} \times \sqrt{K} = K.$$

Mais d'autre part, si nous menons le diamètre POA et si K est le point inverse du point A, on a :

$$PA \times PK = \overline{PB}^2.$$

Donc BK est l'antiparallèle de BA. Mais l'angle PBA (inscrit dans la demi-circonférence O) est droit. Donc l'angle PKB l'est

1. Remarque. — Si le pôle d'inversion P était situé sur la droite xy, l'inverse de xy serait la droite xy elle-même, évidemment.

aussi. Cela posé, prenons un point quelconque C sur la circonférence. C′ étant son inverse, on a : $PC.PC' = PA.PK$, d'où on déduit que C′K est pp. à PA. — Donc tous les points du lieu cherché sont sur la pp. MN en K au diamètre.

On verrait aisément du reste par l'idée de continuité qu'il n'y

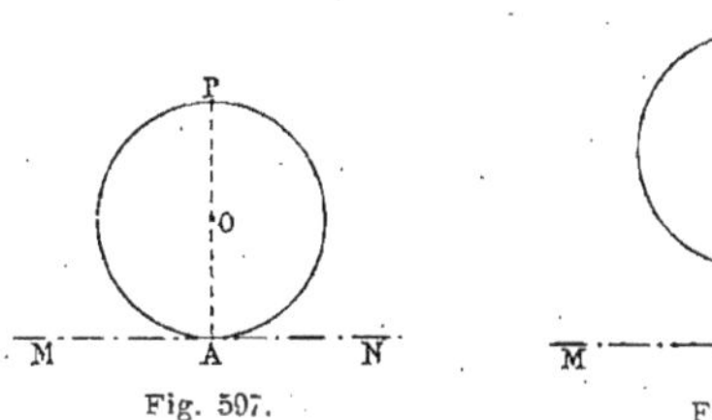

Fig. 597. Fig. 598.

a pas un point de cette droite indéfinie MN qui ne soit un point du lieu.

Le lieu est donc la droite MN tout entière. C. Q. F. D.

Si l'on avait $K = \overline{PA}^2$, le lieu serait la droite MN tangente en A.

Et si l'on avait $K > \overline{PA}^2$, le lieu serait la droite extérieure MN, pp. à PA.

Si maintenant la puissance d'inversion K était négative, on verrait de la même façon que la figure inverse de la circonférence O serait encore une droite M′N′ pp. à PO, droite symétrique de MN par rapport à P.

Deuxième cas. — *Si le pôle d'inversion n'est pas sur la circonférence, la figure inverse d'une circonférence est une circonférence.*

1° Supposons d'abord que le pôle d'inversion P soit en dehors du cercle O.

Si nous voulons trouver le lieu des points M′ tels que l'on ait (géométriquement) :

$$PM' \times PM = K$$

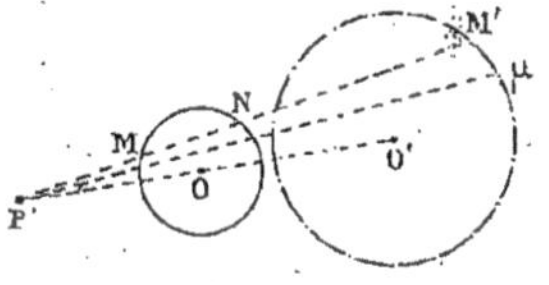

Fig. 599.

(K étant positif), on dira : μ étant la puissance connue du point P par rapport au cercle O (puissance qui est positive), on aura (géométriquement) :

$$PM \times PN = \mu.$$

Dès lors, en divisant membre à membre les deux égalités,

on aura : $$\frac{PM'}{PN} = \frac{K}{\mu} = \text{constante.}$$

Donc la propriété du point M' est transformée : le rapport de PM' à PN est constant, donc tous les points inverses cherchés M' sont sur une figure homothétique du cercle O et nulle part ailleurs.

D'ailleurs, si nous prenons par la pensée un point quelconque μ sur ce cercle O' (homothétique de O) en le joignant au point P, cette droite Pμ coupe forcément le cercle O (on l'a vu dans l'homothétie); donc cette direction Pμ peut être regardée comme obtenue en joignant P à un point que nous n'avons pas besoin de préciser sur la circonférence O et, sur cette direction, il y a un point du lieu.

Mais tous les points du lieu doivent être sur le cercle O ; donc le point inverse de ce point ne pourra être qu'au point où la droite coupe la circonférence O', c'est-à-dire au point μ.

μ est donc un point du lieu.

Donc *la figure inverse de la circonférence, quand le pôle est en dehors et que la puissance d'inversion est positive, est une circonférence homothétique* de la première, le pôle d'inversion y étant un centre de similitude direct.

2° K étant toujours positif, supposons le pôle d'inversion P intérieur à la circonférence O.

Je dis que la figure inverse sera un cercle ou intérieur à O ou le coupant, mais jamais extérieur.

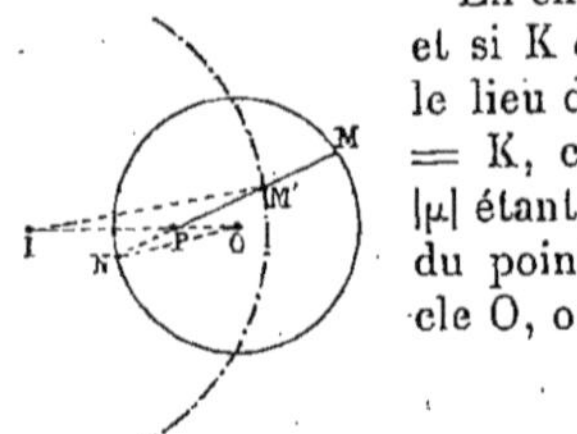

Fig. 600.

En effet, si P est intérieur au cercle O et si K est positif et que nous cherchions le lieu des points M' tels que PM' $\times$ PM $= K$, comme on a aussi PM.PN$=|\mu|$, $|\mu|$ étant la valeur absolue de la puissance du point P intérieur par rapport au cercle O, on aura (géométriquement) :

$$\frac{PM'}{PN} = \frac{K}{|\mu|},$$

ce qui montre que le point cherché M' est, en même temps que le point inverse de M, un point homothétique de N, mais inversement homothétique.

Donc le lieu cherché est la figure homothétique inverse du cercle O par rapport au point P. C. Q. F. D.

N. B. — Si nous reprenons la construction connue du centre du cercle homothétique inverse du cercle O, nous devrons, pour connaître la position de la figure inverse du cercle O par rapport au point intérieur P,

1° Joindre NO;

2° Prendre à rebours sur PO le point I correspondant à O, c'est-à-dire tel que $\frac{PI}{PO} = \frac{K}{|\mu|}$;

3° Par I mener la plle IM' à NO jusqu'à sa rencontre en M' avec PN;

4° Décrire la circonférence de centre I et de rayon IM'. Telle sera la figure inverse cherchée du cercle O.

Dans le cas de la figure 601, ce point I est extérieur au cercle O et la figure inverse du cercle O, par rapport au point intérieur, est une circonférence qui coupe O.

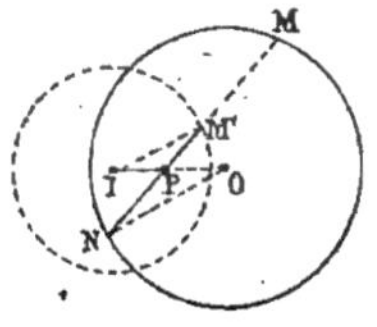

Fig. 601.

Mais, dans le cas de la figure 601, le point trouvé I est intérieur, et la figure inverse sera un cercle de centre intérieur coupant ou ne coupant pas le centre O.

Donc dans tous les cas, si K est positif et si le point P est intérieur, le lieu est un cercle ayant son centre n'importe où sur OP, ce cercle coupant ou non le cercle donné; seulement jamais ce cercle n'est extérieur au cercle donné et toujours P est un centre de similitude interne du cercle O et de son cercle inverse.

3° Supposons enfin la puissance K donnée négative. La figure

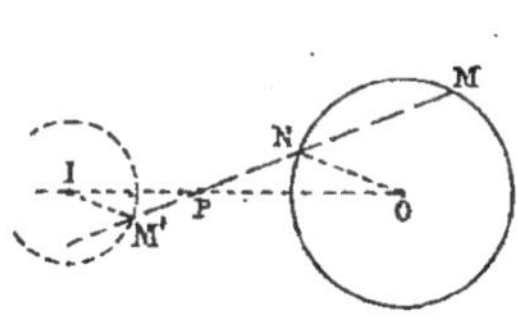

Fig. 602.

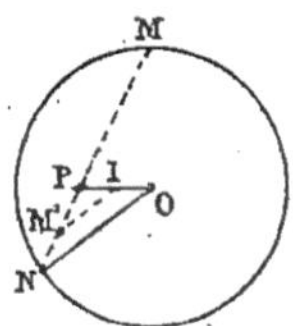

Fig. 603.

nous montre que, si P est extérieur, le lieu est un cercle de centre I, cercle extérieur à O, P étant un centre de similitude interne.

Si au contraire P est intérieur, le lieu sera un cercle intérieur à O ayant P pour centre de similitude externe, les rayons ON et M'I étant plles et de même sens.

En résumé, on peut dire d'une façon générale que, *quand le pôle d'inversion n'est pas sur la circonférence, la figure inverse d'un cercle est un cercle ayant le pôle d'inversion pour centre de similitude.*

N. B. (La figure faite avec soin, selon les données, précisera la question; car on ne saurait apprendre par cœur les résultats précédents.)

Remarque. — On aurait pu, par un léger artifice, donner une démonstration bien plus rapide et tout à fait générale du théorème. La voici :

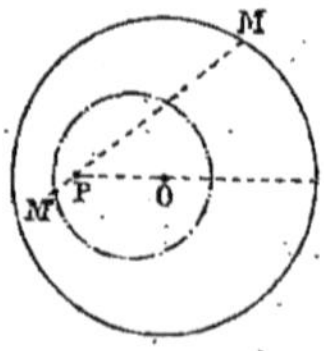

Fig. 604.

Soit μ la puissance de P par rapport au cercle O, que μ soit positif ou négatif. Si on cherchait la figure O_1 inverse du cercle O, quand P étant le pôle d'inversion, μ est la puissance d'inversion, cet inverse O_1 du cercle O serait le cercle O lui-même.

Maintenant, si K est la puissance d'inversion donnée, la figure inverse cherchée O' du cercle O sera une figure homothétique du cercle O_1. On le sait, puisque deux figures O_1 et O' inverses d'une troisième O sont homothétiques entre elles.

Mais $O_1 = O$. Donc la figure O' inverse de O quand la puissance est K et le pôle P est un cercle, à savoir : le cercle homothétique de O ayant P pour centre de similitude, le rapport d'homothétie étant $\left|\frac{K}{\mu}\right|$.

C. Q. F. D.

Théorème. — *Deux cercles donnés O et O' peuvent toujours être regardés comme inverses l'un de l'autre, et cela de deux façons différentes.*

1° Soit S leur centre de similitude direct, c'est-à-dire l'intersection de la ligne des centres OO' avec la droite joignant les extrémités de deux rayons plles et de même sens OA et O'A, S pouvant être, comme on sait, ou à l'intérieur ou à l'extérieur du cercle O ainsi que le montrent les deux figures ci-après.

On a géométriquement :

$$\frac{OA}{O'A'}=\frac{R}{R'}=\frac{SA}{SA'},$$

et aussi segmentairement, puisque SA et SA′ sont de même direction :

$$\frac{\overline{SA}}{\overline{SA'}}=\frac{R}{R'}.$$

D'autre part, si nous appelons p la puissance de S par rapport au cercle O, A et α étant les points où SA coupe O, on aura la relation segmentaire :

$$p=\overline{SA}\times\overline{S\alpha},$$

p étant ou positif ou négatif.

En divisant les deux égalités membre à membre, on en tirera la relation générale :

$$\overline{SA'}\times\overline{S\alpha}=\frac{R'}{R}\times p.$$

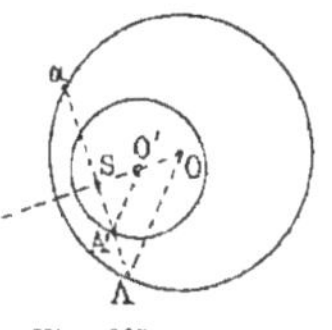

Fig. 605.

Par conséquent le point α sera l'inverse du point A′, et, comme cela a lieu pour tous les points du cercle O′, tous ces points du cercle O′ auront leurs inverses sur le cercle O et on en doit conclure que O est la figure inverse de O′, le centre de similitude direct étant le pôle d'inversion.

2° Si on considère le centre de similitude inverse S′ des cercles donnés O et O′, on aura $\frac{\overline{S'A}}{\overline{S'A'}}=-\frac{R}{R'}$ puisque S′A et S′A′ sont dirigés en sens contraires. p étant alors la puissance de S′ par rapport au cercle O (nombre p qui est selon les cas positif ou négatif), on aura :

$$\overline{S'A}\times\overline{S\alpha}=p,$$

d'où en divisant : $\overline{S'\alpha}\times\overline{S'A'}=-\frac{R}{R'}p.$

Et cette relation segmentaire nous montre, α et A′ étant des points inverses, que tous les points du cercle O′ sont des inverses des points du cercle O. Donc les deux cercles O et O′ sont encore inverses l'un de l'autre, le centre de similitude inverse étant le pôle d'inversion.

Le théorème est donc démontré d'une façon générale, et deux circonférences données sont toujours inverses l'une de l'autre, et cela de deux façons, le pôle d'inversion pouvant être à volonté ou le centre de similitude direct ou le centre de similitude inverse.

Conséquences.

I. — Si par le centre de similitude S quel qu'il soit (direct ou inverse) de deux cercles donnés quelconques O et O′ on mène une sécante, d'où quatre points A, α, A′, α′, il y aura d'une part deux groupes de points homologues A et A′, α et α′ (caractérisés par le parallélisme des deux rayons correspondants) et d'autre part deux groupes de points inverses α et A′, α′ et A, α étant l'inverse de A et l'inverse de A′ (caractérisés par l'antiparallélisme des rayons correspondants).

On appelle souvent pour cette raison les points inverses précédents situés sur deux cercles, des points **anti-homologues**.

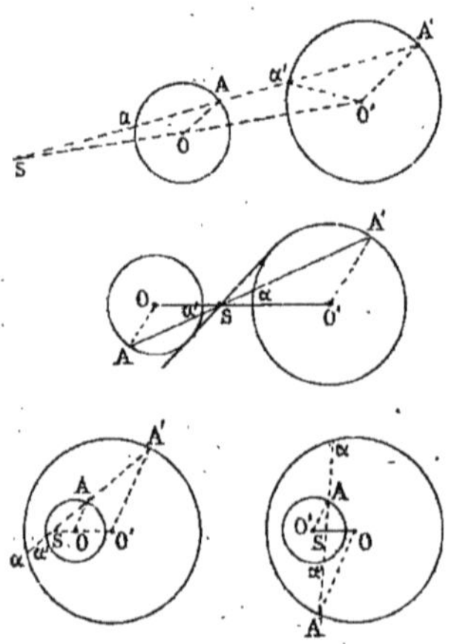

Fig. 606.

II. — Les figures précédentes nous montrent que, quand les deux *cercles sont extérieurs*, *l'arc concave* (vers le point S) de l'un des cercles a pour *inverse l'arc convexe* (vers le point S) de l'autre cercle. Quand les cercles se coupent, à l'arc concave correspond également l'arc convexe[1].

III. — Si l'on considère dans deux cercles deux sécantes issues de l'un quelconque des centres de similitude et qu'on

---

1. On peut du reste s'en assurer facilement en songeant aux distances maximum et minimum du point S aux deux cercles, et remarquant que quand l'une est maximum l'autre doit être minimum.

mène les cordes joignant deux points anti-homologues (cordes qu'on appellera cordes anti-homologues), *ces cordes anti-homologues se coupent sur l'axe radical des deux cercles.*

En effet, puisque A et α sont inverses ainsi que B et β, on a, quelles que soient les positions relatives des deux cercles et quelle que soit la nature du centre de similitude S considéré,

$$\overline{SA} \times \overline{S\alpha} = \overline{SB} \times \overline{S\beta};$$

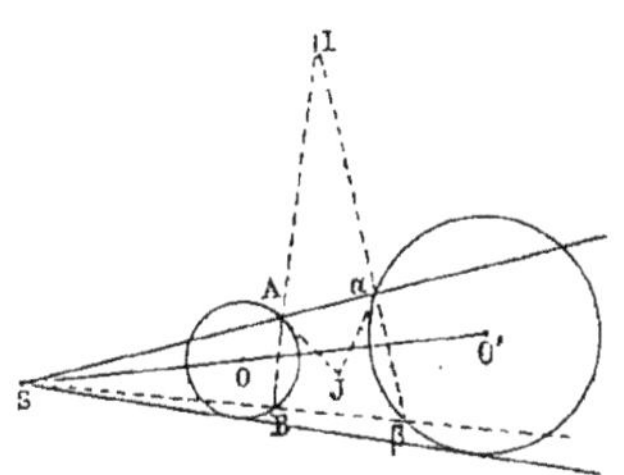

donc les quatre points A, α, B, β, sont sur un même cercle.

Mais alors, dans ce cercle non tracé, $\alpha\beta$ et AB se coupant en I, on a :

$$(I\alpha \times I\beta) = (IA \times IB).$$

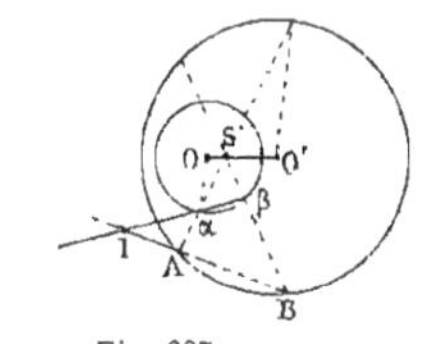

Fig. 607.

Donc les puissances du point I par rapport aux deux cercles O et O' sont les mêmes. Donc I est un point de l'axe radical des deux cercles.

C. Q. F. D.

IV. — *Si on mène les tangentes à deux cercles en deux points anti-homologues, ces tangentes se coupent en un point de l'axe radical.*

En effet, le théorème précédent étant vrai, quelque près que la sécante SB soit de SA, est encore vrai à la limite.

On peut du reste le démontrer directement, en se rappelant que les tangentes en deux points de deux figures inverses forment toujours un Δ isocèle. Donc $IA = I\alpha$. Donc I est un point de l'axe radical.

V. — *Si d'un point de l'axe radical de deux cercles on mène les deux tangentes aux arcs qu'on sait être inverses, la droite qui joint les deux points de contact passe par le centre de similitude des deux cercles.*

Pour fixer les idées, considérons deux cercles sécants et prenons sur l'axe radical un point I d'où nous menons les deux tangentes IA et IB aux arcs concave et convexe. Je dis que la droite AB passe par le centre de similitude externe S.

En effet, nous pouvons toujours joindre SA. Si elle rencontrait O′ en un point α autre que B, α étant l'inverse de A, la tangente en α devant rencontrer la tangente en A sur un point de l'axe radical devrait passer par le point I, et alors de I partiraient deux tangentes IB et Iα à l'arc concave B, ce qui est impossible.

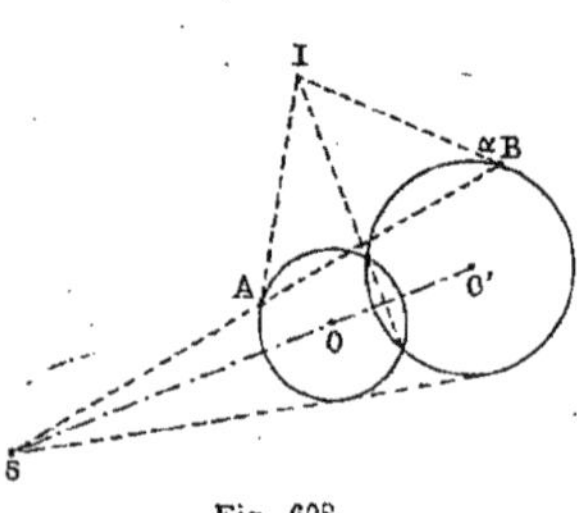

Fig. 608.

Donc SA doit passer par le point B. Donc la droite AB des contacts passe par le point S.

Remarque. — Ce théorème permettrait aisément de trouver sur l'axe radical le point d'où l'on peut mener à deux circonférences des tangentes rectangulaires.

Il suffira de remarquer que, en prolongeant les rayons AO et BO′ qui se coupent en J, la figure JAIB étant un rectangle où deux côtés adjacents sont égaux serait sur un carré, donc l'angle ABO′ valant 45° et BA passant par S, il n'y aura plus qu'à construire sur O′S un segment capable de 45°, d'où le point B ; et partant le point I.

Application de l'inversion à une nouvelle démonstration du théorème de Ptolémée et de sa réciproque.

1° Prenons la droite XY transformée du cercle ABCD, le sommet A du quadrilatère convexe inscrit ABCD étant choisi pour pôle d'inversion et la puissance étant K. Soient B′, C′, D′, les inverses des sommets B, C, D. On a évidemment :

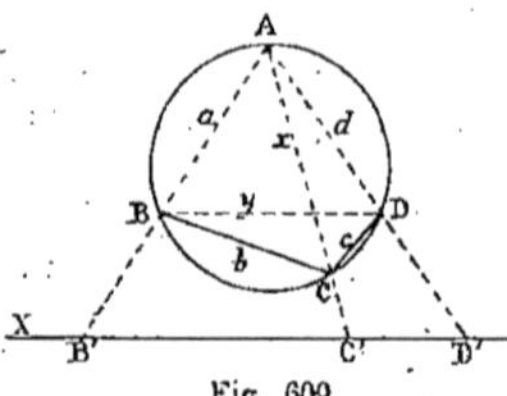

Fig. 609.

$$B'C' + C'D' = B'D'.$$

Mais $B'C' = BC \times \frac{K}{AB \cdot AC}$, $C'D' = CD \times \frac{K}{AC \cdot AD}$,

$$B'D' = BD \times \frac{K}{AB \cdot AD}.$$

Donc en remplaçant il viendra :

$$b \cdot \frac{K}{a \cdot x} + c \frac{K}{x \cdot d} = y \cdot \frac{K}{a \cdot d},$$

d'où en réduisant au même dénominateur adx :

$$bd + ca = xy. \qquad \text{C. Q. F. D.}$$

2° Soit un quadrilatère non inscriptible ABCD. On aura, B', C', D' étant les inverses de B, C, D :

$$B'C' + C'D' > B'D',$$

d'où en raisonnant comme tout à l'heure :

$$b \cdot d + c \cdot a > xy.$$

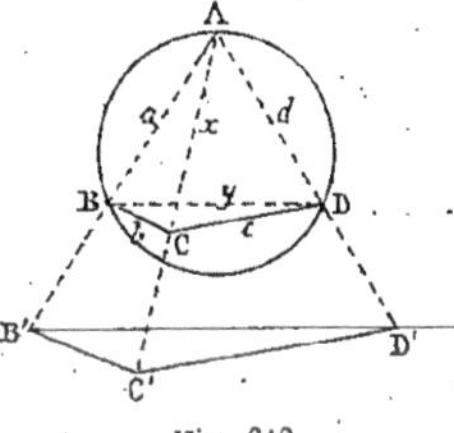

Fig. 610.

Donc, pour un quadrilatère convexe non inscriptible la relation de Ptolémée n'est pas vraie. Si donc elle est vraie, il en faut conclure que le quadrilatère est inscriptible.

Remarque. — A l'aide de l'inversion, on peut donner une nouvelle construction d'un cercle ω passant par deux points A et B et tangent à une droite donnée L.

Si nous prenons en effet pour pôle d'inversion le point A et une puissance d'inversion quelconque K^2, au point B correspondra un point B_1, à la droite L un cercle L_1 passant par A, au cercle inconnu ω une droite inconnue ω_1 passant par B_1. Mais dans l'inversion les courbes tangentes restent tangentes. Donc la droite inconnue ω_1 sera tangente au cercle L_1, ce qui prouve que la droite inconnue ω s'obtiendra en menant du point B_1 la tangente $B_1\omega_1$ au cercle L. Donc :

Construction. — 1° On figurera le cercle L_1 inverse de la droite L. 2° On construira l'inverse B_1 du point B. 3° Du point B_1 on mènera une droite ω_1 tangente au cercle L_1. 4° On cherchera le centre du cercle ω, figure inverse de cette tangente ω_1, et ce point sera le centre du cercle cherché passant par les deux points A et B et tangent à la droite L.

N. B. — Le problème précédent nous donne un aperçu d'une méthode générale, souvent utile, permettant de ramener à l'aide de l'inversion un problème que l'on ne sait pas faire à un problème connu, qu'on fait, et d'où on déduit, à l'aide d'une nouvelle figure inverse, le problème primitif.

(Cette méthode s'appelle *transformation par inversion* ou *par rayons vecteurs réciproques.*)

Construction de circonférences.

Désignons, pour abréger l'écriture, par P un point, par C une circonférence, par D une droite. Comme il faut se donner trois éléments pour définir une circonférence, il y a lieu de considérer les dix cas suivants, selon que le cercle à construire ω passe par un ou plusieurs points, est tangent à une ou plusieurs droites, est tangent à un ou plusieurs cercles, cas que nous pouvons résumer dans le tableau suivant.

Construire un cercle, connaissant :

3 P.		3D.
2P	1D.	
	1C.	2D, 1C.
1P	2D.	3C.
	1D, 1C.	1D, 2C.
	2C.	

Total : dix constructions de circonférences à effectuer.

Nous en avons déjà effectué quatre, à savoir 3P, 3D (2P, 1 D), (2P, 1C).

Nous allons indiquer la solution des six autres cas.

Cinquième cas (1P, 2D). — *Construire un cercle passant par un point et tangent à deux droites.*

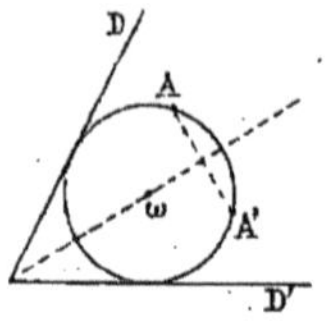

(Il suffira de mener la bissectrice et de prendre le symétrique A′ et A. Le cercle cherché doit passer par ces deux points et être tangent à l'une des droites.)

Fig. 611.

Remarque. — Ce cinquième cas pourrait se ramener à la construction d'une tangente commune à deux cercles. En effet, si nous transformons les données par l'inversion à l'aide des rayons vecteurs réciproques, en prenant pour pôle le point donné A, les deux droites D et D′ deviennent deux cercles D_1 et D'_1, et le cercle ω devient une droite ω_1. Mais quand deux courbes sont tangentes, leurs inverses le sont. Donc comme le cercle ω est tangent aux droites D et D′, la droite ω_1 sera tangente aux deux cercles D_1 et D_1', — donc sera la tangente commune. — Une fois cette tangente commune menée, il n'y aura plus qu'à en prendre la figure inverse, qui sera le cercle cherché ω.

Sixième cas (1P, 1D, 1C). — *Construire un cercle passant par un point* A, *tangent à une droite* L *et à un cercle* C.

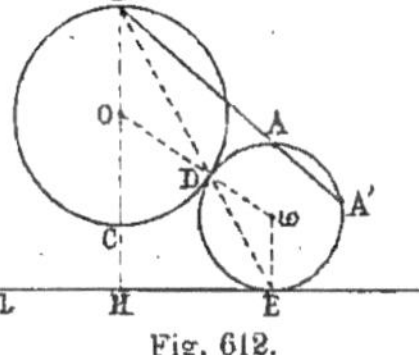

Fig. 612.

Supposons le problème résolu, et 1° soit ω un cercle passant par le point A tangent extérieurement au cercle O et tangent à la droite L.

Nous connaissons évidemment les points B et C où la pp. OH coupe le cercle O. Proposons-nous de trouver le second point A′ où la droite connue BA coupe le cercle cherché ω.

A cet effet, remarquons que, D étant le point de contact, les trois points B, D, E sont en ligne droite[1]. On aura donc :

$$BA \times BA' = BD \times BE.$$

Mais on a : $$BD \times BE = BC.BH,$$

parce que la droite L peut toujours être regardée comme la figure inverse du cercle O, le pôle étant B et la puissance d'inversion valant $(BD \times BE)^2$.

On a donc finalement :

$$BA \times BA' = BC \times BH,$$

ce qui permet de construire le point A′ par une quatrième proportionnelle à trois longueurs connues. Et alors le problème sera fait, car on est ramené à mener par deux points A et A′ un cercle tangent à une droite L.

1. Ces trois points B, D, E sont en ligne droite. Car si, utilisant les données, nous menons la droite ODω, les angles BDO et EDω sont égaux comme appartenant à deux Δ isocèles où les angles aux sommets sont égaux.

2. On aurait aussi pu le démontrer sans se servir de l'inversion, en remarquant que les deux droites CD et HE sont antiparallèles — ou encore en remarquant que l'on a deux Δ semblables.

2° Supposons maintenant le cercle ω tangent intérieurement au cercle O en D. Les trois points D, C, E sont en ligne droite [1]. On aura donc dans le cercle ω :

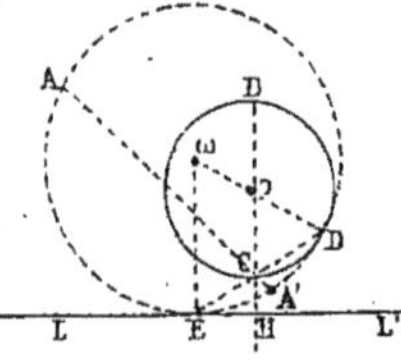

Fig. 613.

$$CD \times CE = CA \times CA'.$$

Mais $$CD \times CE = CH \times CB,$$

puisque LL′ peut être regardé comme la figure inverse du cercle O, C étant le pôle et la puissance d'inversion étant négative (ou encore parce que les angles BDC et CHE étant droits, EH est antiparallèle de BD).

On a donc finalement :

$$CA . CA' = CB . CH,$$

ce qui détermine le second point cherché A′.

Le problème est donc encore ramené à un cas connu.

Septième cas. — *Construire un cercle ω passant par un point donné A et tangent à deux circonférences données O et O′.*

1° Supposons le problème résolu et soit ω un cercle passant par A et tangent extérieurement aux deux cercles O et O′ en C et C′. Tâchons encore comme tout à l'heure de déterminer le second point A′ où la droite SA, qui joint A au centre de similitude S, rencontre ω.

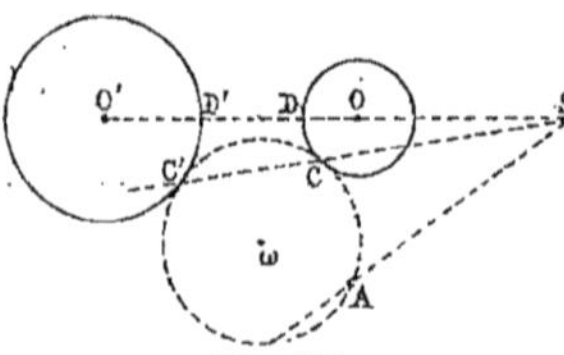

Fig. 614.

Cela est très facile, car les trois points C, C′, S étant en ligne droite (puisque deux cercles de similitude internes et un externe le sont), on a la relation :

$$SA \times SA' = SC \times SC'.$$

Mais, deux cercles étant toujours des figures inverses et l'arc concave ayant ici pour inverse l'arc convexe, on a :

$$SC \times SC' = SD \times SD'.$$

---

1. Car si, employant une méthode connue, on joint DC et DE, les deux angles ODC et ODE sont égaux comme angles à la base de deux Δ isocèles où les angles au sommet O et ω sont égaux.

Il en résultera alors que :

$$SA.SA' = SD \times SD',$$

donc SA' sera connu et facile à obtenir par une quatrième proportionnelle.

Donc le cercle cherché devant passer par deux points connus et être tangent extérieurement à un cercle O, et ce problème n'ayant qu'une solution, le problème est fait.

2° Supposons que le cercle cherché ω passant par A est tangent extérieurement au cercle O en C et intérieurement en C' au cercle O'. Dans les trois cercles O, O', ω, C est un centre de similitude interne, C' un centre de similitude externe ; donc il faudra prendre le centre de similitude interne S_1 des deux cercles O et O' et s'appuyer sur ce que CS_1C' est une ligne droite — et comme tout à l'heure on cherchera le second point A' où S_1A coupe ω.

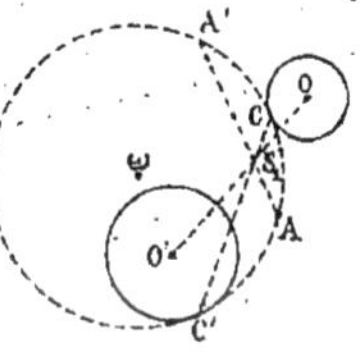

Fig. 615.

3° Le cas où le cercle ω serait tangent intérieurement aux deux cercles O et O' se traiterait d'une façon identique.

HUITIÈME CAS (2D, 1C). — *Construire un cercle tangent à deux droites* L *et* L' *et tangent à une circonférence* O *de rayon* R.

Par un léger artifice, ce problème se ramène au quatrième cas.

En effet, si nous supposons le problème résolu et que de ω comme centre avec un rayon égal à la somme des rayons, nous décrivions une circonférence concentrique à ω, cette circonférence nouvelle passera par un point connu O, et sera tangente aux deux droites L_1 et L'_1, menées parallèlement à L et à L' à la distance R. (Problème connu). Connaissant le centre ω, on en déduira aisément le cercle cherché.

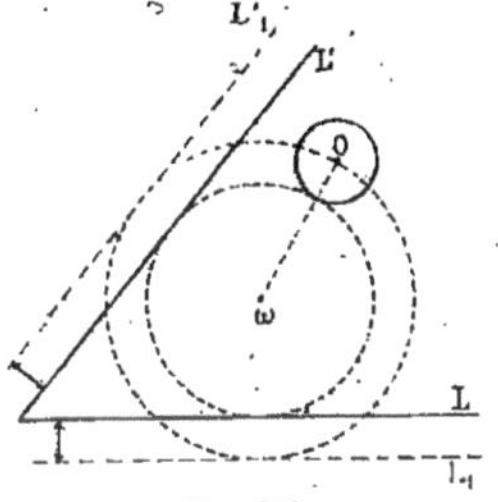

Fig. 616.

Même raisonnement si le cercle ω était tangent intérieurement au cercle O.

NEUVIÈME CAS (1D, 2C). — *Construire un cercle* ω *tangent à une droite* L *et tangent à deux circonférences* O *et* O' *de rayons* R *et* R'.

Ce cas se ramène par un artifice (analogue à celui du cas précédent) au sixième cas.

En effet, si du centre ω du cercle tangent aux deux cercles O et O′ et à la droite L, on décrit une nouvelle circonférence passant par le centre O, cette nouvelle circonférence passant par le point O étant tangente à la plle L_1, menée à une distance de L égale à R, et étant également tangente au cercle concentrique à O′ et de rayon R′ — R, on sera ramené à chercher le centre ω d'un cercle passant par un point O, et tangent à une droite et à un cercle (problème connu).

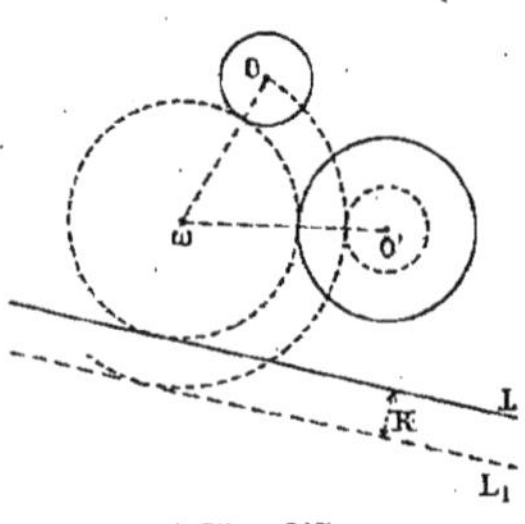

Fig. 617.

Dixième cas (3C). — *Construire un cercle tangent à trois cercles donnés.*

Soit le problème résolu et soit ω le centre du cercle tangent extérieurement aux trois cercles O, O′, O″.

Reprenons une troisième fois l'artifice précédent. ω sera le centre d'une nouvelle circonférence passant par O et tangent à deux circonférences de centres O′ et O″ et de rayons (R′ — R) et (R″ — R), problème connu.

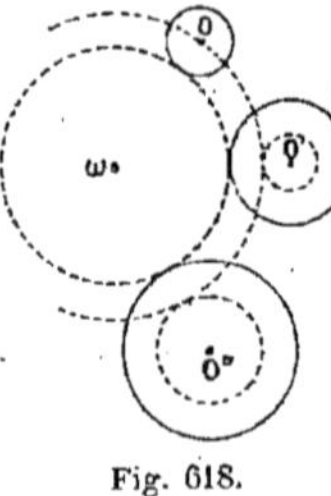

Fig. 618.

Même solution si le cercle ω était tangent intérieurement à l'un des trois cercles ou à deux de ces trois cercles ou aux trois cercles.

Total : quatre cas qui chacun se subdivisent en deux.

Donc, en général, huit solutions.

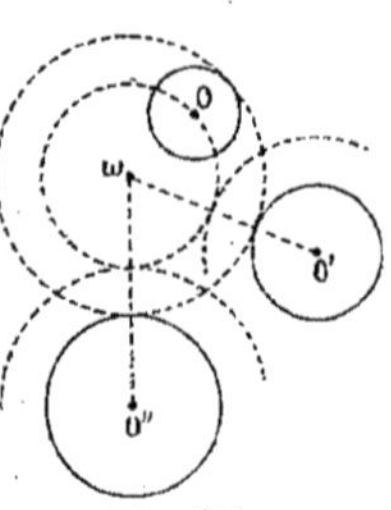

Fig. 619.

Remarque. — M. Fouché a donné de ce problème une solution spéciale. Voir la géométrie de MM. Niewengloski et Girard (page 236). (Editeurs : Carré et Naud.)

LIVRE IV

Des aires.

Sommaire :

§ 1er. — Définitions et notions préliminaires.

De même que la ligne droite ne se définit pas, on ne peut pas non plus définir l'*étendue* ou *surface* d'une figure plane fermée, c'est-à-dire la plus ou moins grande portion de plan limitée par la figure.

Quand dans une figure plane fermée (c'est-à-dire limitée de tous les côtés par des lignes droites ou courbes), on ne se préoccupe pas de sa forme, mais uniquement de son étendue, c'est-à-dire de ce qu'on appelle sa surface, on appelle *Aire de cette figure* ou *Aire de cette surface* le nombre qui la mesurerait.

1° *La surface, donc l'aire d'une figure donnée est une grandeur.*

Car l'étendue ou surface de cette figure peut être augmentée ou diminuée, donc son aire (c'est-à-dire le nombre qui la mesure) augmente ou diminue.

2° *La surface, donc l'aire d'une figure donnée est une grandeur géométrique.*

Pour le démontrer, il suffit, comme toujours, de pouvoir nettement définir l'égalité de deux surfaces et leur rapport.

D'abord, quand deux figures sont égales, c'est-à-dire exactement superposables, il est manifeste que ces deux figures ont même étendue, même surface, donc même aire. — Mais l'égalité de deux surfaces, donc de deux aires, peut être obtenue encore d'une autre façon : il suffit que les deux surfaces soient constituées par un même nombre de figures limitées égales. En effet,

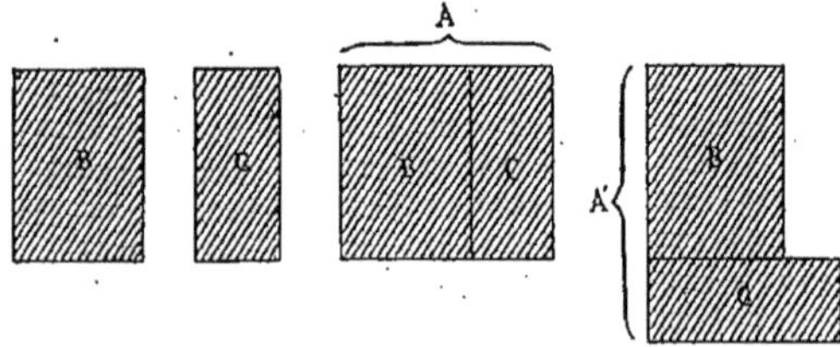

Fig. 620.

prenons, par exemple, deux rectangles B et C ayant un côté égal. Nous pouvons les juxtaposer de façon que les côtés égaux coïncident, puis après supprimer cette ligne commune, d'où la figure unique A. — Mais nous pouvons évidemment placer le rectangle C de façon que son grand côté s'applique le long du petit côté du rectangle B, d'où, en supprimant cette ligne commune, la nouvelle figure A'.

Et cette figure A' aura évidemment même surface que A, donc aussi même aire (puisque l'aire est le nombre qui mesure la surface).

Nous voyons donc clairement que deux surfaces ou deux aires sont égales, c'est-à-dire, comme on dit, *équivalentes*, sans être superposables et en ayant des formes différentes, et nous donnerons la définition suivante :

Définition. *Deux surfaces, donc deux aires, seront équivalentes quand elles seront ou pourront être formées de parties deux à deux égales* (*c'est-à-dire superposables*).

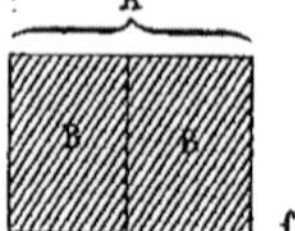

Fig. 621.

Comme conséquence de cette définition, une surface A ou une aire A est le double d'une autre B quand A est constitué par deux parties égales toutes deux à B. Leur rapport est alors égal à 2.

Et d'une façon générale le rapport des aires sera égal au nombre $\frac{m}{n}$ quand la première surface contiendra m fois une certaine surface, la seconde la contenant n fois.

Donc les surfaces, de même que les aires, sont des grandeurs géométriques.

Définition. — *Mesurer une surface, c'est-à-dire trouver l'aire d'une surface, c'est chercher son rapport à la surface unité.*

On a donc par définition l'égalité fondamentale suivante :

$$\text{Mesure de surface A} = \frac{\text{surface A}}{\text{surface unité}},$$

le trait horizontal de séparation indiquant, comme d'habitude, que l'on parle du rapport entre les deux surfaces, rapport qui est un nombre ou entier, ou fractionnaire, ou incommensurable.

Les géomètres conviennent tous d'adopter comme unité de surface, non pas un rectangle spécial ou un triangle spécial, mais un *carré*, à savoir le carré construit sur l'unité de longueur choisie.

Il résulte de là que, si dans une figure les longueurs sont évaluées en décimètres, l'aire de cette surface devra forcément être évaluée en décimètres carrés.

---

§ 2. — Mesure des surfaces.

L'ordre que nous adopterons sera le suivant :

1. Aire du rectangle.
2. — parallélogramme.
3. — triangle.
4. — trapèze.
5. — polygone quelconque.
6. — polygone régulier.
7. — cercle.
8. — secteur circulaire.
9. — segment circulaire.

I. — Rectangle.

Théorème. — *L'aire d'un rectangle s'obtient numériquement, en multipliant sa base par sa hauteur.*

Pour établir ce théorème, nous nous placerons à deux points de vue :

Le premier, très élémentaire, consistant à montrer comment on peut obtenir le nombre des carrés unités contenus dans le rectangle (méthode qui ne convient qu'au cas où les deux dimensions du rectangle ont une commune mesure).

Le second, plus général (qui convient aussi bien au cas où les deux dimensions sont incommensurables entre elles qu'au cas où elles sont commensurables), étant basé sur la définition du mot mesure, c'est-à-dire sur ce que la mesure est un rapport.

Première démonstration élémentaire. — Supposons que les deux dimensions du rectangle ABCD aient une commune mesure AI, contenue par exemple quatre fois dans la base AB, et trois fois dans la hauteur BC.

Si, par les points de division, nous menons des plles aux côtés du rectangle, la figure nous montre que ce rectangle est évidemment décomposé en douze carrés. Donc, le rectangle étant constitué par la juxtaposition de douze carrés égaux à AMNP, il en résulte (d'après la définition, page 408) que l'aire de la surface ABCD vaut douze fois l'aire du carré AMNP. Donc, le rapport de ABCD au carré AMNP valant 12, 12 est le nombre qui mesure la surface du rectangle.

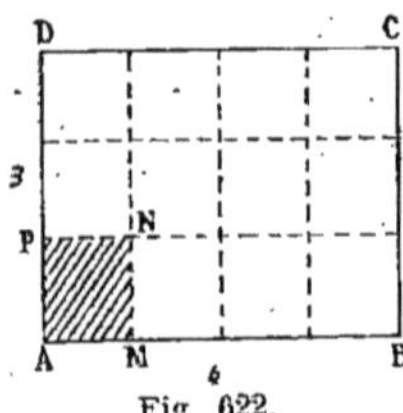

Fig. 622.

Mais ce nombre 12 s'obtient en multipliant entre eux les nombres 4 et 3. Donc on pourra dire que le nombre qui mesure la surface du rectangle s'obtient en multipliant le nombre qui mesure la base par le nombre qui mesure la hauteur ; résultat qu'on exprime d'une façon incorrecte, mais rapide, en disant que l'aire du rectangle s'obtient en multipliant sa base par sa hauteur.

Remarque I. — Ce théorème n'est évidemment vrai que si on choisit comme unité de surface le carré construit sur l'unité de longueur, l'unité de longueur choisie étant la commune mesure entre la base et la hauteur ; unité de longueur du reste arbitraire et qui peut fort bien ne pas dépendre du système métrique.

Remarque II. — Comme en multipliant un nombre qui représente par exemple des mètres par un deuxième nombre qui représente lui aussi des mètres, on obtient un nombre qui représente le nombre de mètres carrés contenus dans le rectangle ayant des dimensions mesurées par les deux premiers nombres, ce résultat s'exprime souvent en disant d'une façon incorrecte, mais abrégée : *que des mètres, multipliés par des mètres, donnent des mètres carrés;* de même aussi, des décimètres, multipliés entre eux, donnent des décimètres carrés. Mais si on multipliait des mètres par des décimètres, on ne saurait plus du tout ce que cela donne. Donc, en résumé, il faut toujours multiplier entre eux des mètres par des mètres, des centimètres par des centimètres, etc.

Remarque III. — Si on désigne par b et h les nombres (commensurables entre eux) qui mesurent respectivement la base et la hauteur d'un rectangle, on aura la formule suivante, en désignant par S l'aire du rectangle, c'est-à-dire le nombre qui mesure sa surface :

$$S = b \times h.$$

Et on en déduira que $h = \frac{S}{b}$ ou $b = \frac{S}{h}$. Ce qui nous permettra encore de dire que *des mètres carrés divisés par des mètres donnent des mètres*, et que *des décimètres carrés divisés par des décimètres donnent des décimètres.*

Deuxième démonstration (basée sur ce qu'une mesure est un rapport).

Lemme I. — *Quand deux rectangles ont même base, le rapport des surfaces est égal au rapport de leurs hauteurs, que ces hauteurs soient commensurables entre elles ou non.*

Supposons d'abord que, dans les deux rectangles ayant pour base b et pour hauteur h et h', h et h' sont commensurables. Soit la commune mesure contenue cinq fois dans h et deux fois dans h'. Si par les points de division on mène des plles à la base, on décomposera alors les deux rectangles, l'un en cinq, l'autre en deux rectangles manifestement égaux. Donc, le premier rectangle contenant cinq fois la deuxième partie du second, le rapport de leurs surfaces vaudra 5/2. (Voir dans le livre II la définition du mot *rapport.*) Donc, comme le rapport des hauteurs est aussi égal à 5/2, le théorème sera démontré.

Supposons maintenant les hauteurs h et h' incommensurables entre elles.

Si, prenant la $n^{\text{ième}}$ partie de h, elle est contenue p fois dans h', avec un reste, le rapport de h' à h (rapport qui existe quoique inconnu) sera compris entre les nombres $\frac{p}{n}$ et $\frac{p+1}{n}$.

Or, si nous menons par les points de division des plles, la figure nous montre que la première surface renferme n de ces rectangles ombrés, et la seconde p, avec un reste. Donc le rapport de S′ à S (rapport qui existe quoique inconnu) sera lui aussi compris entre $\frac{p}{n}$ et $\frac{p+1}{n}$.

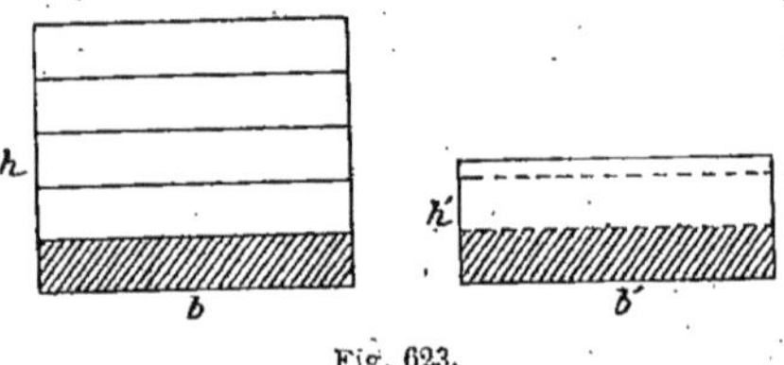

Fig. 623.

Donc si on se reporte à la figure ci-contre d'une part, d'autre part à ce que nous avons dit plus haut (page 134, livre II), on en devra conclure que $\frac{S'}{S}$ est égal à $\frac{h'}{h}$.

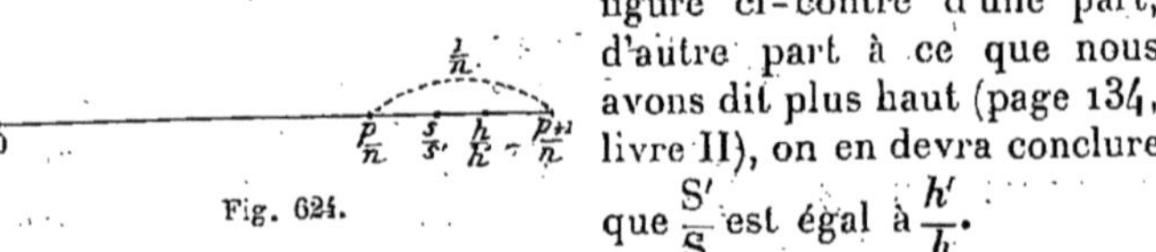
Fig. 624.

Ce lemme I est donc vrai dans tous les cas.

C. Q. F. D.

Lemme II. — *Le rapport des surfaces de deux rectangles (que les bases et les hauteurs soient commensurables ou incommensurables entre elles) est égal au produit des rapports respectifs des bases et des hauteurs.*

Soient : S b h

S′ b' h',

les aires, bases et hauteurs de deux rectangles R et R′, dans lesquels les nombres b et b' sont quelconques, ainsi que les nombres h et h' et S et S′, ces nombres étant par conséquent commensurables ou non.

Considérons le rectangle intermédiaire R″ qui emprunte à S sa base et à S′ sa hauteur et dont l'aire est le nombre inconnu S″.

D'après le lemme précédent, les rectangles R et R″ ayant même base b, le rapport des surfaces est égal à celui des hauteurs. On aura donc, en se rappelant que le rapport de deux grandeurs est égal à celui des nombres qui les mesurent :

$$\frac{S}{S''}=\frac{h}{h'}.$$

Mais R' et R'' ont aussi même base h (puisqu'on peut à volonté dans un rectangle prendre les hauteurs pour bases). On a donc :

$$\frac{\text{Surface de R}''}{\text{Surface de R}'}=\frac{\text{base } b}{\text{base } b'},$$

c'est-à-dire :
$$\frac{S''}{S'}=\frac{b}{b'}.$$

Mais nous avons le droit de multiplier entre elles, membre à membre, les fractions précédentes qui sont des fractions arithmétiques. On aura donc :

$$\frac{S\times S''}{S''\times S'}=\left(\frac{h}{h'}\right)\times\left(\frac{b}{b'}\right),$$

ou en simplifiant :
$$\frac{S}{S'}=\left(\frac{b}{b'}\right)\times\left(\frac{h}{h'}\right).$$

Mais la fraction arithmétique $\frac{S}{S'}$ est la valeur numérique du rapport des aires des surfaces des deux rectangles R et R' [car le rapport de deux grandeurs est égal au rapport des nombres qui les mesurent (voir page 129, livre II)].

Donc le second lemme est démontré d'une façon générale.

C. Q. F. D.

Cela posé, nous allons démontrer aisément que la mesure de l'aire du rectangle est toujours égale au produit des nombres qui mesurent leurs deux dimensions.

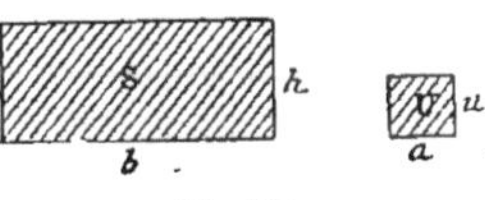

Fig. 625.

En effet, si nous considérons le rectangle R, d'éléments b, h et d'aire S, et le carré U d'éléments u et u, b et u étant ou commensurables ou incommensurables entre eux, h et u aussi, on aura, d'après le lemme II, dans tous les cas :

$$\frac{S}{U}=\left(\frac{b}{u}\right)\times\left(\frac{h}{u}\right).$$

Mais le rapport $\left(\frac{b}{u}\right)$ est, par la définition même du mot *mesure* (voir page 127, livre II), le nombre qui mesure b. Le rapport $\left(\frac{h}{u}\right)$ n'est autre aussi que le nombre mesure de h. Le rapport $\left(\frac{S}{U}\right)$ est lui aussi le nombre qui mesure la surface du rectangle R, pourvu bien entendu que la surface du carré U soit l'unité de surface.

Donc le nombre qui mesure l'aire du rectangle est bien toujours égal au produit des nombres, commensurables ou non, qui mesurent sa base et sa hauteur. C. Q. F. D.

On a donc d'une façon générale, que la base et la hauteur soient commensurables entre elles ou non, la formule :

$$\boxed{S = b \times h}$$

Exemple. — La surface du rectangle ayant pour dimensions $\sqrt{2}$ et $\sqrt{3}$ sera $\sqrt{2} \times \sqrt{3}$, c'est-à-dire $\sqrt{6}$, et on pourra connaître autant de valeurs approchées que l'on voudra. On pourra l'évaluer à 1 centimètre carré près, à 1 millimètre carré près, etc., etc., mais jamais exactement.

Remarque. — Si l'unité de surface n'était pas exactement le carré construit sur l'unité de longueur, si par exemple l'unité de surface était le carré construit sur la $\frac{1}{2}$ unité de longueur, la surface du rectangle serait égale non pas au produit de la base par la hauteur, mais à quatre fois ce produit; et le théorème précédent ne serait plus vrai.

II. — Aire du parallélogramme.

Pour évaluer l'aire d'un parallélogramme, c'est-à-dire pour déduire des nombres qui mesurent en mètres ou décimètres le nombre de mètres carrés ou de décimètres carrés qui y est contenu, il n'y a évidemment pas lieu de songer un seul instant à le remplir avec des carrés, ainsi qu'on l'a fait pour le rectangle quand la base et la hauteur y sont commensurables entre elles. On ne peut donc y arriver que par un moyen détourné basé sur le raisonnement suivant :

Des sommets A et B du parallélogramme ABCD, menons les pp. AH et BK sur la base. Nous formons ainsi deux triangles ACH et BDK qui sont égaux. Dès lors que de la figure totale ACKB on retranche l'un des triangles ou l'autre, il est clair que les résultats seront équivalents. Donc le parallélogramme ABCD est équivalent au rectangle AHBK. Or l'aire du rectangle s'obtient en multipliant AB par AH. Donc aussi l'aire du parallélogramme s'obtiendra en multipliant AB par AH, c'est-à-dire sa propre base par sa propre hauteur. Donc :

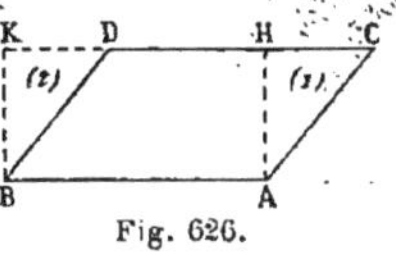

Fig. 626.

Théorème. — *L'aire d'un parallélogramme s'obtient en multipliant sa base par sa hauteur.*

N. B. — Supposons que la base vaille $4^m,8$, la hauteur du parallélogramme valant 12 décimètres. La surface du parallélogramme sera mesurée par le nombre 576, et elle vaudra 576 décimètres carrés. — Evidemment on ne pourra pas y placer 576 décimètres carrés en leur laissant leur forme carrée. Mais si on déformait ces décimètres carrés, ce qui serait possible s'ils étaient constitués par un corps mou susceptible de prendre toutes les formes possibles, pourvu que l'épaisseur ne change pas, on pourrait dire que la surface du parallélogramme renferme effectivement 576 *décimètres carrés déformés.*

III. — Aire du triangle.

Théorème. — *L'aire d'un triangle est égale à la moitié du produit de sa base par sa hauteur.*

En effet, si nous construisons sur le Δ ABC un parallélogramme ABCD en menant par A et C des parallèles, le parallélogramme renfermant deux Δ égaux, le nombre qui mesure la surface du Δ ABC est la moitié du nombre qui mesure le parallélogramme. On aura donc en désignant par S l'aire de ce Δ (c'est-à-dire le nombre qui mesure son étendue ou sa surface) :

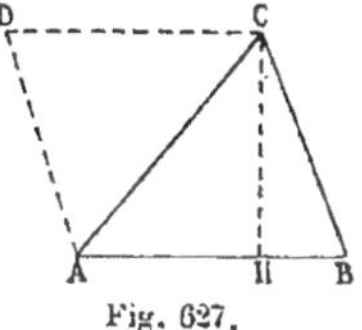

Fig. 627.

$S = \frac{1}{2}$ (base du parallélogramme multipliée par hauteur du parallélogramme).

Mais le parallélogramme et le Δ ont même base et même hauteur. Donc :

$$S = \frac{1}{2} \text{ (base du Δ multipliée par hauteur du Δ).}$$

C. Q. F. D.

REMARQUE. — Si on appelle b et h les nombres qui mesurent avec la même unité la base et la hauteur, on aura la formule :

$$S = \frac{b \times h}{2},$$

qu'on peut écrire, si on veut :

$$S = b \times \frac{h}{2} \quad \text{ou} \quad S = \frac{b}{2} \times h,$$

ce qui donne naissance à deux énoncés nouveaux.

APPLICATION. — Si on avait à calculer, en fonction du côté a, l'aire d'un Δ équilatéral, on trouverait :

$$S = \frac{a^2\sqrt{3}}{4}.$$

Seulement il est à remarquer que $\sqrt{3}$ étant un nombre incommensurable, on ne pourra pas en général calculer exactement l'aire de la surface du Δ équilatéral, et on ne pourra la connaître qu'approximativement, par exemple à 1 décimètre carré près ou à 1 millimètre carré près. — Cela dépendra de la façon dont on a mesuré le côté a (ainsi que le montre l'arithmétique).

N. B. — Si la base d'un Δ vaut $4^m,8$, la hauteur valant 3 décimètres, la surface du Δ vaudra 72 décimètres carrés, et cela nous apprend que l'on pourrait recouvrir le Δ avec 72 décimètres carrés convenablement et inégalement déformés.

La surface d'un Δ peut encore s'exprimer de plusieurs autres façons, selon que les données sont :

les trois côtés a, b, c d'où le périmètre

ou les trois côtés d'où le rayon R du cercle circonscrit

ou le périmètre et le rayon r du cercle inscrit
ou le périmètre, un côté et le rayon du cercle ex-inscrit correspondant
ou les quatre rayons inscrits et ex-inscrits
ou les trois hauteurs
ou les trois médianes.

Nous allons donc établir les formules suivantes :

$$S=\sqrt{p(p-a)(p-b)(p-c)}.$$

$$S=\frac{abc}{4R}.$$

$$S=pr.$$

$$S=(p-a)r'.$$

$$S=\sqrt{rr'r''r'''}.$$

$$S=\sqrt{\left(\frac{1}{h}+\frac{1}{h'}+\frac{1}{h''}\right)\left(\frac{1}{h'}+\frac{1}{h''}-\frac{1}{h}\right)\left(\frac{1}{h''}+\frac{1}{h}-\frac{1}{h'}\right)\left(\frac{1}{h}+\frac{1}{h'}-\frac{1}{h''}\right)}$$

$$S=\frac{1}{3}\sqrt{(m+m'+m'')(m'+m''-m)(m''+m-m')(m+m'-m'')}.$$

1° Nous avons vu (dans le IIIe livre) que la hauteur AH d'un Δ ABC en fonction du périmètre $2p$ et des côtés a, b, c valait :

$$\frac{2}{a}\sqrt{p(p-a)(p-b)(p-c)}.$$

Par conséquent on a :

$$(1)\quad S=\sqrt{p(p-a)(p-b)(p-c)}$$

(résultat homogène, et symétrique par rapport aux côtés a, b, c, en ce sens qu'aucun des côtés n'est avantagé, ce qui devait être évidemment, le Δ étant quelconque).

2° Nous avons vu (dans le IIIe livre) que dans tout Δ ABC on a la relation :

$$b\times c=2R\times h.$$

Donc on a, en remplaçant h par sa valeur :

$$(2)\quad S=\frac{abc}{4R}\ \text{(résultat homogène et symétrique).}$$

3° Si nous menons le cercle O inscrit dans le Δ ABC, on a :

$$S = OBC + OCA + OAB,$$

$$= \frac{a\times r}{2} + \frac{b\times r}{2} + \frac{c\times r}{2} = r\times\frac{a+b+c}{2}.$$

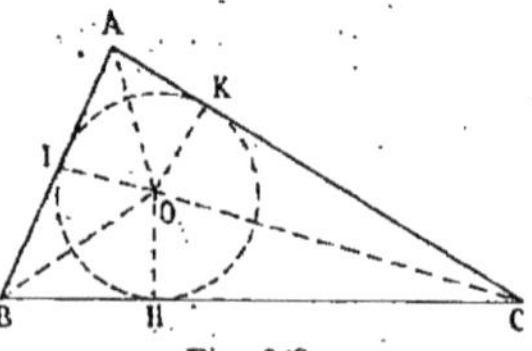

Fig. 628.

Donc : $S = pr$ (3).

4° Si nous considérons le cercle O ex-inscrit dans l'angle A, on a :

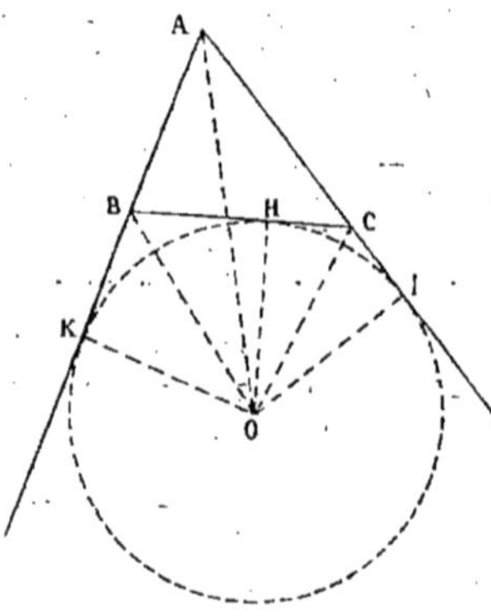

Fig. 629.

$$S = OAB + OAC - OBC,$$

$$= c\frac{r'}{2} + b\frac{r'}{2} - a\frac{r'}{2}$$

$$= (b+c-a)\frac{r'}{2} = 2(p-a)\frac{r'}{2}.$$

Donc : $S = (p-a)r'$ (4)

(résultat homogène, et où a est avantagé, mais cela devait être puisque a a une propriété spéciale).

5° Si nous considérons les quatre formules :

$$S = pr \qquad S = (p-a)r' \qquad S = (p-b)r'' \qquad S = (p-c)r''',$$

en les multipliant membre à membre on aura :

$$S^4 = p(p-a)(p-b)(p-c)\,rr'r''r''',$$

c'est-à-dire : $S^4 = S^2\, rr'r''r'''$,

c'est-à-dire : $S^2 = rr'r''r'''$,

c'est-à-dire : $S = \sqrt{rr'r''r'''}$ (5)

(résultat homogène et symétrique).

6° Pour évaluer S en fonction des trois hauteurs h, h', h'', on part des relations :

$$2S = ah = bh' = ch'',$$

et on en déduit :

$$2S = \frac{a}{\frac{1}{h}} = \frac{b}{\frac{1}{h'}} = \frac{c}{\frac{1}{h''}} = \frac{2p}{\frac{1}{h}+\frac{1}{h'}+\frac{1}{h''}} = \frac{2(p-a)}{\frac{1}{h'}+\frac{1}{h''}-\frac{1}{h}} = \frac{2(p-b)}{\frac{1}{h''}+\frac{1}{h}-\frac{1}{h'}}$$

$$= \frac{2(p-c)}{\frac{1}{h}+\frac{1}{h'}-\frac{1}{h''}}.$$

Par conséquent si dans la formule

$$S^2 = p(p-a)(p-b)(p-c),$$

on divise les deux membres par S^4, ce qui donne :

$$\frac{1}{S^2} = \frac{p}{S}\cdot\frac{p-a}{S}\cdot\frac{p-b}{S}\cdot\frac{p-c}{S},$$

on aura, en y remplaçant les divers facteurs par leurs valeurs :

$$\frac{1}{S^2} = \left(\frac{1}{h}+\frac{1}{h'}+\frac{1}{h''}\right)\left(\frac{1}{h'}+\frac{1}{h''}-\frac{1}{h}\right)\left(\frac{1}{h''}+\frac{1}{h}-\frac{1}{h'}\right)\left(\frac{1}{h}+\frac{1}{h'}-\frac{1}{h''}\right)$$

donc finalement on a :

$$\frac{1}{S} = \sqrt{\left(\frac{1}{h}+\frac{1}{h'}+\frac{1}{h''}\right)\left(\frac{1}{h'}+\frac{1}{h''}-\frac{1}{h}\right)\left(\frac{1}{h''}+\frac{1}{h}-\frac{1}{h'}\right)\left(\frac{1}{h}+\frac{1}{h'}-\frac{1}{h''}\right)} \quad (6)$$

résultat qui est non seulement homogène mais encore symétrique.

7° Pour calculer la surface d'un Δ en fonction des trois médianes m, m', m'', remarquons que le centre de gravité O étant au tiers de AM à partir de la base, la hauteur du Δ BOC est le tiers de la hauteur AH du Δ ABC. Par conséquent l'aire du Δ BOC est le tiers de la surface du Δ ABC.

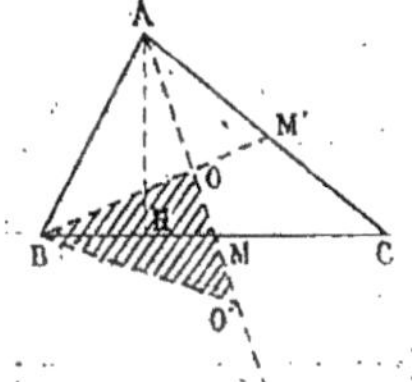

Fig. 630.

Mais le Δ BOC est la moitié du parallélogramme BOCO' obtenu en prenant MO' = MO. Donc l'aire du Δ BOC est égale à l'aire du Δ BOO (puisque tous deux sont la moitié du parallélogramme).

Donc en résumé on a : Surface ABC = 3 fois surface BOO'.

Mais les trois côtés sont connus dans ce Δ BOO' (car ils valent $\frac{2}{3}m$, $\frac{2}{3}m'$ et $\frac{2}{3}m''$). On aura donc :

$$\text{S.}\,\Delta\,\text{BOO}' = \sqrt{\frac{1}{3}(m+m'+m'')\,\frac{1}{3}(m'+m''-m)\,\frac{1}{3}(m''+m-m')\,\frac{1}{3}(m+m'-m'')}.$$

Donc enfin :

$$(7) \quad \text{S.}\,\Delta\,\text{ABC} = \frac{4}{3}\sqrt{(m+m'+m'')\,(m'+m''-m)\,(m''+m-m')\,(m+m'-m'')},$$

formule encore homogène, et symétrique par rapport aux trois médianes m, m', m'' (ce qui devait être puisque dans un Δ quelconque une médiane ne peut pas avoir une propriété spéciale à elle).

IV. — **Aire du trapèze.**

Théorème. — *L'aire d'un trapèze s'obtient en multipliant la demi-somme des bases par la hauteur,*

ou encore : *en multipliant par la hauteur la droite qui joint les milieux des deux côtés non parallèles,*

ou enfin : *en multipliant l'un des côtés non parallèles par sa distance au milieu de l'autre côté non parallèle.*

On peut donner de ce théorème de nombreuses démonstrations :

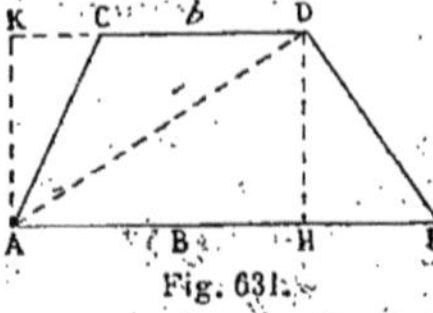

Fig. 631.

Première façon. — On peut décomposer la surface du trapèze en deux Δ, ce qui donnera, en appelant S le nombre qui mesure l'aire du trapèze, B et b et h les nombres qui mesurent les deux bases et la hauteur :

$$S = \frac{B \times h}{2} + \frac{b \times h}{2} = \frac{(B+b)h}{2} = \frac{B+b}{2} \times h.$$

Deuxième façon. — On peut ramener le trapèze à un Δ équivalent en joignant le milieu M du côté non plle BD au point C et prolongeant. Les deux Δ CDM et BME étant égaux, donc équivalents, si de la figure totale on retranche soit CDM soit BME, les restes seront équivalents.

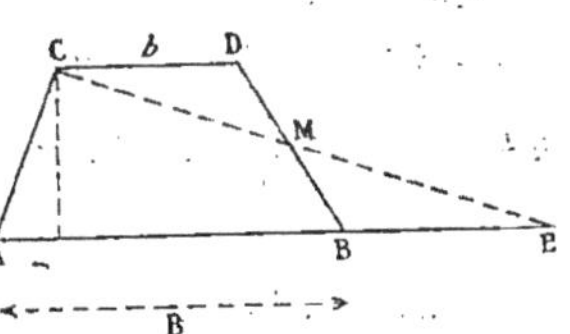

Fig. 632.

Donc :

$$\text{Aire trapèze} = \text{aire triangle ACE}$$

$$= \frac{AE}{2} \times h = \frac{AB + BE}{2} \times h = \frac{B + b}{2} \times h.$$

Troisième façon. — On peut ramener le trapèze à un *parallélogramme équivalent.*

En effet, si du milieu M de BD on mène la plle PR, les deux Δ formés étant égaux, le parallélogramme APCR sera équivalent au trapèze.

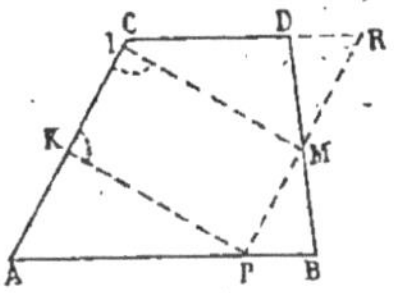

Fig. 633.

On aura donc :

$$S = AP \times h.$$

Mais

$$AP = B - PB$$

$$CR = b + DR$$

d'où :

$$AP + CR = B + b.$$

d'où enfin :

$$AP = \frac{B + b}{2}.$$

Donc :

$$S = \frac{B + b}{2} \times h.$$

Quatrième façon. — On peut évaluer d'une autre façon la surface du parallélogramme équivalent APCR en changeant de base. On a en effet :

$$S = AC \times PK,$$

ou, ce qui revient au même :

$$S = AC \times MI$$

(d'où le troisième énoncé).

Cinquième façon. — Pour obtenir le deuxième énoncé, il suffit de remarquer que dans tout trapèze la droite des milieux des deux côtés non plles est la moyenne arithmétique entre les deux bases. (En effet, la droite qui joint le milieu M de BD au milieu N de AC est parallèle à AB (à cause du théorème de Thalès).

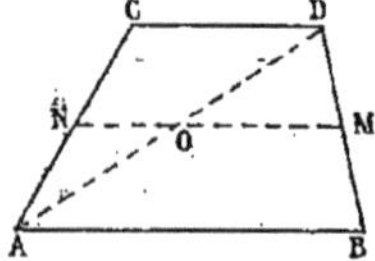

Fig. 631.

Mais, pour calculer MN, aucune des trois méthodes principales, indiquées dans le IIIe livre ne pouvant convenir, il n'y a qu'une ressource :

Décomposer MN en deux parties MO et NO, et les calculer chacune.

Or on a :

$$MO = \frac{B}{2} \quad NO = \frac{b}{2}.$$

Donc :

$$MN = \frac{B+b}{2}.$$

Par conséquent on a bien la formule :

$$S = MN \times h$$

(c'est le deuxième énoncé).

Remarque. — Il y a une sixième et dernière façon d'obtenir le nombre qui mesure la surface d'un trapèze en la regardant comme la différence des surfaces de deux Δ.

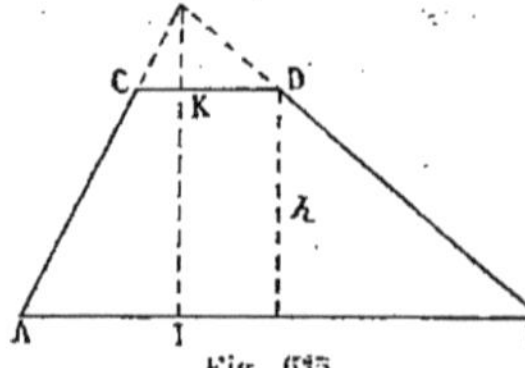

Fig. 635.

A cet effet, on prolonge les côtés non plles jusqu'en O, et on dit :

$$S = B \times \frac{OI}{2} - b \times \frac{OK}{2}.$$

Mais :

$$\frac{OI}{B} = \frac{OK}{b}$$

$$OI - OK = h.$$

On en tire :

$$\frac{OI}{B} = \frac{OK}{b} = \frac{OI - OK}{B - b} = \frac{h}{B - b}.$$

Par conséquent :

$$OI = \frac{B \times h}{B - b} \quad OK = \frac{b \times h}{B - b}.$$

Donc :

$$S = \frac{1}{2}\left[\frac{B^2h}{B-b} - \frac{b^2h}{B-b}\right] = \frac{h}{2}\left(\frac{B^2-b^2}{B-b}\right)$$
$$= \frac{h}{2}(B+b) = \frac{B+b}{2} \times h.$$

N. B. — Si on considère le *trapèze croisé* ABCD obtenu en coupant les deux côtés de l'angle O par des plles situées de part et d'autre du sommet O, et distantes entre elles de h, on trouverait pour l'aire S de la somme des deux Δ, en procédant comme tout à l'heure :

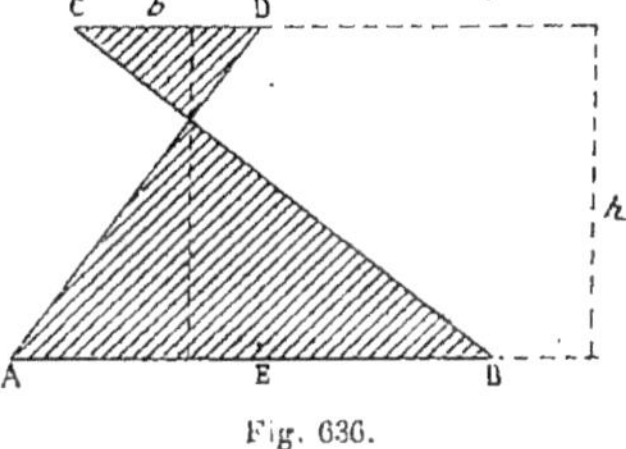

Fig. 636.

$$S = \frac{h}{2}\,\frac{B^2+b^2}{B+b},$$

résultat peu simple.

V. — Aire d'un polygone quelconque (convexe ou concave).

Première façon.— On décompose le polygone en Δ à l'aide de diagonales issues d'un même sommet, et on fait la somme des aires des Δ ainsi formés.

Deuxième façon. — Prenant un point intérieur O, on décom-

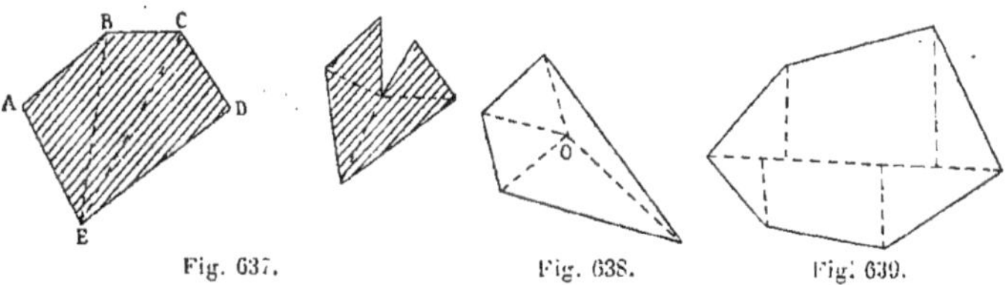

Fig. 637. Fig. 638. Fig. 639.

pose le polygone en autant de triangles qu'il y a de côtés.

Troisième façon. — On le décompose en une somme de Δ et de trapèzes (*fig.* 639).

Problème. — *Calculer numériquement la surface d'un quadrilatère convexe en fonction des côtés et des diagonales.*

Appelant δ et δ' les valeurs des diagonales, a, b, c, d étant les valeurs des quatre côtés. On a évidemment :

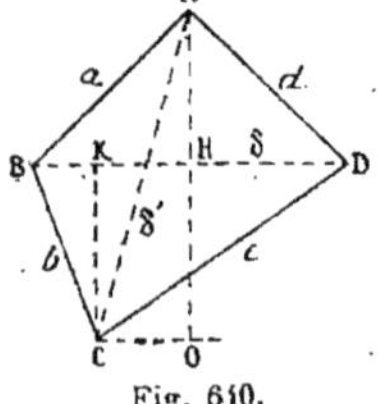

Fig. 610.

$$S = \text{aire ABD} + \text{aire BCD},$$

$$= \frac{1}{2}\delta(AH + CK),$$

$$= \frac{1}{2}\delta \times AO.$$

Mais :

$$\overline{AO}^2 = \delta'^2 - \overline{CO}^2$$

$$= \delta'^2 - \overline{HK}^2$$

$$= \delta'^2 - (BH - BK)^2.$$

Or, il est facile d'évaluer les projections BH et BK. Il suffit pour cela de remarquer que l'on a :

$$d^2 = a^2 + \delta^2 - 2\delta \times BH.$$

$$c^2 = b^2 + \delta^2 - 2\delta \times BK.$$

On aura donc :

$$S = \frac{1}{2}\delta\sqrt{\delta'^2 - \left[\frac{a^2 + \delta^2 - d^2 - b^2 - \delta^2 + c^2}{2\delta}\right]^2}$$

$$= \frac{1}{2}\delta \times \sqrt{\frac{4\delta^2\delta'^2 - [(a^2 + c^2) - (b^2 + d^2)]^2}{(2\delta)^2}}$$

$$= \frac{1}{4}\sqrt{[2\delta\delta' + (a^2 + c^2) - (b^2 + d^2)][2\delta\delta' + (b^2 + d^2) - (a^2 + c^2)]},$$

résultat symétrique puisque les sommes des carrés des côtés opposés y entrent toutes les deux de la même façon sans qu'aucun groupe de côtés opposés soit favorisé (ce qui devait être, le quadrilatère étant quelconque).

Corollaire I. — Si le quadrilatère ABCD est inscriptible, la formule précédente devient :

$$S = \sqrt{(p - a)(p - b)(p - c)(p - d)},$$

$2p$ désignant le périmètre.

En effet, on a alors, à cause du théorème connu de Ptolémée :

$$\delta\delta' = ac + bd,$$

d'où, en faisant les calculs, la formule énoncée.

Corollaire II. — Si le quadrilatère est circonscriptible, la formule devient :

$$S = \sqrt{(\delta\delta' + bd - ac)(\delta\delta' + ac - bd)}.$$

En effet, on sait que dans cette hypothèse on a :

$$a + c = b + d.$$

Corollaire III. — Si le quadrilatère est à la fois inscriptible et circonscriptible, la formule devient :

$$S = \sqrt{abcd}.$$

En effet, on a d'abord :

$$S = \sqrt{(p-a)(p-b)(p-c)(p-d)}.$$

Mais puisque $a + c = b + d$, on a :

$$2(p-a) \equiv b + c + d - a = a + c + c - a = 2c,$$

donc: $p - a = c$

de même : $p - b = d$

$p - c = a$

$p - d = b,$

d'où la formule ci-dessus.

VI. — Aire d'un polygone régulier convexe.

Théorème I. — *L'aire d'un polygone régulier convexe s'obtient en multipliant son périmètre par la moitié de l'apothème.*

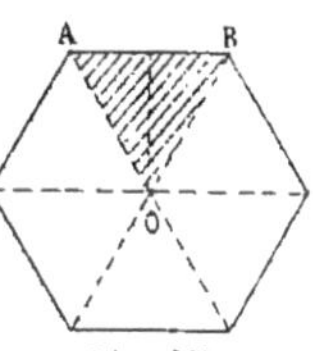

Fig. 611.

En effet, tout polygone régulier ayant un centre peut être décomposé en un certain nombre n de Δ égaux, tels que ABO. On aura dès lors, en appelant S le nombre qui mesure sa surface :

$$S = n \text{ fois ABO.}$$

$$= n \text{ fois } \left(AB \times \frac{OI}{2}\right).$$

Mais pour multiplier un produit on peut multiplier l'un quelconque des facteurs, donc on aura :

$$S = (n \text{ fois } AB) \times \frac{OI}{2},$$

c'est-à-dire : $$S = \text{périmètre} \times \frac{1}{2} \text{ apothème.}$$

C. Q. F. D.

Théorème II. — *L'aire d'un polygone régulier convexe s'obtient en multipliant par la moitié du rayon le périmètre du polygone d'un nombre de côtés moitié moindre.*

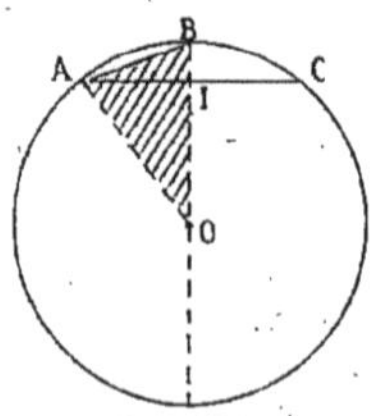

Fig. 642.

Soit en effet AB le côté du polygone régulier déduit du polygone de n côtés dont le côté est AC. On aura, en appelant S_{2n} l'aire du polygone de $2n$ côtés :

$$S_{2n} = 2n \text{ fois l'aire du } \Delta \text{ ABO},$$

c'est-à-dire en prenant pour base le rayon OB :

$$S_{2n} = 2n \times \left(\frac{R}{2} \times AI\right),$$

$$= \frac{R}{2} \times 2n\,AI.$$

$$= \frac{R}{2} \times (n\,AC).$$

$$= \frac{R}{2} \times P_n.$$

C. Q. F. D.

Exemple. — L'aire de l'octogone régulier convexe est égale à $\frac{R}{2} \times 4R\sqrt{2} = 2R^2\sqrt{2}$.

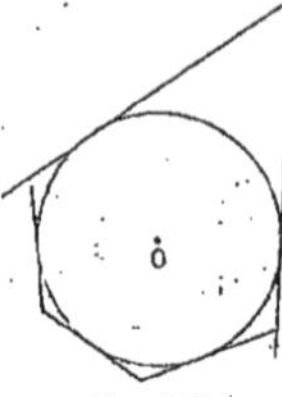

Fig. 643.

Remarque. — *L'aire d'un polygone quelconque circonscrit à un cercle de rayon r est égale au périmètre multiplié par la moitié de ce rayon.*

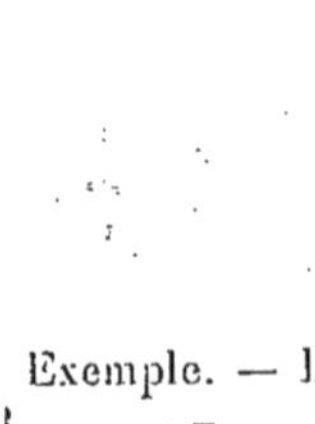

Il suffit, en effet, de joindre les sommets au centre et de faire la somme des aires des Δ ainsi formés.

D'où la formule : $S = pr.$

VII. — Aire du cercle.

De même que, pour évaluer numériquement la longueur d'une circonférence, nous lui substituons toujours un polygone régulier, de même encore ici, au lieu d'évaluer l'aire du cercle, nous évaluerons l'aire d'un polygone régulier convexe inscrit, d'un nombre de côtés de plus en plus grand.

On a, pour un polygone de n côtés :

$$S_n = P_n \times \frac{a}{2},$$

P_n et a étant les nombres qui mesurent le périmètre et l'apothème, S_n étant le nombre qui mesure son aire.

Doublons le nombre des côtés continuellement.

Le nombre P_n croît et tend à devenir égal au nombre qui mesurerait la longueur de la circonférence (mais sans jamais y arriver).

Le nombre a croît aussi sans cesse, et tend vers le nombre R qui mesure le rayon (mais sans jamais y arriver).

Donc le produit $\left(P_n \times \frac{a}{2}\right)$ tend vers le nombre $\left(C \times \frac{R}{2}\right)$ (mais sans jamais y arriver non plus).

Mais quand un nombre croît constamment et s'approche d'un nombre fixe, et en diffère d'une quantité de plus en plus petite, ce triple résultat s'exprime toujours d'un seul mot, en disant que le nombre variable *a pour* **limite** *le nombre fixe*. Par conséquent nous dirons ici que le produit $\left(P_n \times \frac{a}{2}\right)$ a pour limite le nombre $\left(C \times \frac{R}{2}\right)$.

D'autre part, plus on double le nombre des côtés, plus en même temps l'aire du polygone grandit, tout en restant inférieure à l'aire (inconnue du reste) du cercle, donc cette aire du polygone a une limite (voir les limites, dans le livre III).

Comme ces deux résultats tendent à être atteints en même temps, il est donc tout naturel *de convenir d'appeler l'aire d'un cercle le nombre limite* $\left(C \times \frac{R}{2}\right)$, ce qui nous autorise à énoncer le théorème suivant :

Théorème. — *L'aire d'un cercle, c'est-à-dire le nombre qui mesure la surface d'un cercle, s'obtient en multipliant la valeur de la circonférence par la moitié du rayon.*

La formule qui donne l'aire du cercle sera donc la suivante :

$$S = 2\pi R \times \frac{R}{2},$$

ou :

$$\boxed{S = \pi R^2}$$

N. B. — Il ne faudrait pas croire que cette formule permette de trouver exactement la surface du cercle, car le nombre π ne peut jamais être connu qu'approximativement. Cette formule ne donne donc qu'approximativement la valeur de S, seulement elle pourra la donner avec autant de chiffres décimaux exacts qu'on voudra.

VIII. — Aire d'un secteur circulaire.

Théorème. — *L'aire, c'est-à-dire le nombre qui mesure la surface d'un secteur circulaire, s'obtient en multipliant le nombre qui mesure l'arc par la moitié du nombre qui mesure le rayon.*

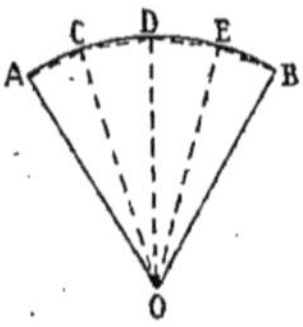

Fig. 644.

On y arrivera encore en inscrivant dans l'arc une ligne brisée régulière, faisant la somme des Δ ainsi obtenus et passant à la limite, — l'aire du secteur étant de la sorte par définition la limite vers laquelle tend le nombre qui mesure l'aire du secteur polygonal inscrit.

Si on désigne par n l'angle au centre, c'est-à-dire le nombre qui le mesure en degrés, l'arc ayant une longueur égale à $\frac{\pi R n}{180}$, le nombre S qui mesurera l'aire du secteur circulaire sera :

$$S = \frac{\pi R n}{180} \times \frac{R}{2},$$

c'est-à-dire :

$$\boxed{S = \frac{\pi R^2 n}{360}}$$

IX. — Aire d'un segment de cercle.

L'aire d'un segment circulaire est la différence entre l'aire du secteur et l'aire du Δ correspondant.

Remarque. — Ce n'est que dans des cas particuliers, quand la corde AB est le côté d'un polygone régulier connu, qu'on peut évaluer la surface d'un segment.

Dans le cas général, le problème se traite à l'aide d'une science spéciale appelée la trigonométrie.

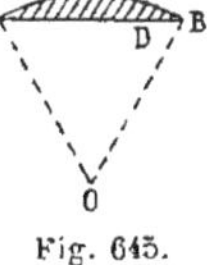

Fig. 645.

Application. — *Etant donné* un carré ABCD de côté a, de ses sommets *comme centre*, on décrit des arcs de cercle de rayon a. Evaluer l'*aire du quadrilatère curviligne* MNPQ *ainsi formé.*

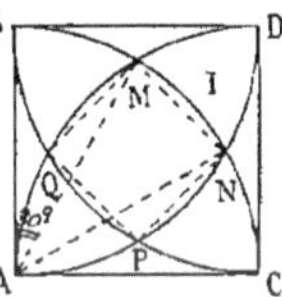

Fig. 646.

Les cordes MN, NP, PQ, QM paraissent être égales, et même elles doivent l'être par raison de symétrie (ainsi que AM et MC).

Or, il est facile de voir que l'arc MN vaut le $\frac{1}{12}$ de la circonférence. En effet, le Δ AMC est équilatéral, de même que le Δ BAN. Donc les angles BAM et CAN valent chacun (90° — 60°). Donc les arcs BM et CN valant 30° chacun, il reste pour l'arc MN 30°. MN est donc la corde du dodécagone régulier, donc vaut $a\sqrt{2-\sqrt{3}}$.

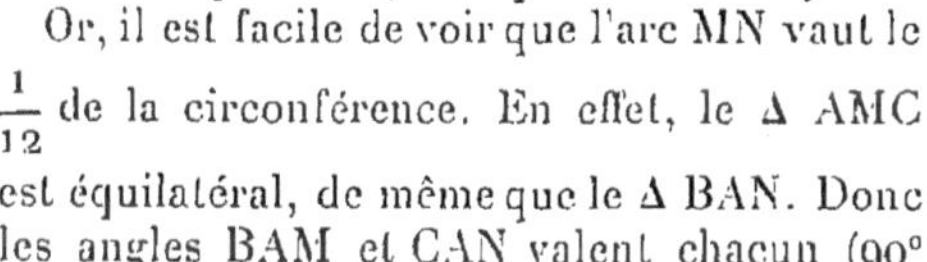

Et maintenant le problème sera facile à traiter. Car il est possible d'évaluer le segment circulaire MIN et le carré MNPQ.

$$12 \text{ aire MIN} = \pi a^2 - S_{12} = \pi a^2 - 12 \text{ AMN} = \pi a^2 - 12 . \frac{a}{2}\frac{a}{2} = \pi a^2 - 3a^2.$$

$$MN = a\sqrt{2-\sqrt{3}} \qquad MN^2 = a^2(2-\sqrt{3})$$

Donc l'aire du quadrilatère curviligne MNPQ est égale à

$$a^2(2-\sqrt{3}) + a^2\frac{\pi-3}{3} = a^2\left[\frac{\pi}{3} - (\sqrt{3}-1)\right].$$

---

§ 3. — Rapport et comparaison des aires de certaines surfaces.

Sommaire :

1° Rapport des aires de deux Δ semblables ;

2° Rapport des aires de deux Δ ayant un angle égal ou supplémentaire. (Δ moyen proportionnel entre deux Δ semblables).

3° Rapport des aires de deux polygones semblables.

4° Relation entre les carrés construits sur les côtés d'un Δ.

Théorème I. — *Le rapport des aires de deux Δ semblables est égal au carré du rapport de deux côtés homologues.*

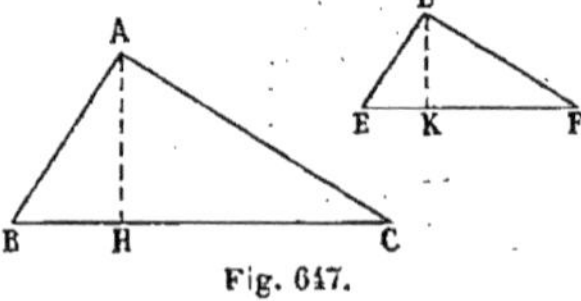

Fig. 647.

L'aire d'un triangle étant par définition un nombre, il est naturel, pour évaluer le rapport des aires des surfaces de deux Δ : 1° de mesurer la première aire ; 2° de mesurer la seconde ; 3° de prendre le rapport des deux nombres ainsi trouvés.

Soient les deux Δ semblables ABC et DEF. On a, en appelant S et S′ leurs aires :

$$S = \frac{BC \times AH}{2}$$

$$S' = \frac{EF \times DK}{2}.$$

On en tire donc :

$$\frac{S}{S'} = \frac{\frac{1}{2}(BC \times AH)}{\frac{1}{2}(EF \times DK)},$$

ou en simplifiant :

$$\frac{S}{S'} = \frac{BC \times AH}{EF \times DK}.$$

Mais BC, AH, EF, DK étant des nombres, on peut écrire, en dédoublant :

$$\frac{S}{S'} = \frac{BC}{EF} \times \frac{AH}{DK},$$

ou encore :

$$\frac{S}{S'} = \left(\frac{BC}{EF}\right)^2,$$

puisque, dans deux Δ semblables, le rapport des hauteurs est égal à celui des bases. C. Q. F. D.

Remarque. — Le rapport de deux côtés homologues dans deux Δ semblables étant égal au rapport de deux éléments homologues quelconques (médianes, bissectrices, périmètres, rayons...), on aura encore :

$$\frac{S}{S'}=\left(\frac{m}{m_1}\right)^2 \quad \text{ou} \quad \frac{S}{S'}=\left(\frac{l}{l'}\right)^2 \quad \frac{S}{S'}=\left(\frac{2p}{2p'}\right)^2 \quad \frac{S}{S'}=\left(\frac{r}{r'}\right)^2, \text{ etc.}$$

N. B. — La figure suivante nous montre bien que, si le rapport des côtés est 3, le rapport des aires est 9, puisque le Δ ABC contient bien 9 Δ égaux à AMN.

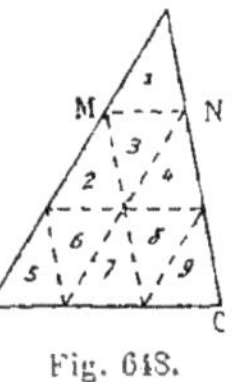

Fig. 618.

Théorème II. — *Le rapport des aires de deux triangles ayant un angle égal, ou deux angles supplémentaires, est égal au produit des rapports des côtés qui comprennent ces angles.*

1° Soient les deux Δ ABC et AMN qui ont un angle commun A.

On a évidemment :

$$\frac{\text{Surface ABC}}{\text{Surface AMN}}=\frac{\frac{1}{2}(AB\times CH)}{\frac{1}{2}(AM\times NK)}=\frac{AB}{AM}\times\frac{CH}{NK}.$$

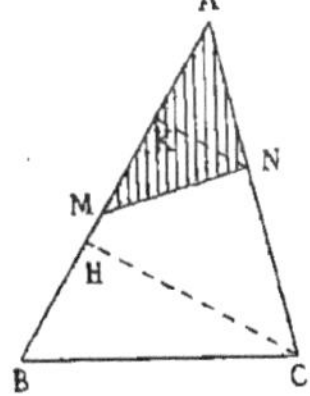

Fig. 619.

Mais NK étant plle à CH, on a :

$$\frac{CH}{NK}=\frac{AC}{AN}.$$

Par conséquent :

$$\frac{\text{Surface ABC}}{\text{Surface AMN}}=\frac{AB}{AM}\times\frac{AC}{AN}.$$

C. Q. F. D.

Remarque. — AB, AC, AM et AN désignant des nombres, on peut évidemment, en appliquant le théorème connu d'arithmétique, écrire :

$$\frac{ABC}{AMN}=\frac{AB\times AC}{AM\times AN},$$

donc, dire encore : que le rapport des surfaces est égal au rapport des produits des côtés qui comprennent l'angle égal.

2° Soient deux Δ ABC et AMN ayant deux angles supplémentaires.

On aura encore :

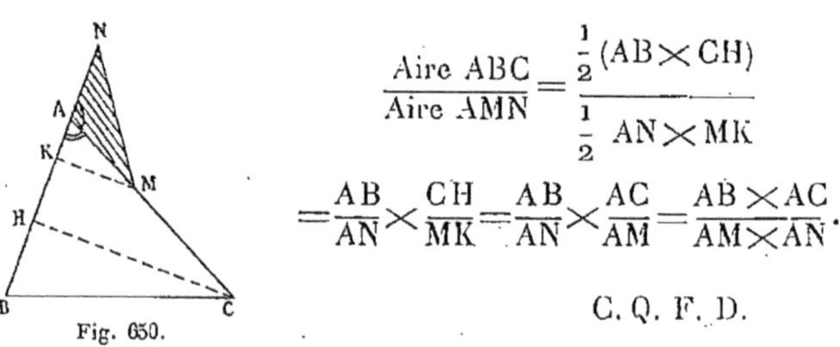

Fig. 650.

$$\frac{\text{Aire ABC}}{\text{Aire AMN}} = \frac{\frac{1}{2}(AB \times CH)}{\frac{1}{2}\ AN \times MK}$$

$$= \frac{AB}{AN} \times \frac{CH}{MK} = \frac{AB}{AN} \times \frac{AC}{AM} = \frac{AB \times AC}{AM \times AN}.$$

C. Q. F. D.

Remarque. — On pourrait aisément déduire de ce théorème II le théorème I. En effet, deux Δ semblables sont deux Δ ayant un angle commun. Donc l'égalité

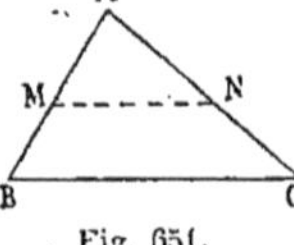

Fig. 651.

$$\frac{ABC}{AMN} = \frac{AB.AC}{AM.AN}$$

pourra s'écrire :

$$\frac{ABC}{AMN} = \frac{AB}{AM} \times \frac{AC}{AN} = \left(\frac{AB}{AM}\right)^2.$$

Théorème III. — *Quand on coupe un* Δ ABC *par une droite quelconque* AD *partant d'un sommet* A, *le* Δ *formé* AD *est moyen proportionnel entre le grand* Δ *et le* Δ CDE *formé à l'aide d'une plle* AB.

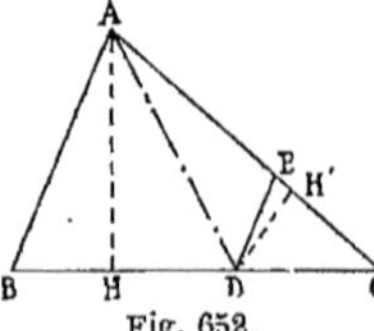

Fig. 652.

Je dis que l'on a :

$$\frac{ABC}{ADC} = \frac{ADC}{DEC} \qquad (1).$$

En effet, les deux premiers Δ ont même hauteur AH, et les seconds même hauteur DH'. Ils sont donc entre eux dans le rapport des bases. Le premier rapport est donc égal à $\frac{BC}{DC}$, et le second rapport est égal à $\frac{AC}{EC}$.

Mais on a, à cause du théorème de Thalès : $\frac{BC}{DC}=\frac{AC}{EC}$.

Donc l'égalité (1) est démontrée.

C. Q. F. D.

Théorème IV. — *Le rapport des aires de deux polygones semblables est égal au carré du rapport de deux côtés homologues quelconques.*

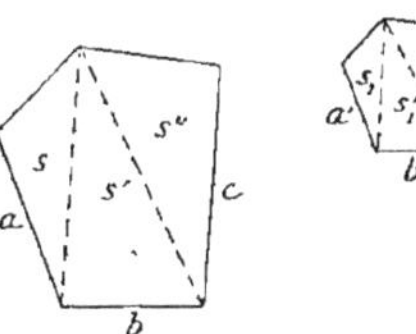

Fig. 653.

Décomposons les deux polygones semblables en Δ deux à deux semblables. Si nous appelons, s, s', s'', s_1, s_1', s_1'', les nombres qui mesurent respectivement leurs surfaces, c'est-à-dire leurs aires, on aura, en appelant les côtés homologues a, b, c, et a', b', c' :

$$\frac{s}{s_1}=\left(\frac{a}{a'}\right)^2 \quad \frac{s'}{s_1'}=\left(\frac{b}{b'}\right)^2 \quad \frac{s''}{s_1''}=\left(\frac{c}{c'}\right)^2.$$

Mais :
$$\frac{a}{a'}=\frac{b}{b'}=\frac{c}{c'}.$$

Donc :
$$\left(\frac{a}{a'}\right)^2=\frac{s}{s_1}=\frac{s'}{s_1'}=\frac{s''}{s_1''}.$$

Donc encore, en appliquant le théorème d'arithmétique des fractions égales :

$$\left(\frac{a}{a'}\right)^2=\frac{s+s'+s''}{s_1+s_1'+s_1''}=\frac{S}{S_1},$$

en appelant S et S_1 les aires des deux polygones semblables.

C. Q. F. D.

Théorème V. — *Le rapport des aires de deux cercles est égal au carré du rapport de leurs rayons*[1].

En effet, si nous inscrivons dans les deux cercles deux polygones réguliers d'un même nombre de côtés, ils sont semblables, et on aura : $\frac{S}{S'}=\left(\frac{R}{R'}\right)^2$, puisque le rapport des côtés est égal à celui des rayons.

---

1. On peut encore dire : est égal au rapport des carrés des rayons, puisque $\left(\frac{R}{R'}\right)^2=\frac{R^2}{R'^2}$ d'après un théorème d'arithmétique.

Mais le cercle a toutes les propriétés des polygones réguliers. Donc on aura encore :

$$\frac{\text{Aire du cercle O}}{\text{Aire du cercle O}'} = \left(\frac{R}{R'}\right)^2.$$

C. Q. F. D.

REMARQUE. — Ce théorème aurait pu se démontrer encore par le calcul, en remarquant que $S = \pi R^2$ et que $S' = \pi R'^2$.

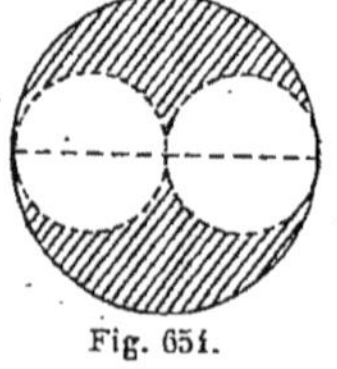

Fig. 651.

Il résulte de là que, pour remplacer un cercle par des cercles de rayons moitié moindres, il faudra en prendre quatre. Et il résulte encore de là que dans la figure ci-contre les surfaces des Δ curvilignes ombrés valent chacun un des petits cercles intérieurs.

Démonstration géométrique du théorème de Pythagore.

Le carré construit sur l'hypoténuse d'un Δ rectangle a aussi sa surface égale à la somme des surfaces des carrés construits sur les deux autres côtés.

PREMIÈRE DÉMONSTRATION. — Construisons un carré BCMN sur l'hypoténuse BC, puis mesurons, d'une part BH et NK plles à AC, d'autre part MH et NI plles à AB.

Nous formons évidemment de la sorte trois Δ égaux au Δ ABC.

Or si du carré MNBC nous retranchons les Δ (2) et (3) et que nous les remplacions par les Δ équivalents (1) et (4), la surface aura changé de forme, mais la surface, donc l'aire, sera évidemment restée la même. Par conséquent l'aire de la figure ABHKNI est égale à celle du carré BCMN.

Mais on peut, en prolongeant KH, la décomposer en deux rectangles, qui seront même des carrés, à savoir : ABHO qui est le carré construit sur AB, et KNOI qui est un carré égal à celui construit sur AC (puisque KN = AC).

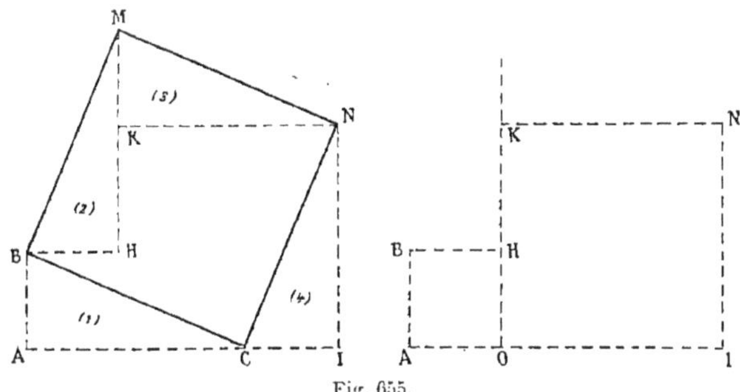

Fig. 655.

Donc le carré construit sur l'hypoténuse est égal à la somme des carrés construits sur les deux autres côtés.

C. Q. F. D.

Deuxième démonstration. — Construisons sur l'hypoténuse le carré BCMN, et décomposons-le en rectangles CMHO et BNHO à l'aide de la pp. AH.

Le premier rectangle CMHO est équivalent au parallélogramme $ACMM_1$ (car ils ont tous deux même base MC et même hauteur).

Mais l'aire du parallélogramme $ACMM_1$ est égale à $(AC \times MM')$, et MM′ étant égal à AC (puisque les Δ MM′C et ACB sont égaux) l'aire de ce parallélogramme vaut $\overline{AC}^2$.

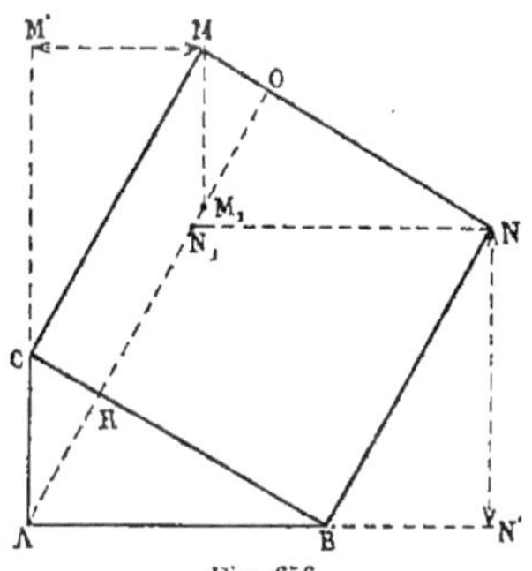

Fig. 656.

De même on a :

$$\text{Aire BNHO} = \text{Aire BNAN}_1 = AB \times NN' = AB \times AB = \overline{AB}^2.$$

C. Q. F. D.

Donc on a bien :

$$\overline{BC}^2 = \overline{AC}^2 + \overline{AB}^2 \text{*}.$$

---

* Quand nous écrivons $\overline{BC}^2$, c'est une façon abrégée de dire que nous parlons de l'aire du carré construit sur BC

TROISIÈME DÉMONSTRATION. — Construisons les carrés sur les trois côtés. Menons encore la pp. AH qui, prolongée, décom-

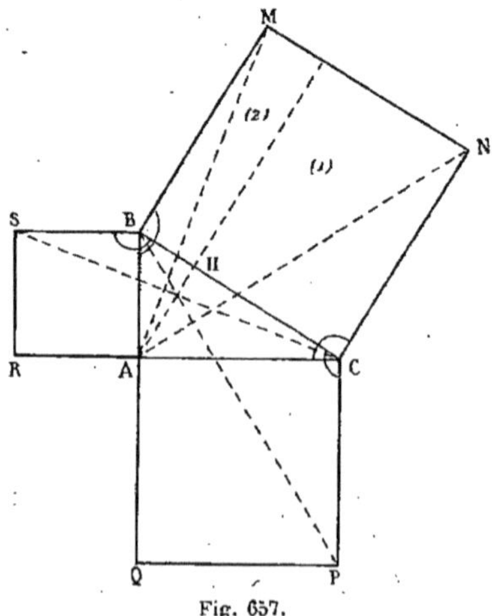

Fig. 657.

pose en deux rectangles (1) et (2) le carré construit sur l'hypoténuse.

Les deux Δ ACN et BCP sont égaux.

Mais l'aire du Δ ACN étant égale à $\frac{1}{2}$ (NC$\times$CH), l'aire de ce Δ ACN est la moitié de l'aire du rectangle (1).

De même on a :

$$\text{Aire } \Delta \text{ BCP} = \frac{1}{2}(\text{PC} \times \text{AC}) = \frac{1}{2}(\text{rectangle ACPQ})$$
$$= \frac{1}{2} \text{ carré ACPQ}.$$

Donc, comme les Δ sont égaux, on a :

Aire du rectangle (1) = aire du carré construit sur AC.

On verrait de même, en menant les droites AM et CS :

1° Que les Δ ABM et CBS sont égaux ;

2° Que le rectangle (2) est équivalent au carré ABRS.

Par conséquent, on a bien :

$$(1) + (2) = \text{carré sur AC} + \text{carré sur AB},$$

d'où le théorème de Pythagore.

Démonstration géométrique des théorèmes connus sur les carrés des côtés opposés à des angles aigus ou obtus.

En menant les lignes indiquées sur la figure, on fera la démonstration dans l'ordre suivant :

1° $$\Delta\, ACN = \Delta\, BCP,$$

donc : $$\frac{1}{2}\text{ rectangle } (1) \equiv \frac{1}{2}\text{ rectangle CKIP},$$

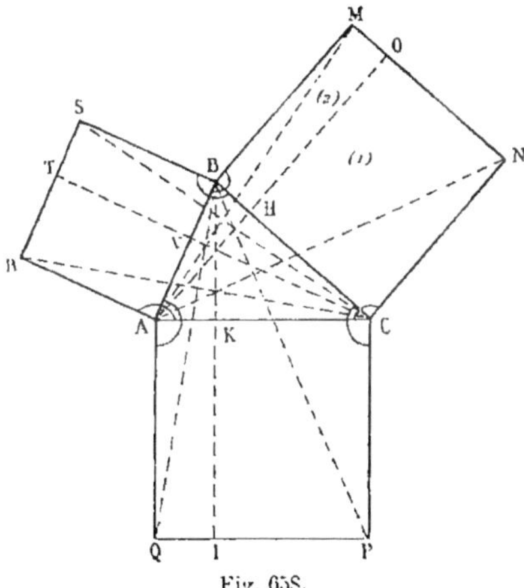

Fig. 658.

donc : $$(1) \equiv \text{CKIP} \equiv \text{ACPQ} - \text{AKQI};$$

2° $$\Delta\, ABM = \Delta\, CBS,$$

donc : $$\frac{1}{2}\text{ rectangle } (2) \equiv \frac{1}{2}\text{ rectangle BVST},$$

donc : $$(2) \equiv \text{BVST} \equiv \overline{AB}^2 - \text{ARTV}.$$

Par conséquent :

$$(1) + (2) \equiv \overline{AC}^2 + \overline{AB}^2 - \text{AKQI} - \text{ARTV}.$$

Mais les deux derniers rectangles sont équivalents, car les Δ ABQ et ARC sont égaux.

On a donc finalement :

$$\overline{BC}^2 = \overline{AC}^2 + \overline{AB}^2 - 2 \text{ fois } (AC \times AK),$$

ou si on veut encore :

$$\overline{BC}^2 = \overline{AC}^2 + \overline{AB}^2 - 2 \text{ fois } (AB \times AV).$$

D'où le théorème suivant :

Le carré construit sur côté opposé à un angle aigu est égal à la somme des carrés construits sur les deux autres côtés, moins deux fois le rectangle ayant pour éléments l'un des côtés de l'angle aigu et la projection de l'autre sur lui.

(Démonstration analogue pour le cas de l'angle obtus.)

Pour finir cette étude de la comparaison des aires, nous allons établir le problème suivant dit *des lunules d'Hippocrate.*

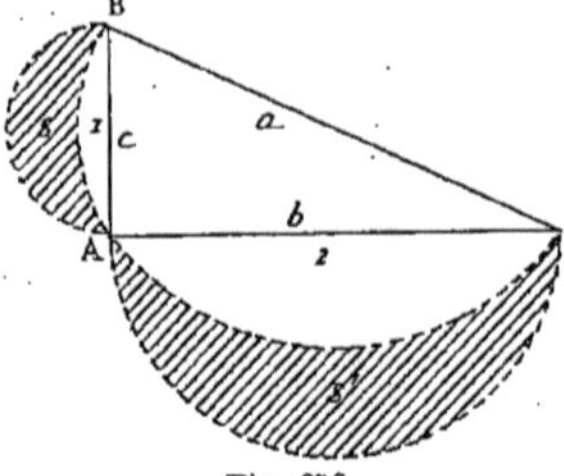

Fig. 659.

PROBLÈME. — *Si on construit des demi-cercles sur les trois côtés d'un Δ rectangle, la somme des lunules formées est égale à l'aire du triangle.*

Appelons en effet s et s' les aires des lunules ombrées ainsi obtenues, a, b, c désignant les trois côtés du Δ rectangle. On aura :

$$s + s' = \frac{1}{2}\pi\frac{c^2}{4} - (1) + \frac{1}{2}\pi\frac{b^2}{4} - (2),$$

$$= \frac{\pi c^2}{8} + \frac{\pi b^2}{8} - (1) - (2).$$

Mais la somme $(1) + (2)$ vaut $\frac{1}{2}\pi\frac{a^2}{4} - \Delta$, Δ désignant l'aire du Δ ABC.

Donc on aura :

$$s + s' = \frac{\pi c^2}{8} + \frac{\pi b^2}{8} - \left[\frac{\pi a^2}{8} - \Delta\right] = \Delta.$$

C. Q. F. D.

Méthode des aires.

N. B. — Dans un très grand nombre de cas, quand on a à établir des relations métriques entre les différents éléments d'une figure, on peut recourir à une méthode spéciale dite *méthode des aires,* et qui consiste à évaluer de deux façons différentes le rapport des aires de deux Δ ou de deux polygones, — et à égaler les résultats obtenus.

Citons quelques exemples.

Exemple 1. — Trouver une relation métrique entre les trois hauteurs d'un Δ et les distances d'un point intérieur O aux trois côtés.

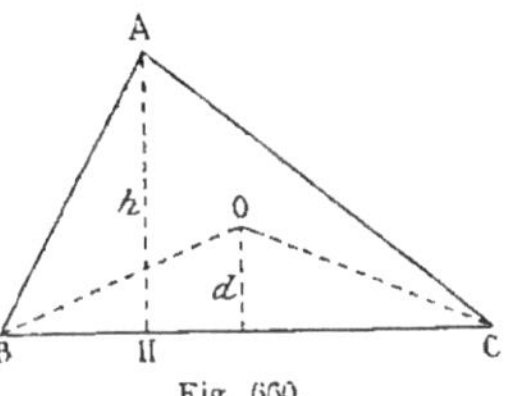

Fig. 660.

Appelons pour abréger h, h', h'' les trois hauteurs du Δ, d, d', d'' étant les distances du point O aux trois côtés a, b, c.

La figure nous montre que d et h sont les hauteurs dans deux Δ ayant même base. On pourra donc écrire :

$$\frac{\text{Aire ABC}}{\text{Aire OBC}}=\frac{h}{d}, \qquad \text{d'où OBC}=\text{ABC}.\frac{d}{h}.$$

Et de même on aura :

$$\text{OCA}=\text{ABC}.\frac{d'}{h'},$$

$$\text{OAB}=\text{ABC}.\frac{d''}{h''}.$$

D'où en ajoutant membre à membre :

$$\text{ABC}=\text{ABC}\left(\frac{d}{h}+\frac{d'}{h'}+\frac{d''}{h''}\right),$$

d'où la relation cherchée :

$$\frac{d}{h}+\frac{d'}{h'}+\frac{d''}{h''}=1.$$

Remarque. — Dans le cas où le point serait extérieur au Δ et placé par exemple dans l'angle A, on aurait la relation :

$$\frac{d'}{h'}+\frac{d''}{h''}-\frac{d}{h}=1.$$

Relation symétrique, en ce sens que d' et d'' doivent entrer dans l'égalité tous deux de la même façon, tandis que d doit y entrer d'une façon spéciale.

N. B. — Cette formule nous permettrait aisément de calculer r et r' en fonction des trois hauteurs, il suffirait d'y supposer

$$d = d' = d'' = r.$$

On aurait ainsi :

$$\frac{1}{r} = \frac{1}{h} + \frac{1}{h'} + \frac{1}{h''}$$

$$\frac{1}{r'} = \frac{1}{h'} + \frac{1}{h''} - \frac{1}{h}.$$

Exemple 2. — Prouver que dans un Δ la bissectrice d'un angle détermine sur le côté opposé deux segments proportionnels aux côtés adjacents.

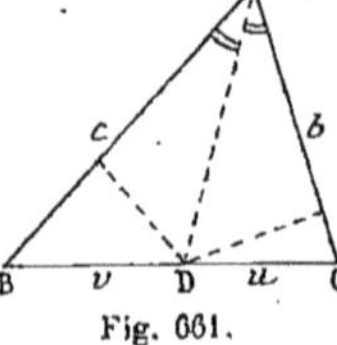

Fig. 661.

Appelons pour abréger b et c les deux côtés,
u et v les deux segments,
S′ et S″ les deux aires des deux Δ formés.

On a : $\frac{S'}{S''} = \frac{u}{v}$, puisque les deux Δ ont même hauteur h.

$\frac{S'}{S''} = \frac{b}{c}$, puisque les deux pp. menées de D étant égales les deux Δ ont encore même hauteur.

On en déduit : $$\frac{u}{v} = \frac{b}{c}.$$

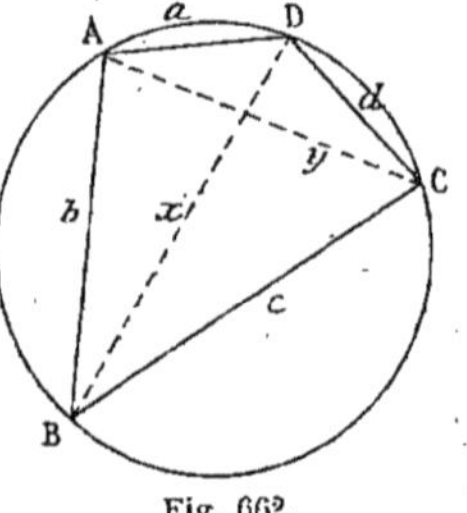

Fig. 662.

Exemple 3. — Dans un quadrilatère inscriptible, le rapport des diagonales est égal au rapport de la somme des produits des côtés qui aboutissent à ces diagonales.

Appelons S l'aire du quadrilatère. Nous pouvons exprimer S de deux façons, selon que les Δ partiels reposent sur x ou sur y.

On aura de la sorte :

$$S = ABD + CBD = \frac{abx}{4R} + \frac{cdx}{4R}$$

$$S = ADC + BDC = \frac{ady}{4R} + \frac{bcy}{4R},$$

et on en tirera : $x(ab + cd) = y(ad + bc)$,

d'où : $\frac{x}{y} = \frac{ad + bc}{ab + cd}$ (résultat homogène et symétrique).

Nota. — Nous avons donné plus haut dans le troisième livre une autre démonstration basée sur les Δ semblables (voir théorème de Ptolémée).

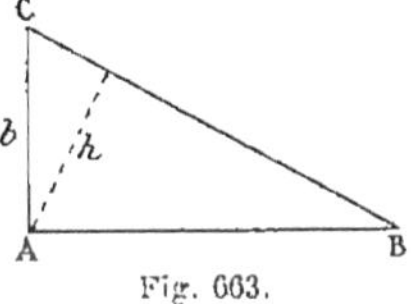

Fig. 663.

Exemple 4. — Dans tout rectangle ABC on a la relation :

$$\frac{1}{b^2} + \frac{1}{c^2} = \frac{1}{h^2}.$$

Pour le prouver, transformons d'abord le premier membre en l'écrivant :

$$\frac{b^2 + c^2}{b^2c^2} \text{ ou } \frac{a^2}{b^2c^2}.$$

On est alors amené à prouver que :

$$\frac{a^2}{b^2c^2} = \frac{1}{h^2},$$

ce qui se fera en évaluant de deux façons la surface du Δ rectangle.

Exemple 5. — Si dans un Δ quelconque ABC du milieu M de BC on mène les pp. MH et MK, on a la relation :

$$\frac{MH}{MK} = \frac{AC}{AB}.$$

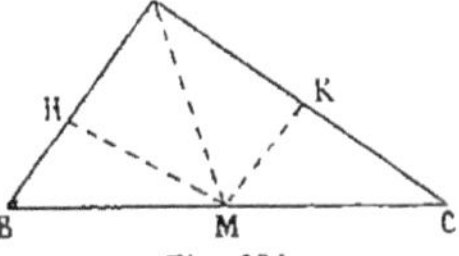

Fig. 664.

(Il suffit de remarquer que les aires des deux Δ formés sont égales.)

§ 4. — Constructions relatives au quatrième livre.

Nous allons partager cette étude en quatre parties :

1° Construire des carrés équivalents à des surfaces données[1] ;

2° Partager l'aire d'une figure en parties équivalentes;

3° Construire un Δ ou un polygone dont la surface soit connue, et qui satisfasse en outre à d'autres conditions;

4° Construire un cercle dont la surface satisfasse à certaines conditions.

I. — Construction de carrés.

Toutes les fois qu'on demande de *construire un carré* satisfaisant à certaines conditions données, il faut en chercher le côté, — de même que, quand on se donne un carré, on peut toujours supposer connu le côté.

Nous avons déjà traité dans le troisième livre, en utilisant le théorème de Pythagore ou en construisant une moyenne proportionnelle, les problèmes suivants :

1. *Construire un carré équivalent à la somme ou à la différence de deux carrés donnés.*

2. *Construire un carré équivalent à la somme de* n *carrés.*

3. *Construire un carré équivalent à* n *fois un carré (ou égal aux* $\frac{m}{n}$ *d'un carré donné).*

Incidemment, 4. *Construire une longueur qui soit à une longueur donnée dans le rapport de deux carrés donnés.*

Et 5. *Partager une droite donnée en* n *segments proportionnels à* n *carrés.* (Nous avons dit qu'il suffit de construire *n* longueurs égales à ces *n* carrés) (voir les constructions du livre III).

Ajoutons-y les problèmes suivants :

6. *Construire un carré équivalent à un rectangle.* (Il suffit de construire une moyenne proportionnelle entre la base et la hauteur.)

---

1. Construire un carré équivalent à une figure donnée s'appelle *faire la quadrature* de cette figure.

7. *Construire un carré équivalent à un triangle.*

On doit avoir : $$x^2 = b \times \frac{h}{2},$$

x étant le côté du carré cherché, b et h la base et la hauteur du Δ. Or, cette égalité montre que x est une moyenne proportionnelle entre b et $\frac{1}{2}h$.

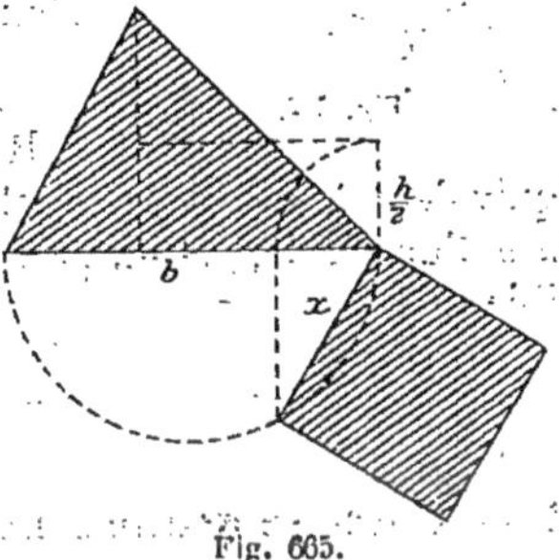

Fig. 665.

8. *Construire un carré équivalent à un polygone.*

A cet effet, nous traiterons d'abord le problème suivant :

Problème. — *Construire un Δ équivalent à un polygone donné.*

La méthode va consister à décomposer le polygone en Δ ayant tous leurs bases en prolongement et ayant même sommet.

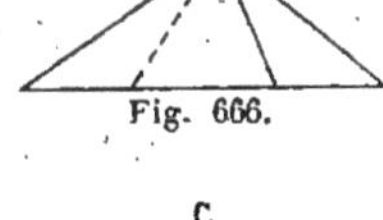
Fig. 666.

Prenons d'abord un quadrilatère ABCD. Nous remplacerons le Δ ABC par le Δ A'BC obtenu en faisant glisser le sommet A en A' sur une plle à la base BC. D'où deux Δ A'BC et BCD, qui ayant même sommet A et leurs bases en prolongement n'en forment qu'un seul, à savoir le Δ A'CB.

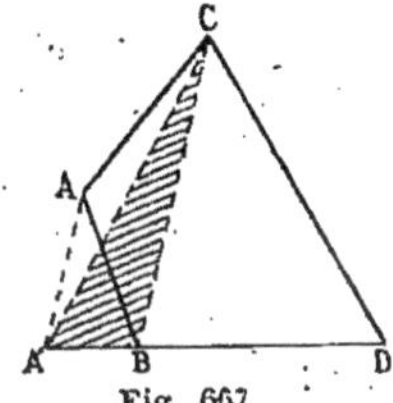

Fig. 667.

Prenons maintenant un pentagone. En nous attaquant aux Δ extrêmes que nous remplaçons par les Δ ombrés équivalents, nous obtenons le Δ équivalent B'A'E (*fig.* 668).

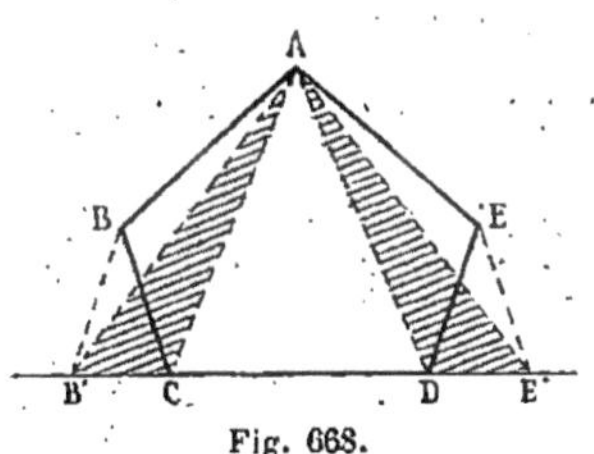

Fig. 668.

Si nous partons d'un hexagone, en transformant convenablement les deux Δ extrêmes, on aura immédiatement un polygone de quatre côtés au lieu de six, etc., etc., et finalement un Δ. On est alors ramené au problème 7.

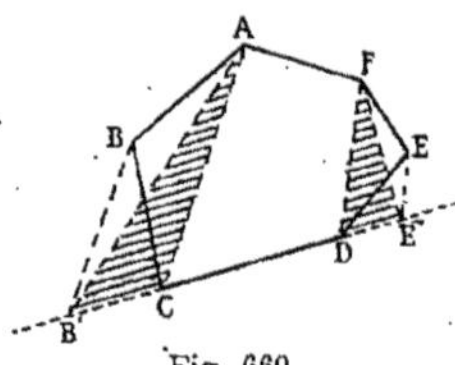

Fig. 669.

Nota. — Il serait d'après cela facile de construire un carré équivalent, par exemple à la somme d'un hexagone, d'un pentagone, d'un Δ et d'un carré.

REMARQUE. — Construire un carré équivalent à un cercle, c'est-à-dire chercher à faire la quadrature d'un cercle, est un problème qu'on a démontré être impossible.

II. — **Partage d'une surface en parties équivalentes.**

PROBLÈME I. — *Partager un Δ en un certain nombre* n *de parties équivalentes par des plles à la base.*

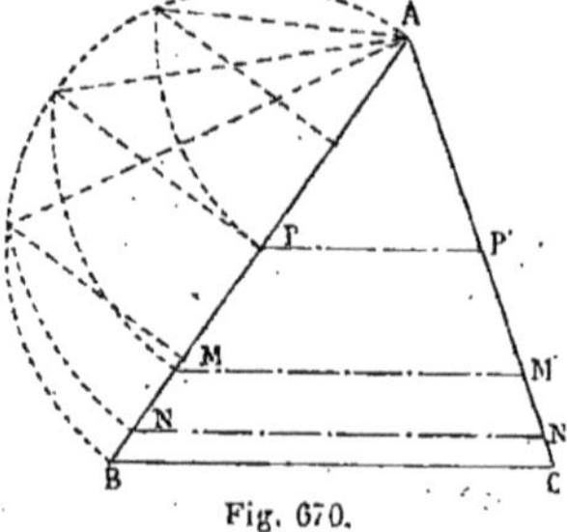

Fig. 670.

1° Soit à partager le Δ ABC en deux parties équivalentes, et soit MM′ la plle cherchée. On doit avoir, les Δ étant semblables :

$$\frac{\text{Aire AMN}}{\text{Aire ABC}} = \left(\frac{\text{AM}}{\text{AB}}\right)^2;$$

donc : $\dfrac{\overline{\text{AM}}^2}{\overline{\text{AB}}^2} = \dfrac{1}{2}$ ou encore : $\overline{\text{AM}}^2 = \dfrac{\overline{\text{AB}}^2}{2} = \text{AB} \times \dfrac{\text{AB}}{2}$;

donc AM doit être moyenne proportionnelle entre AB et $\dfrac{\text{AB}}{2}$, d'où la construction ci-contre.

2° Si on admet que la droite plle NN′ divise le Δ dans le rapport de 3 à 4, on devra avoir de même :

$$\frac{\text{ANN}'}{\text{ABC}} = \frac{\overline{\text{AN}}^2}{\overline{\text{AB}}^2}, \quad \text{c'est-à-dire :} \quad \frac{\overline{\text{AN}}^2}{\overline{\text{AB}}^2} = \frac{3}{4},$$

ce qui entraîne :

$$\overline{AN}^2 = \frac{3\overline{AB}^2}{4} = AB \times \frac{3}{4} AB,$$ d'où la construction ci-contre.

PROBLÈME II. — *Partager un trapèze en deux trapèzes équivalents.*

1° *Par une droite issue d'un point* O ;
2° *Par une plle aux bases.*

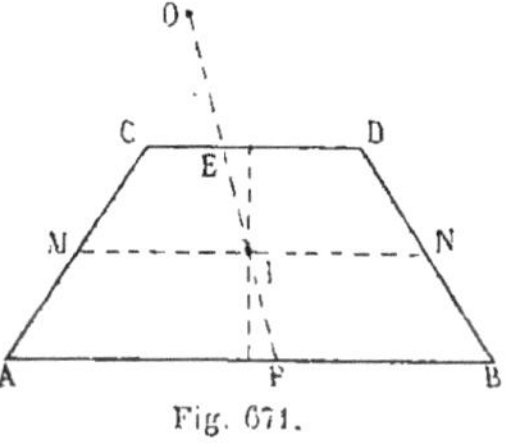

Fig. 671.

PREMIER CAS. — Soit O le point donné et OEF la droite demandée. Les deux trapèzes formés étant équivalents et ayant même hauteur, leurs bases moyennes doivent être égales. Donc il suffira de joindre le point O au milieu I de MN.

REMARQUE. — Le problème ne sera possible que si la droite IO coupe les deux bases en des points intérieurs, car sans cela on n'aurait plus de trapèzes, mais un quadrilatère et un Δ, ou deux quadrilatères — et ce n'est plus la question posée.

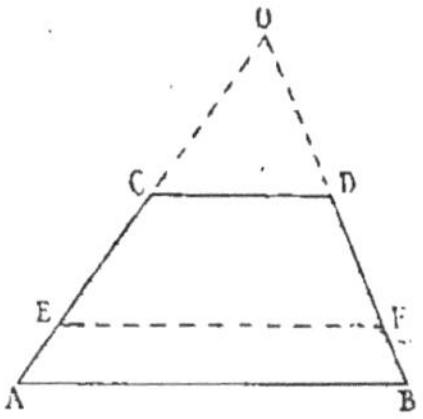

DEUXIÈME CAS. — Soit EF la plle aux deux bases qui partage le trapèze en deux trapèzes équivalents.

Pour construire EF, nous emploierons l'artifice suivant : Prolongeons les côtés non plles jusqu'à leur rencontre en O. On aura les égalités nécessaires suivantes :

Fig. 672.

$$\frac{ABEF}{ABCD} = \frac{1}{2},$$

c'est-à-dire :

$$\frac{OAB - OEF}{OAB - OCD} = \frac{1}{2},$$

ou :

$$\frac{1 - \dfrac{OEF}{OAB}}{1 - \dfrac{OCD}{OAB}} = \frac{1}{2},$$

ou :

$$\frac{1-\frac{\overline{OE}^2}{\overline{OA}^2}}{1-\frac{\overline{OC}^2}{\overline{OA}^2}}=\frac{1}{2},$$

ou enfin :

$$\frac{\overline{OA}^2-\overline{OE}^2}{\overline{OA}^2-\overline{OC}^2}=\frac{1}{2}.$$

Or, si nous représentons OA, OC et OE par a, c et x, cette proportion nous donne $2(a^2-x^2)=a^2-c^2$,

c'est-à-dire :

$$x^2=\frac{a^2+c^2}{2}=\frac{\overline{AI}^2}{2},$$

la droite AI étant obtenue en mesurant en O la pp. OI de longueur égale à c.

Il suffira donc de construire une moyenne proportionnelle IJ entre IA et $\frac{IA}{2}$, et il n'y aura plus qu'à porter cette droite IJ le long de la droite OA pour avoir le point cherché E.

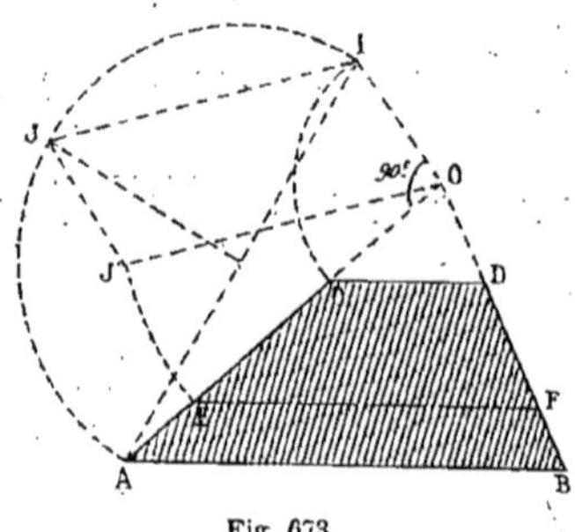

Fig. 673.

Remarque. — On aurait une construction analogue si on avait voulu partager le trapèze en parties proportionnelles aux nombres m, n, p.

Remarque. — On peut donner de ce deuxième cas une autre solution en prenant pour inconnue la plle EF.

En effet, on a, en appelant x la droite de EF, B et b étant les bases :

$$\text{Aire ABEF}=\frac{B+x}{2}\times h',$$

$$\text{Aire CDEF}=\frac{+xb}{2}\times h''.$$

Or, il est facile de calculer h' et h''. Il suffit à cet effet de concevoir par F la plle à AC et de considérer les Δ semblables formés. On trouvera alors :

$$h' = h\frac{B - x}{B - b},$$

$$h'' = h\frac{x - b}{B - b}.$$

Par conséquent :

$$\text{Aire ABEF} = \frac{h}{2(B - b)}(B^2 - x^2).$$

$$\text{Aire COEF} = \frac{h}{2(B - b)}(x^2 - b^2).$$

Et dès lors, le rapport des aires valant 1, on devra avoir :

$$B^2 - x^7 = 2^2 - b^2,$$

c'est-à-dire :

$$x^2 = \frac{B^2 - b^2}{2}.$$

(Cette solution très simple est empruntée à la Géométrie de M. Niewenglowski.) (Carré et Naud, éditeurs.)

PROBLÈME III. — *Partager la surface d'un Δ en moyenne et extrême raison à l'aide d'une droite plle à une direction donnée* xy.

Supposons le problème résolu, et soit MN la droite pour laquelle on a :

$$(\text{Aire ABMN})^2 = (\text{aire ABC}) \times (\text{aire MNC});$$

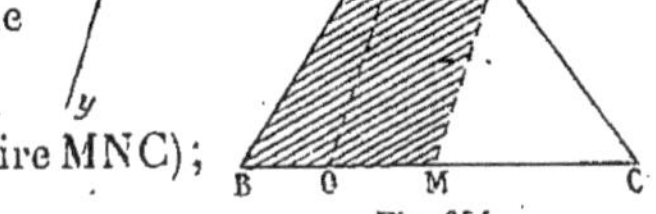

Fig. 674.

on en déduira :

$$(\text{ABC} - \text{MNC})^2 = \text{ABC} \times \text{MNC},$$

c'est-à-dire :

$$\left(1 - \frac{\text{MNC}}{\text{ABC}}\right)^2 = \frac{\text{MNC}}{\text{ABC}},$$

c'est-à-dire encore :

$$\left(1 - \frac{\text{CM} \times \text{NC}}{\text{CB} \times \text{CA}}\right)^2 = \frac{\text{CM} . \text{CM}}{\text{CB} . \text{CA}}.$$

Mais xy étant donné, on peut admettre que dans le Δ ABC on connaît le segment CO déterminé sur le côté BC par la plle AO à xy. En l'appelant d, la lettre x désignant l'inconnue CM, on aura, b désignant le côté AC :

$$\frac{cN}{x}=\frac{b}{d}, \quad \text{d'où : } CN=\frac{b\times x}{d} \quad \text{et } CM\times CN=\frac{bx^2}{d},$$

donc l'égalité (1) pourra s'écrire, a désignant BC :

$$\left(1-\frac{bx^2}{da}\right)^2=\frac{x^2}{da},$$

d'où en faisant les calculs :

$$x^2=d.a\frac{3-\sqrt{5}}{2},$$

ce qui montre que x s'obtiendra par une moyenne proportionnelle entre le segment CO et le plus petit segment obtenu en partageant le côté BC en moyenne et extrême raison.

Comme exercice, on pourra se proposer de partager un cercle en moyenne et extrême raison par un cercle concentrique.

III. — Construction de polygones ou Δ de surfaces connues, satisfaisant en même temps à d'autres conditions.

Le nombre des conditions nécessaires pour la construction d'un polygone de n côtés est $(2n-3)$. En effet, tout polygone de n côtés peut se décomposer en $(n-2)$ Δ adjacents. Pour construire le premier Δ, il faut trois conditions. Pour le second, il n'en faut plus que deux, puisqu'il a un côté commun avec le premier.

Donc en tout il faudra $[3+(n-3)$ fois $2]$ conditions, c'est-à-dire $(2n-3)$ conditions.

D'après cela, construire un Δ ou un polygone de surface connue ne fait qu'une condition, et il en faut plusieurs.

Pour pouvoir construire un Δ de surface donnée, il faut se donner en outre deux autres conditions ;

Pour pouvoir construire un quadrilatère, il faut se donner en outre quatre autres conditions.

Pour pouvoir construire un trapèze, il faut se donner en outre trois autres conditions.

PROBLÈME I. — *Construire un Δ dont la surface soit égale à celle d'un carré donné, connaissant en outre deux angles.*

Ce problème se traitera facilement par la méthode de similitude, dont nous avons parlé dans le livre III (consulter le *Guide méthodique de résolution des problèmes de géométrie*, Belin frères, éditeurs).

PROBLÈME II. — *Construire un polygone semblable à un polygone donné* P *et équivalent à un second polygone donné* P'.

On sait construire un polygone semblable à un polygone donné P quand on connaît le rapport de deux côtés homologues. Appelons donc x le côté inconnu homologue du côté a du polygone P qu'on a sous les yeux, nous aurons :

$$\frac{\text{Aire de X}}{\text{Aire de P}} = \left(\frac{x}{a}\right)^2,$$

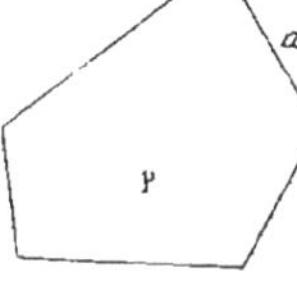

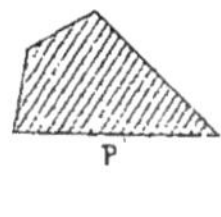

Fig. 675.

en appelant X le polygone inconnu qu'on cherche. Or, l'aire de X n'est autre que l'aire du polygone P'. Donc on doit avoir :

$$\frac{\text{Aire de P'}}{\text{Aire de P}} = \left(\frac{x}{a}\right)^2.$$

Mais il est très facile de construire deux carrés équivalents aux deux polygones donnés P et P'. Appelons b et b' les côtés de ces carrés. On devra finalement avoir :

$$\frac{b'^2}{b^2} = \left(\frac{x}{a}\right)^2,$$

c'est-à-dire :

$$\frac{x}{a} = \frac{b}{b'}.$$

Le côté x s'obtiendra donc par une quatrième proportionnelle entre a, b et b', et alors le problème sera fait.

PROBLÈME III. — *Construire un* Δ, *connaissant sa surface* K², *son angle* xAy *et un point* O *du côté* MN *opposé à l'angle* A.

Soit MN le côté cherché qui coupe Ax en N et Ay en M.

Si par le point O nous menons la plle OP à Ay, on connaît OP et AP et même la pp. OI menée sur ANx. Le problème serait fait si on connaissait la droite AN.

Appelons-la x.

Il est clair que la valeur de x dépend de K^2, et réciproquement.

Or, l'examen attentif de la figure nous montrant que les deux Δ AMN et OPN sont semblables, il est naturel d'écrire que leurs aires sont proportionnelles aux carrés des côtés homologues, et nous aurons :

$$\frac{AMM}{OPN}=\frac{\overline{AN}^2}{PN^2},$$

c'est-à-dire :

$$\frac{K^2}{\frac{PN\times OI}{2}}=\frac{\overline{AN}^2}{PN^2},$$

c'est-à-dire :

$$\frac{2K^2}{OI}=\frac{\overline{AN}^2}{PN}.$$

Mais OI est connu. Appelons-le h. Appelons aussi a la distance AP. Nous aurons :

$$\frac{2K^2}{h}=\frac{x^2}{(x-a)},$$

c'est-à-dire :

$$x\left[\frac{2K^2}{h}-x\right]=\frac{2K^2a}{h}.$$

Les deux longueurs x et $\left(\frac{2K^2}{h}-x\right)$ sont donc faciles à construire, puisqu'on connaît leur somme et leur produit.

x sera donc connu — et le problème sera facile à achever.

Remarque. — Ce problème peut s'énoncer comme il suit : *Par un point pris à l'intérieur d'un angle mesurer une droite qui détermine un Δ de surface connue.*

FIN DU QUATRIÈME LIVRE.

TABLE DES MATIÈRES

LIVRE III

DES FIGURES SEMBLABLES.

LIVRE IV

DES AIRES.

SAINT-CLOUD. — IMPRIMERIE BELIN FRÈRES.

www.ingramcontent.com/pod-product-compliance
Ingram Content Group UK Ltd.
Pitfield, Milton Keynes, MK11 3LW, UK
UKHW020555230726
13926UKWH00005B/2031